职业教育校企合作创新系列教材

机械制图及CAD设计

主　编　马海军

副主编　杨建平

参　编　陈妍伶　李剑康　周　波　岳智慧

李　琴　般志勇　冉学平

主　审　刘　维

西南交通大学出版社

·成　都·

内容简介

本书从机械制图教学改革的实际情况出发，以培养应用型人才为目标，以典型实际工作任务为主线，对传统的教学资源进行了优化整合，将机械制图理论知识、计算机二维绘图与三维建模有机结合。全书共分为 6 个项目，具体包括认识机械图样并绘制平面图形、认识简单零件的三视图并绘制其三维模型、机械零件的表达、典型机械零件图、装配图和零件测绘等内容。本书可作为职业院校、培训学校及相关培训机构相关专业的教材。

图书在版编目（CIP）数据

机械制图及 CAD 设计 / 马海军主编. —成都：西南交通大学出版社，2020.2（2021.8 重印）
ISBN 978-7-5643-7363-4

Ⅰ. ①机… Ⅱ. ①马… Ⅲ. ①机械制图 - AutoCAD 软件 - 高等职业教育 - 教材 Ⅳ. ①TH126

中国版本图书馆 CIP 数据核字（2020）第 014965 号

Jixie Zhitu ji CAD Sheji
机械制图及 CAD 设计

主　　编 / 马海军　　责任编辑 / 李华宇
　　　　　　　　　　封面设计 / 原谋书装

西南交通大学出版社出版发行
（四川省成都市金牛区二环路北一段 111 号西南交通大学创新大厦 21 楼　610031）
发行部电话：028-87600564　028-87600533
网址：http://www.xnjdcbs.com
印刷：四川森林印务有限责任公司

成品尺寸　185 mm × 260 mm
印张　13.75　　字数　342 千
版次　2020 年 2 月第 1 版　　印次　2021 年 8 月第 2 次

书号　ISBN 978-7-5643-7363-4
定价　39.00 元

课件咨询电话：028-81435775
图书如有印装质量问题　本社负责退换

前　言

“机械制图”是职业院校机械类专业开设的一门基本必修课程。由于该课程是一门实践性和实用性较强的课程，教学中常采用讲、练、演相结合的方式，并通过徒手绘图、尺规绘图、计算机绘图等实践，来强化学生的技能培养。本书从当前职业教育的特点出发，邀请企业专家参与，结合实际工作任务，将机械制图理论知识、计算机二维绘图与三维建模有机结合起来。本书在教学设计和内容组织上有以下特点：

（1）采用任务驱动的模式，以实际工作任务为引领，将机械制图知识点贯穿到任务实施的具体过程中，强调在教师指导下，学生自主完成任务，从而构建知识体系，并能达到一定的知识目标、能力目标和职业素养。

（2）将传统机械制图与计算机二维绘图、计算机三维建模进行“三位一体化”深度融合，打破课程之间的壁垒，实现制图基本理论、二维绘图技能与三维建模设计知识体系的完整化和系统化。

（3）对课程体系教学设置进行改革，将识图与制图的基础知识学习与三维建模结合起来教学，充分借助三维软件生成视图的直观性、立体性等特点解决识图与制图中的难点，有效提高学生的学习兴趣和教学质量。

本书由四川理工技师学院马海军担任主编，四川理工技师学院杨建平担任副主编，四川理工技师学院刘维担任主审，四川理工技师学院陈妍伶、岳智慧、周波、李剑康、李琴，温江隆兴液压件厂殷志勇，成都名辰传动设备有限公司冉学平参与编写。具体分工为：陈妍伶编写项目一；李剑康编写项目二；周波、岳智慧编写项目三；李琴、殷志勇编写项目四；马海军编写项目五；马海军、冉学平编写项目六；岳智慧统稿。教学合作企业的工程技术人员对本书的编写提供了很多宝贵的意见，同时本书在编写过程中参考了多位教师的著作及资料，在此一并表示感谢。

由于作者编写时间和水平有限，书中难免存在不足之处，恳请读者提出宝贵意见。

编　者

2019 年 11 月

目 录

项目一　认识机械图样并绘制平面图形

【项目概述】

机械图样是机械设计和制造的重要技术文件，是工程技术人员的共同语言；平面图形的绘制是绘制机械图样的基础，应按机械制图国家标准的规定、规范绘制平面图形。本项目以机械零件垫片和挂轮架为例，要求学生熟悉机械制图国家标准，掌握机械识图的一般技巧与方法，具备正确识读机械图样的能力；并使用当前最为流行的图形辅助设计软件——AutoCAD，正确绘制平面图形。

【学习目标】

1. 知识目标

（1）掌握绘制机械图样的基本知识、基本方法和技能。

（2）掌握计算机辅助绘图软件的基本操作。

2. 能力目标

（1）具有识读和绘制简单的机械图样的基本能力。

（2）掌握正确使用计算机绘图软件绘图的基本技能。

（3）培养学生空间想象能力和空间思维能力，使学生具备运用制图知识解决工程实际问题的初步能力。

3. 职业素养

（1）培养耐心细致的工作作风和严肃认真的工作态度，为今后进一步学习和掌握专业知识打下基础。

（2）培养学生的创新精神和实践能力。

（3）培养严谨的科学态度和良好的职业道德。

（4）培养学生爱岗敬业、团结协作的职业精神。

【项目实施】

任务一　认识密封垫片机械图样并绘制其平面图形

任务描述

密封垫片是一种用于机械、设备、管道内外部的密封件，起密封作用。本任务将通过认识密封垫片机械图样并绘制其平面图形，了解制图国家标准中有关于图纸幅面、比例、字体、图线等内容的基本规定，学习平面图形画法中有关术语，并通过计算机绘图软件 AutoCAD 正确地绘制密封垫片的平面图形。

任务目标

（1）熟悉制图国家标准中关于图幅、比例、字体、图线等的基本规定。
（2）熟悉 AutoCAD 绘图软件的工作界面及其基本操作。
（3）规范绘制平面图形。

相关理论知识点

知识点一　国家标准关于制图的基本规定

1. 图纸幅面及图框格式

（1）图纸幅面。

国家标准关于基本图幅及图框尺寸的规定见 GB/T 14689—2008《技术制图 图纸幅面和格式》，在绘制图样时，首先要选取图纸，图纸基本幅面及图框尺寸见表 1-1-1。

表 1-1-1　图纸基本幅面及图框尺寸　　单位：mm

幅面代号	A0	A1	A2	A3	A4
$B \times L$	841×1 189	594×841	420×594	297×420	210×297
e	20		10		
c	10			5	
a	25				

（2）图框格式。

在图纸上必须用粗实线绘制图框，其格式分为留装订边和不留装订边两种，分别如图 1-1-1 和图 1-1-2 所示。

（3）标题栏的方位及格式。

标题栏的位置应按图 1-1-1 和图 1-1-2 所示的方式配置，标题栏的方向与看图的方向一致。GB/T 10609.1—2008《技术制图 标题栏》对标题栏的内容、格式与尺寸做了规定，如图 1-1-3 所示。学生作业可采用图 1-1-4 所示的简化标题栏格式。

2. 比　例

GB/T 14690—1993《技术制图 比例》规定：比例是指图样中图形与实物相应要素的线性尺寸之比。绘制时，应尽可能从表 1-1-2 第一系列中选取适当的比例，必要时也允许选用第二系列的比例。

注意：图上所注尺寸都是机件实际尺寸。

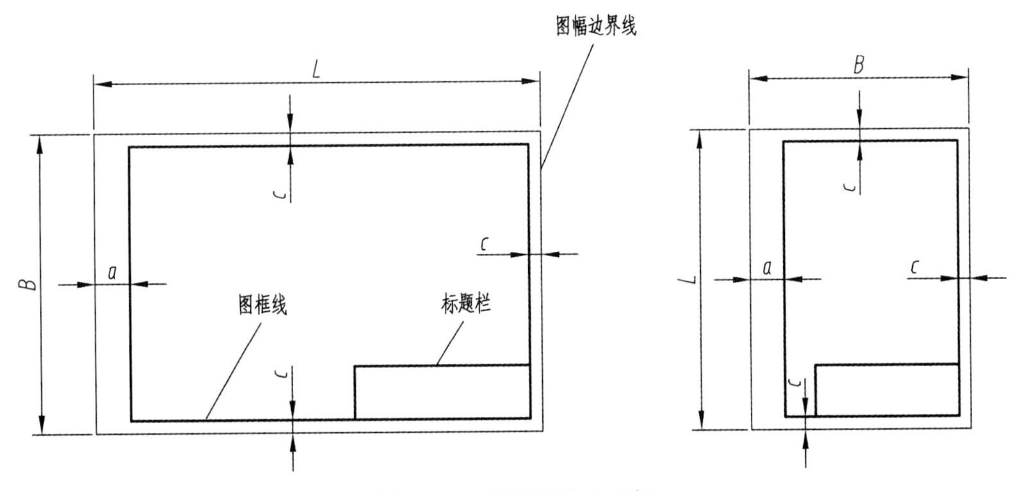

图 1-1-1　留装订边的图框

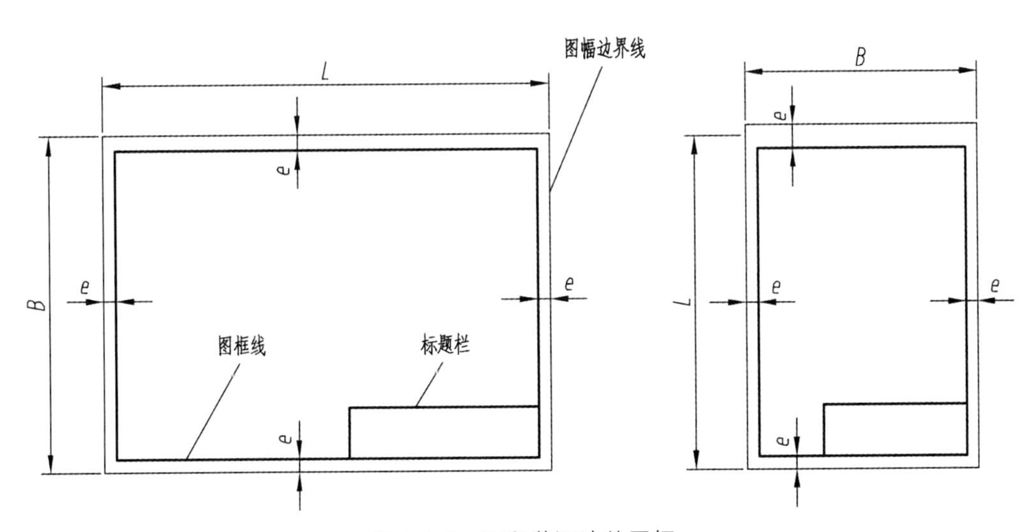

图 1-1-2　不留装订边的图框

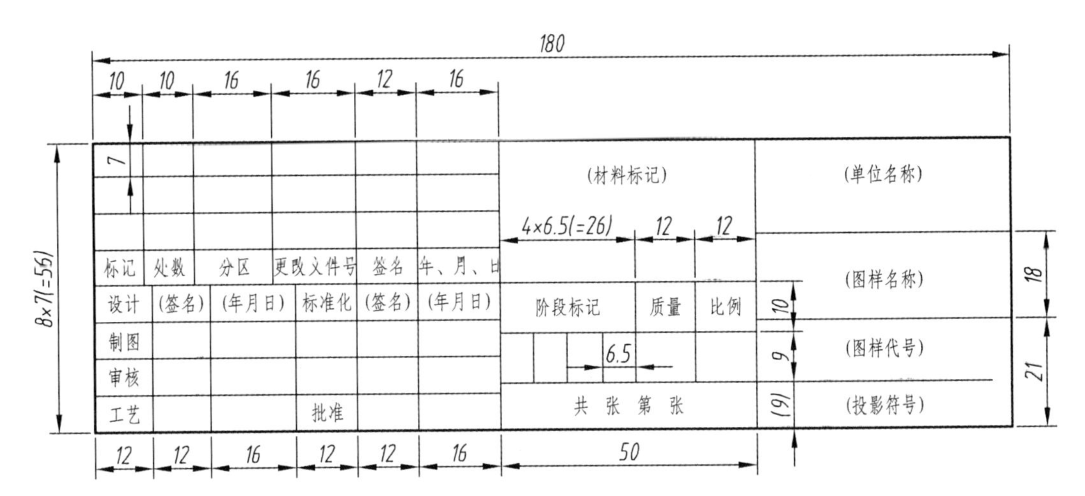

图 1-1-3　国标规定的标题栏格式与尺寸

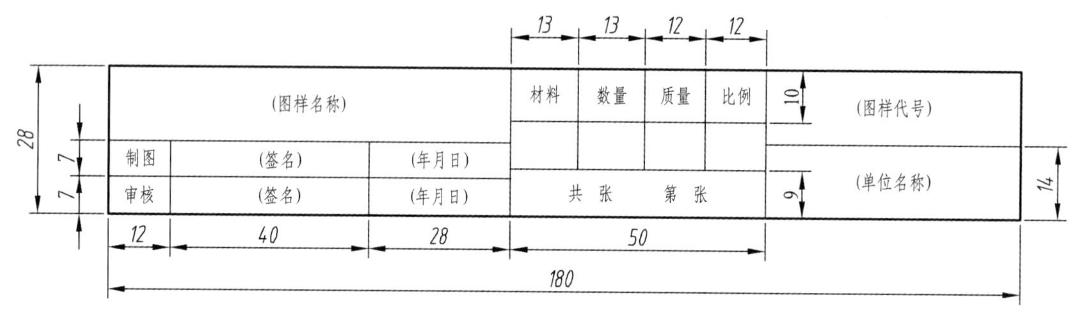

图 1-1-4 简化标题栏格式

表 1-1-2 绘图的比例

种类	第一系列	第二系列
原值比例	1∶1	
放大比例	2∶1，5∶1，1×10^n：1，2×10^n：1，5×10^n：1	2.5∶1，4∶1，2.5×10^n∶1，4×10^n∶1
缩小比例	1∶2，1∶5，1∶1×10^n，1∶2×10^n，1∶5×10^n	1∶1.5，1∶2.5，1∶3，1∶4，1∶6 1∶1.5×10^n，1∶2.5×10^n，1∶3×10^n，1∶4×10^n，1∶6×10^n

注：*n* 是正整数。

3. 字 体

在图样上除了表示机件形状的图形外，还要用文字和数字来说明机件的大小、技术要求等。GB/T 14691—1993《技术制图 字体》规定，图样中书写的文字必须做到：字体端正，笔画清楚，间隔均匀，排列整齐。

图样中文字大小的选择要适当。字体的高度用 h 表示，共有 1.8、2.5、3.5、5、7、10、14 和 20 共 8 个系列，单位均为毫米（mm）。

（1）汉字。汉字应写成长仿宋体，并采用国家正式公布推行的简化汉字，高度不应小于 3.5 mm，其宽度一般为高度的 $h/\sqrt{2}$，汉字字例如图 1-1-5 所示。

字体工整　笔画清楚　间隔均匀　排列整齐

图 1-1-5 汉字示例

（2）字母和数字。字母和数字分为 A 型和 B 型，字母和数字可以写成直体和斜体，一般情况采用斜体。斜体字字头向右倾斜，与水平线约成 75°，其书写示例如图 1-1-6 所示。

4. 图 线

GB/T 4457.4—2002《机械制图 图样画法 图线》中规定，图线分为粗、细两种，粗线的宽度 d 应按图的大小和复杂程度在 0.5 ~ 2 mm 选择，细线的宽度约为 $0.5d$。

（1）图线的形式及应用。

机械图样中常用的图线名称、线型、线宽及其应用见表 1-1-3。

ABCDEFGHIJKLMNOP

abcdefghijklmnopq

0123456789

I II III IV V VI VII VIII IX X

图 1-1-6　数字及字母示例

表 1-1-3　机械图样中常用的线型

图线名称	图线形式	图线宽度	主要应用
粗实线		d	可见轮廓线
细实线		$d/2$	尺寸线及尺寸界线、剖面线、重合断面的轮廓线、过渡线
细虚线		$d/2$	不可见轮廓线
细点画线		$d/2$	轴线、对称中心线、齿轮的分度圆及分度线
细双点画线		$d/2$	相邻辅助零件的轮廓线、中断线、轨迹线、极限位置的轮廓线、假想投影轮廓线
波浪线		$d/2$	断裂处的边界线、视图和剖视图的分界线
双折线		$d/2$	断裂处的边界线

（2）图线的画法。

在绘制虚线、点画线时，线和线相交处应为线段相交。当虚线在粗实线的延长线上时，其分界处要留空隙。点画线超出轮廓线的长度宜为 3 ~ 5 mm。当要绘制的细点画线长度较短时，可用细实线代替。

知识点二　AutoCAD 绘图基础

AutoCAD 是美国 Autodesk（欧特克）公司开发的二维绘图和三维建模计算机辅助设计软件，广泛应用于机械制造、建筑装饰、电子电器等众多领域，经过十几次的升级，其自身的功能也日趋完善，性能不断提高。本书中采用 AutoCAD2010 版本为计算机绘图平台，下面简要介绍 AutoCAD2010 简体中文版的界面组成、菜单系统、绘图及工程标注等的基本操作方法。

1. AutoCAD 2010 的用户界面

中文版 AutoCAD 2010 的工作界面由菜单浏览器、标题栏、菜单栏、绘图窗口、命令窗口、状态栏及工作空间等工具栏组成。安装 AutoCAD 软件后，启动 AutoCAD 软件进入“二维草图与注释”工作界面，在“工作空间”工具栏中，可以自由切换到适合二维或三维的绘图界面。AutoCAD 2010 提供了“二维草图与注释”“三维建模”“AutoCAD 经典”和“初始设置工作空间”4 种工作空间模式，图 1-1-7 所示为“AutoCAD 经典界面”。

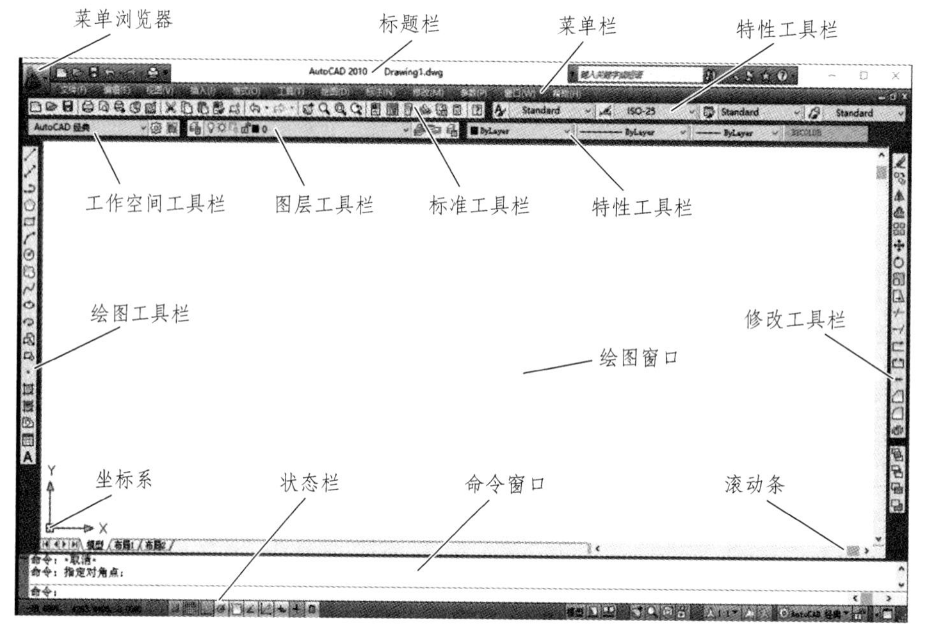

图 1-1-7　AutoCAD 经典界面

1）菜单浏览器

点击左上角的菜单浏览器图标，在展开菜单内可进行“新建”“打开”“保存”“另存”“输出”“发布”“打印”“关闭”等操作。

2）标题栏

标题栏位于界面的最上边一行，显示当前 AutoCAD 版本号及文件名。在标题栏左侧“快速访问”工具栏中，点击下拉菜单，可以自定义添加“打开”“保存”“另存”“打印”“放弃”“重做”“新建”等常用的命令图标，右端依次为“搜索帮助”工具栏和“最小化”“最大化/还原”“关闭”三个图标按钮。

3）菜单栏

菜单栏位于标题栏下方，它由一行主菜单及其下拉子菜单组成，点击任意一项主菜单，即产生相应的下拉菜单。如果下拉菜单中某选项后面有符号，则表示该选项还有下一级子菜单；下拉菜单后面有点状符号，表示选中该项时将会弹出一个对话框，可根据具体情况，对对话框进行操作。在菜单栏可以完成 AutoCAD 的绘图操作。

4）绘图窗口

屏幕中间的大面积空白区域为绘图窗口，可在其内进行绘图工作，在绘图窗口的左下角设置坐标系图标，显示当前绘图所用的坐标系形式及坐标方向。AutoCAD 软件提供了 WCS（世界坐标系）和 UCS（用户坐标系），AutoCAD 默认为 WCS 的俯视图状态，用户可根据需要自由创建多种 UCS，以方便二维绘图和三维建模的需要。

5）工具栏

绘图区上方、左侧和右侧任意布置的由若干图标组成的条状区域，称为工具栏。可以通过点击工具栏中相应的图标按钮，输入常用的操作命令。系统默认的工具栏有“标准”“特性”“样式”“图层”“绘图”“修改”“标注”等。如果需要使用其他工具栏，可以右键点击工具栏侧面空白处，显示所需工具栏。

6）状态栏

状态栏位于界面的最下面一行，用于显示、控制当前工作状态，包含多种可选择功能；状态栏最左边的是坐标显示区，动态显示鼠标指针所在点的 X、Y、Z 坐标。

7）命令窗口

命令窗口的“命令与数据输入区”和“命令提示区”位于状态栏上方，如图 1-1-7 所示。

（1）命令与数据输入区：在没有执行任何命令时，该区显示为“命令:”，即表示系统等待输入命令，输入某种命令后，该区将出现相应的操作信息提示。

（2）命令提示区：位于命令与数据输入区上部，显示已操作的命令信息。

2. AutoCAD 2010 基本操作

1）命令输入的基本方法

在绘制和编辑 AutoCAD 图形时，常常通过以下 3 种方法来执行所需的命令，虽然各种方式略有不同，但均能实现绘图的目的。

（1）菜单栏输入：用鼠标左键点击主菜单中的相应项，弹出下拉菜单和子菜单，单击相应的命令项。

（2）工具栏输入：用鼠标左键点击工具栏中相应命令按钮。

（3）命令行输入：在命令行内直接输入 AutoCAD 的快捷命令并按回车键，或按空格键。

注意：输入命令后，按命令行的提示进行操作。

2）命令的终止

在 AutoCAD 中执行某一命令后，或在执行某个命令的过程中，可随时按 Esc 键，终止正在执行的操作。通常情况下，在命令的执行过程中，点击右键和回车键，都可终止当前操作直至退出命令。

注意：在某一命令的执行过程中选择另一命令后，系统会自动退出当前命令而执行新命令。

3）拾取对象的方法

在执行某些命令的时候，往往都要拾取进行操作的对象，即拾取绘图时的直线、圆弧、块和图符等元素。当命令行提示“选择对象”时，十字光标将变成方形拾取框，此时就可以在绘图区选择要编辑的图形对象。拾取对象的方法有 3 种，分别为单个拾取、窗口选择、窗交选择。

（1）单个拾取：直接用鼠标左键单击拾取的对象，图形对象的图线变虚并显示出夹点，代表对象已被选中；依次连续单击要拾取的对象，可拾取多个图形对象；采用“Shift+左键”拾取对象，可从多个被选的对象中去除该拾取的对象。

（2）窗口选择：用鼠标从左向右拖出一个实线矩形框，此时所有完全被矩形框包含的对象均会被选中，如图 1-1-8 所示。

（3）窗交选择：用鼠标从右向左拖出一个虚线矩形框，此时所有完全被矩形框包含的对象，以及所有与矩形框相交的对象均会被选中，如图 1-1-9 所示。

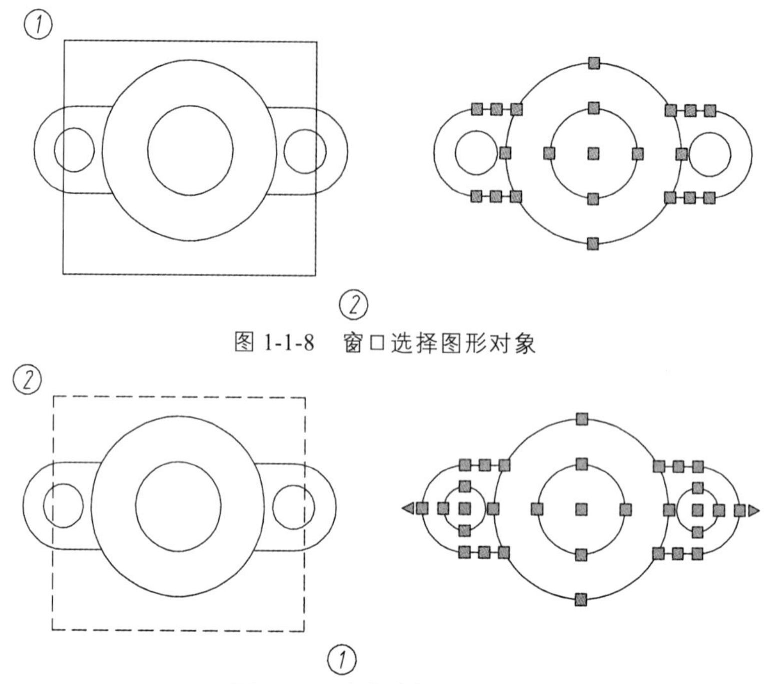

图 1-1-8　窗口选择图形对象

图 1-1-9　窗交选择图形对象

4）删除对象的方法

对已经存在的图形对象进行删除，常采用以下 3 种方法。

（1）拾取对象后点击修改工具栏中的“删除”图标或点击菜单栏中修改—删除命令，所选对象即被删除。

（2）拾取对象后单击鼠标右键，点击弹出的快捷菜单中的“删除”项，所选对象即被删除。

（3）拾取对象后按键盘上的“Delete”键，所选对象即被删除。

5）AutoCAD 的文件操作

（1）新建文件。

启动 AutoCAD 后，系统会自动创建一个文件名为“Drawing1.dwg”的文件。点击菜单栏中【文件】→【新建】命令，或者在“标准工具栏”中单击“新建”按钮，即可建立若干新文件。命令输入后，系统弹出“选择样板”对话框，用户建立无样板公制文件的方法按照图 1-1-10 中的提示操作即可。

（2）打开文件。

点击菜单栏中【文件】→【打开】命令，或者在“标准工具栏”中单击“打开”按钮，可以打开已有的图形文件，此时将打开“选择文件”对话框。默认情况下，打开的图形文件的格式为“.dwg”。

（3）保存文件。

在 AutoCAD 中，可以使用多种方式将绘制的图形以文件形式进行保存。例如，点击菜单栏中【文件】→【保存】命令，或者在“标准工具栏”中单击“保存”按钮，文件将以当前使用的文件名保存图形。也可以点击菜单栏中【文件】→【另存为】命令，将当前图形以新的名称保存。在保存文件时，默认的文件扩展名“.dwg”。文件的扩展名有多种选择，用户可根据实际情况自行选择。

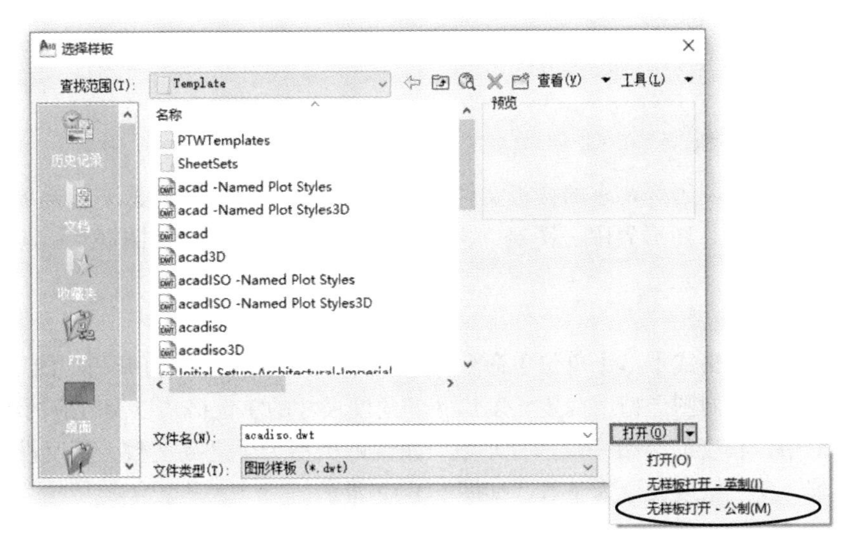

图 1-1-10　新建文件对话框

任务实施

一、认识密封垫片机械图样

下面我们以图 1-1-11 所示密封垫片的平面图形为例，来分析密封垫片的绘制方法。

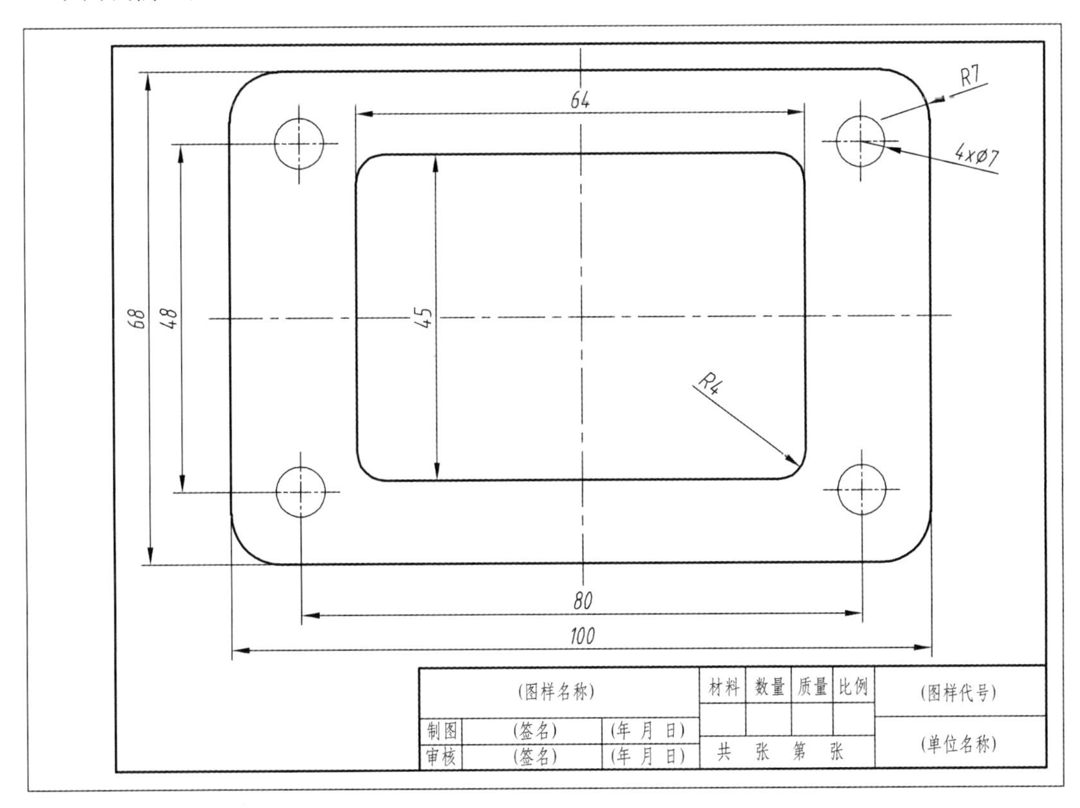

图 1-1-11　密封垫片机械图样

二、绘制密封垫片平面图形

1. 新建图形样板

建立符合机械制图国标要求的样板文件，文件保存为“制图样板.dwt”。样板图中应完成以下设置：绘图单位、图形界限、图层、文字样式、尺寸标注样式、图框及标题栏图块等绘图环境设置。

1）绘图单位的设置

选择菜单栏中【格式】→【单位】命令，即执行 Untis 命令，在打开的“图形单位设置”对话框中，依据所绘制图形精度确定长度尺寸和角度尺寸的单位格式以及对应的精度。

机械制图中，长度的类型一般选择小数，角度的类型为十进制度数，精度设置要参照具体图样的要求，此处精度设置为整数，如图 1-1-12 所示。

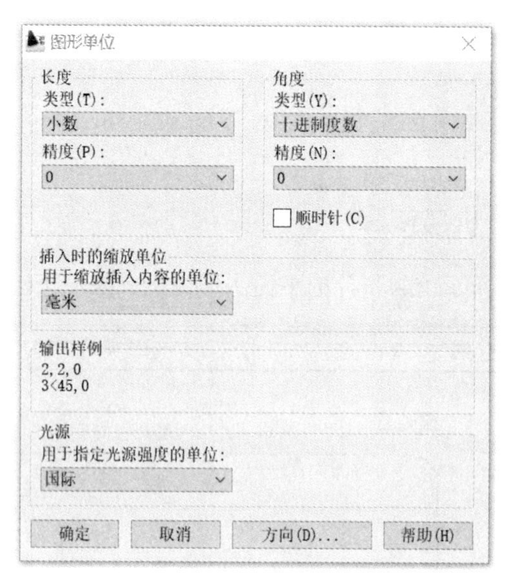

图 1-1-12　图形单位对话框

2）绘图界限的设置

依据所绘制图形的图纸幅面来完成绘图界限的设置，完成 A3 图纸的图幅界限的设置。根据 A3 图纸的幅面尺寸为 297 mm×420 mm，单击菜单栏中的【格式】→【图形界限】命令，给定两个角点用于确定一个长为 420 mm、宽为 297 mm 的矩形，完成 A3 图幅的界限设定。

注意：绘图界限设置完成后还需要利用 Limits 命令的“开（ON）/关（OFF）”进行控制其是否生效。

3）图层的设置

绘制机械图样时，通常会用到多种线型，如粗实线、细实线、细点画线、虚线等，用 AutoCAD 绘图时，实现线型要求的方法就是建立一系列控制线型、线宽和颜色的图层。表 1-1-4 给出了机械图样常用的线型设置。

表 1-1-4　线型设置

图层名称	颜色	线型	线宽
粗实线	白色	Continuous	0.5 mm
细实线	蓝色	Continuous	0.25 mm
虚线	黄色	DASHE 或 HIDDEN	0.25 mm
细点画线	红色	CENTER	0.25 mm
尺寸标注	青色	Continuous	0.25 mm
文字	青色	Continuous	0.25 mm
剖面线	白色	Continuous	0.25 mm

单击菜单栏中【格式】→【图层】命令或单击“图层工具栏”中的“图层特性管理器”按钮，打开“图层特性管理器”对话框，完成图层的设置。图层的基本操作包括新建图层、图层的重命名、删除图层、指定当前层、图层的开/关、图层的冻结/解冻和锁定/解锁。

注意：在“特性工具栏”中将颜色、线型和线宽均设置为随层（ByLayer），才能将图层设置好的属性赋予图层内的对象。

4）文字样式的设置

机械图样中需要注写的文字包括汉字、数字与字母，如技术要求、填写标题栏及尺寸数字等，正确设置这些文字样式十分重要。下面介绍如何在 AutoCAD 中定义符合国标要求的文字样式。具体设置如下：

（1）设置符合国标的汉字和数字样式。

国家标准对图纸上注写的汉字规定用长仿宋体。AutoCAD 提供了满足国家制图标准的中文字体，如“T 仿宋”或“T 宋体”的中文字体。

国家标准规定尺寸标注时数字采用斜体字，AutoCAD 中符合国标的数字样式，可以采用 gbetic.shx 和 gbenor.shx 等字体。

（2）设置符合国标的文字样式。

单击菜单栏中的【格式】→【文字样式】命令，打开文字样式对话框。按照表 1-1-5 字体设置要求，设置汉字及数字的样式，具体设置方法如图 1-1-13 和图 1-1-14 所示。

表 1-1-5　字体设置要求

字体样式名	字体	宽度因子
数字	gbeitc.shx	1
汉字	T 仿宋	0.7

注：选择字体时，数字样式勾选大字体，文字样式则取消勾选大字体。

2. 样板文件的保存

在完成绘图单位设置、绘图界限设置、图层设置，定义文字样式及尺寸样式之后，就基本形成了一个满足国家标准的机械制图的样板文件。还可以在此基础上增加图框及标题栏等内容的设置。然后将其存为样板文件的形式。选择【文件】→【另存为】命令，打开“图形另存为”对话框，指定文件名为“制图样板”，通过“文件类型”下拉列表将文件保存为“AutoCAD

图形样板（*.dwt）”选项，这样“制图样板.dwt”文件就会默认保存在 AutoCAD 安装文件夹下的 Template 文件夹中，一般不要改变位置，新建文件时容易找到。

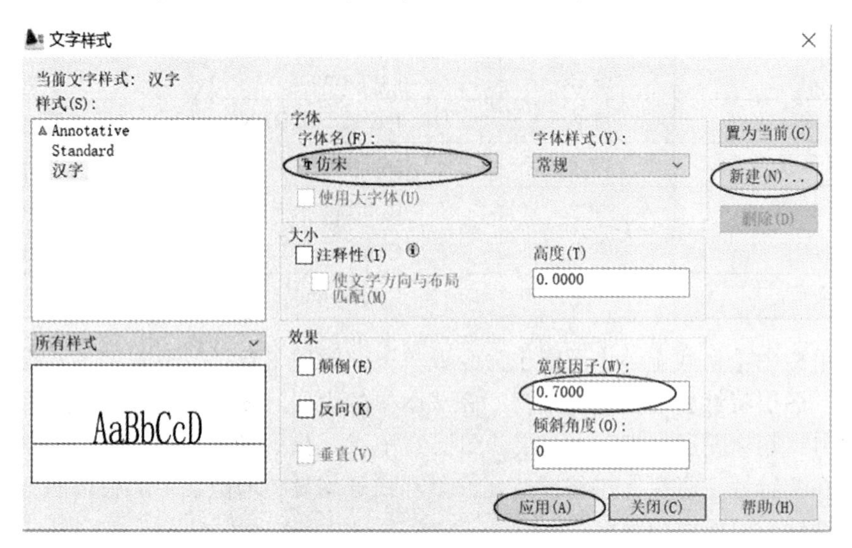

图 1-1-13　设置汉字的文字样式

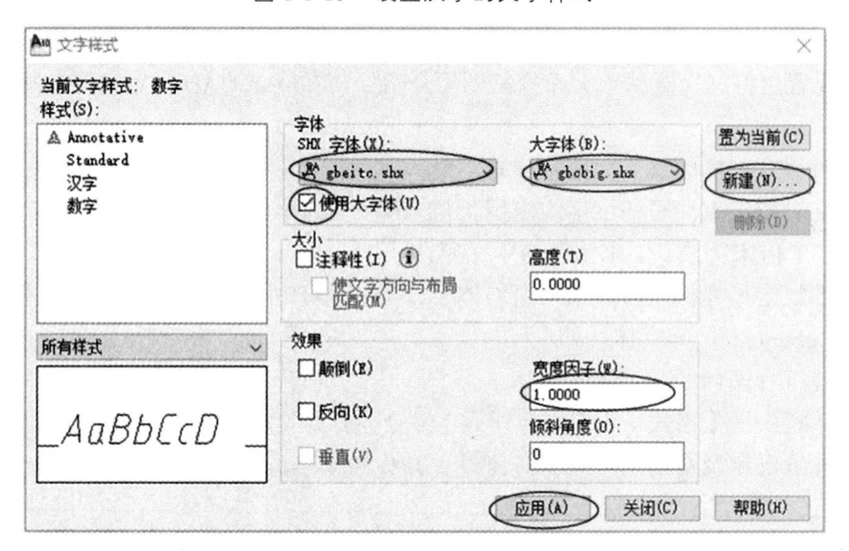

图 1-1-14　设置尺寸数字的文字样式

3. 绘制密封垫片平面图形

打开建立好的样板文件，点击【文件】→【另存为】命令，将图形另存为名为“密封垫片.dwg”的文件，选择希望保存文件的文件夹进行保存后，即可开始绘制新图形。

步骤 1：绘制出 A4 图纸（210 mm×297 mm）的图框及标题栏，如图 1-1-15 所示。

参考操作步骤如下：

注意：图幅边框绘制在“细实线”图层上，图框线绘制在“粗实线”图层上。

将当前图层设为“细实线”层，并打开状态栏中的“正交”按钮，然后单击绘图工具栏中的“直线”按钮，或依次单击菜单栏【绘图】→【直线】命令，执行 Line 命令。

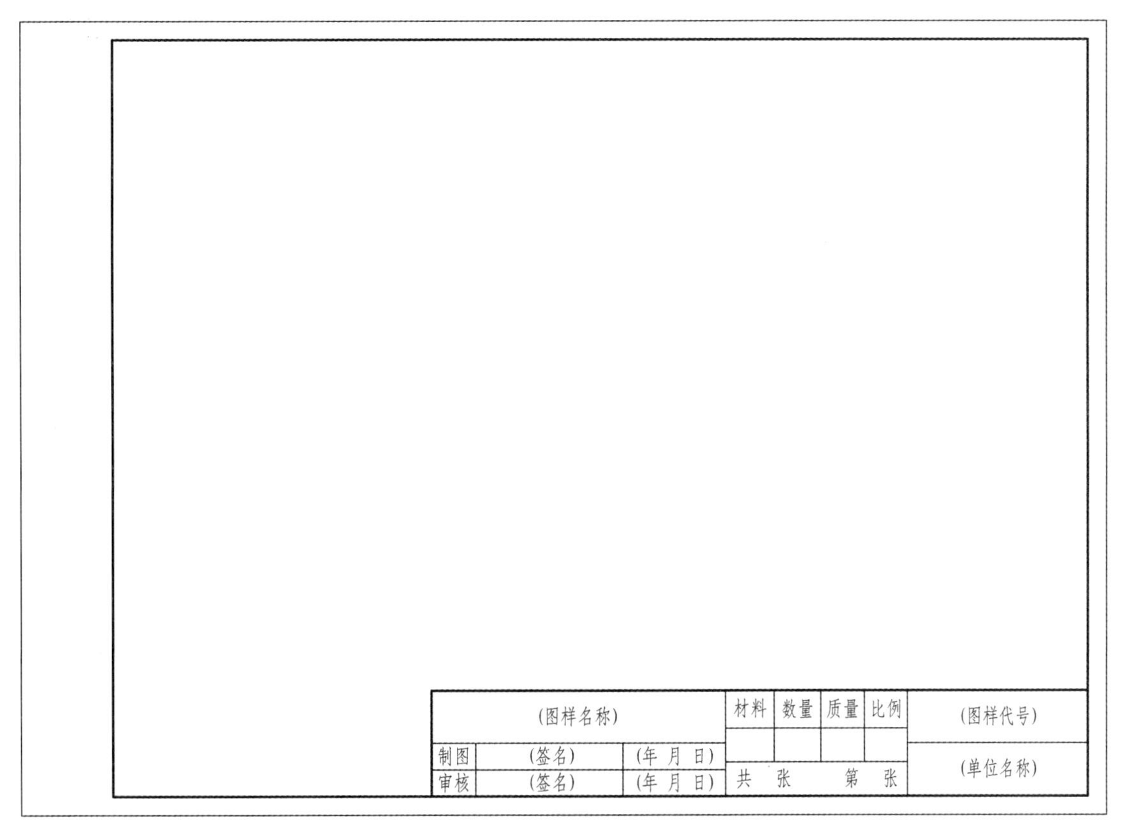

图 1-1-15 图框及标题栏

Line 指定第一点：0，0 回车
指定下一点或[放弃（U）]：297（鼠标向右指）回车
指定下一点或[放弃（U）]：210（鼠标向上指）回车
指定下一点或[闭合（C）/放弃（U）]：297（鼠标向左指）回车
指定下一点或[闭合（C）/放弃（U）]：210（鼠标向下指）回车（或直接输入）：C 回车

将当前图层设为“粗实线”层，然后单击绘图工具栏中的“直线”按钮，或依次单击菜单栏【绘图】→【直线】命令，执行 Line 命令。

Line 指定第一点：25，5 回车
指定下一点或[放弃（U）]：287（鼠标向右指）回车
指定下一点或[放弃（U）]：180（鼠标向上指）回车
指定下一点或[闭合（C）/放弃（U）]：287（鼠标向左指）回车
指定下一点或[闭合（C）/放弃（U）]：180（鼠标向下指）回车（或直接输入）：C 回车

绘制完成结果如图 1-1-16 所示。

用矩形、偏移和修剪命令绘制标题栏，标题栏尺寸及格式如图 1-1-17 所示。

图 1-1-16　绘制完成或结果

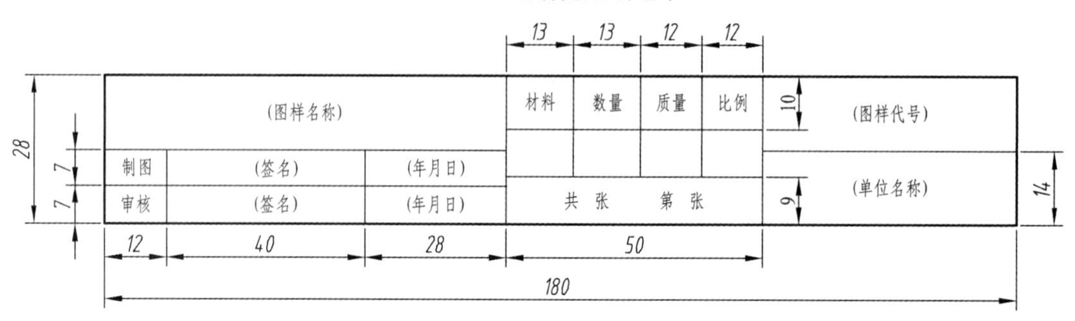

图 1-1-17　标题栏

参考操作步骤如下：

将当前图层设为“粗实线”层，然后单击绘图工具栏中的“矩形”按钮，或依次单击菜单栏【绘图】→【矩形】命令，执行 Rectang 命令。

指定第一个角点或[倒角（C）/标高（E）/圆角（F）/厚度（T）/宽度（W）]：选择 A4 图幅的图框右下角点（图 1-1-16 中的 A 点）

指定另一个角点或[面积（A）/尺寸（D）/旋转（R）]：@-180，28 回车

单击修改工具栏上的分解按钮，或依次单击菜单栏【修改】→【分解】命令，执行 Explode 命令。将标题栏矩形外框分解为单条直线。

依次选择标题栏外框，单击修改工具栏上的偏移按钮，或依次单击菜单栏【修改】→【偏移】命令，绘制标题栏内框。

当前设置：删除源=否　图层=源　OFFSETGAPTYPE=0

指定偏移距离或[通过（T）/删除（E）/图层（L）]<0.0000>：根据图的尺寸依次进行偏移

绘图过程如图 1-1-18 所示。

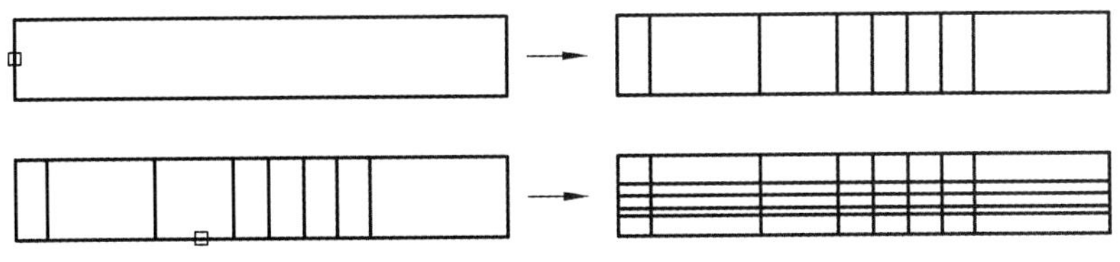

图 1-1-18　绘图过程

单击修改工具栏上的修剪按钮，或依次单击菜单栏【修改】→【修剪】命令，按照图 1-1-19 所示，修剪标题栏内框多余线段。

选择剪切边：...

选择对象或<全部选择>：回车

[栏选（F）/窗交（C）/投影（P）/边（E）/删除（R）/放弃（U）]：选择多余的线段进行修剪

按 ESC 键退出命令

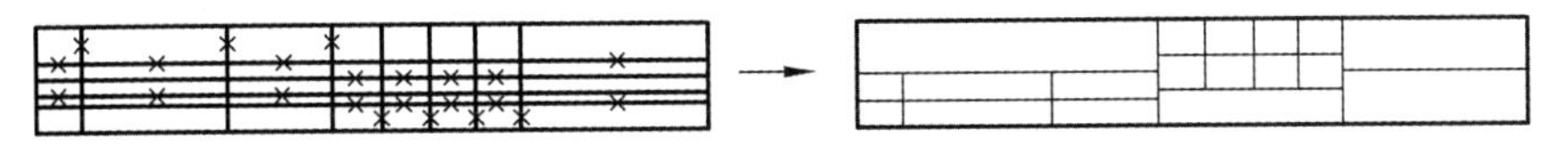

图 1-1-19　修剪多余线段

选择标题栏内框线段，将图线改为“细实线”图层。

单击快速工具栏上的保存按钮，保存绘制好的 A4 图框及标题栏。

步骤 2：绘制圆角为 *R*7、长度为 100、宽度为 68 的矩形，采用点的绝对坐标与极坐标的输入方式绘制。

知识点　直角坐标输入方式

（1）绝对坐标输入方式：*x*，*y*。如坐标原点 *O*，*x*=0，*y*=0，则输入格式为：0，0。

（2）相对坐标输入方式：@dx，dy（增量值）。如矩形相对于原点的对角点 *A*，*x*=100，*y*=68，则输入格式为：@100，68。

参考操作步骤如下：

单击绘图工具栏上的矩形按钮，或依次单击菜单栏【绘图】→【矩形】命令，执行 Rectang 命令。

指定第一个角点或[倒角（C）/标高（E）/圆角（F）/厚度（T）/宽度（W）]：F 回车

指定矩形的圆角半径<0.0000>：7 回车

指定第一个角点或[倒角（C）/标高（E）/圆角（F）/厚度（T）/宽度（W）]：0，0 回车

指定另一个角点或[面积（A）/尺寸（D）/旋转（R）]：@100，68 回车

按 ESC 键退出命令

绘制完成结果如图 1-1-20 所示。

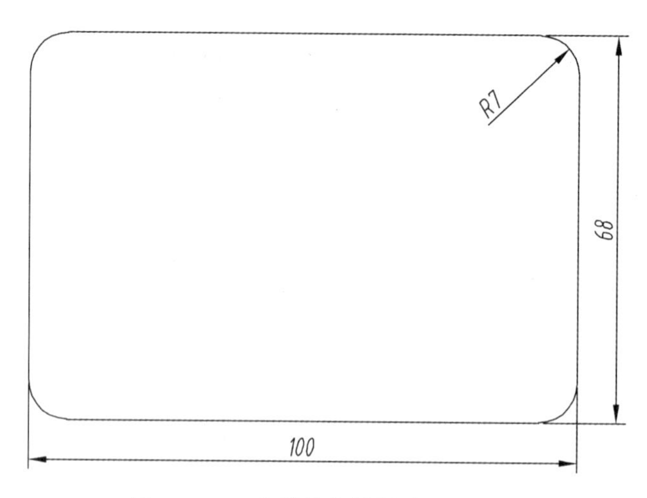

图 1-1-20　密封垫片绘制过程（一）

步骤 3：绘制圆角为 *R*4、长度为 64、宽度为 45 的矩形，方法同步骤 2。

参考操作步骤如下：

单击绘图工具栏上的矩形按钮，或依次单击菜单栏【绘图】→【矩形】命令，执行 Rectang 命令。

指定第一个角点或[倒角（C）/标高（E）/圆角（F）/厚度（T）/宽度（W）]：F 回车
指定矩形的圆角半径<0.0000>：4 回车
指定第一个角点或[倒角（C）/标高（E）/圆角（F）/厚度（T）/宽度（W）]：18，11.5 回车
指定另一个角点或[面积（A）/尺寸（D）/旋转（R）]：@64，45 回车
按 ESC 键退出命令

绘制完成结果如图 1-1-21 所示。

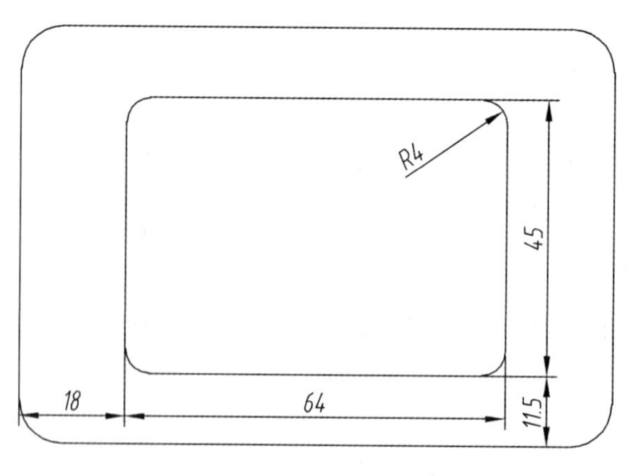

图 1-1-21　密封垫片绘制过程（二）

步骤 4：绘制密封垫片的中心线。

参考操作步骤如下：

注意：密封垫片的中心线为细点画线，因此应将线型切换成细点画线图层。

单击绘图工具栏上的构造线，或依次单击菜单栏【绘图】→【构造线】命令，执行 Xline 命令。

Xline 指定点或[水平（H）/垂直（V）/角度（A）/二等分（B）/偏移（O）]：H 回车

指定通过点：用鼠标选择垫片外轮廓宽度（68 mm）的中点位置（依次打开菜单栏【工具】→【草图设置】→【对象捕捉】，选择中点并确定），绘制出 *X* 中心线。再按回车键或空格键，重复构造线 Xline 命令。

Xline 指定点或[水平（H）/垂直（V）/角度（A）/二等分（B）/偏移（O）]：V 回车

指定通过点：用鼠标选择垫片外轮廓长度（100 mm）的中点位置，绘制出 *Y* 中心线。按 ESC 键退出命令。

绘制完成结果如图 1-1-22 所示。

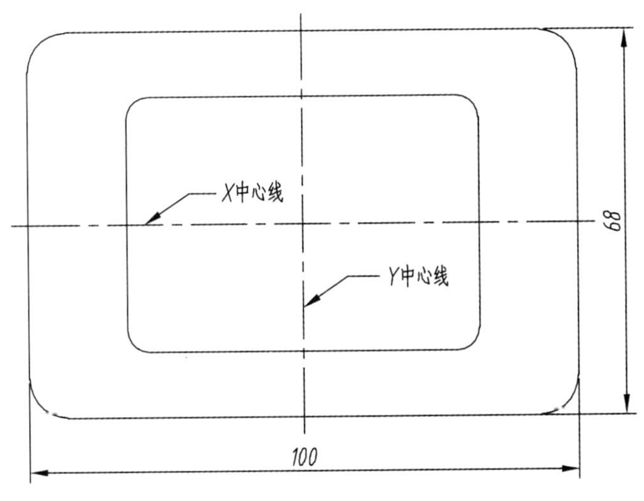

图 1-1-22　密封垫片绘制过程（三）

步骤 5：绘制内孔轮廓线的轴线。

参考操作步骤如下：

单击修改工具栏上的偏移，或依次单击菜单栏【修改】→【偏移】命令，执行 Offset 命令。

指定偏移距离或[通过（T）/删除（E）/图层（L）]<通过>：40 回车

选择要偏移的对象，或[退出（E）/放弃（U）]<退出>：单击垫片的 *Y* 中心线

指定要偏移的那一侧上的点，或[退出（E）/多个（M）/放弃（U）]<退出>：在垫片的 *Y* 中心线左侧空白处单击，得线 1

选择要偏移的对象，或[退出（E）/放弃（U）]<退出>：单击垫片的 *Y* 中心线

指定要偏移的那一侧上的点，或[退出（E）/多个（M）/放弃（U）]<退出>：在垫片的 *Y* 中心线右侧空白处单击，得线 2

按 ESC 键退出命令

重复以上偏移命令，输入偏移距离 24，单击垫片的 *X* 中心线，在 *X* 中心线上方空白处单击，得线 3；单击垫片的 *X* 中心线，在 *X* 中心线下方空白处单击，得线 4。

绘制完成结果如图 1-1-23 所示。

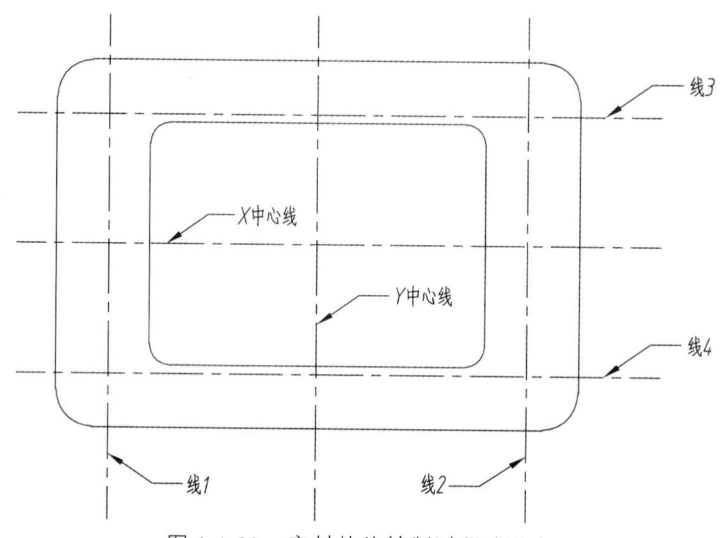

图 1-1-23　密封垫片绘制过程（四）

步骤 6：绘制直径为 7 的内孔轮廓线。

参考操作步骤如下：

单击绘图工具栏上的圆，或依次单击菜单栏【绘图】→【圆】→【圆心、半径】命令，执行 Circle 命令。

Circle 指定圆的圆心或[三点（3P）/两点（2P）/切点、切点、半径（T）]：移动光标至线 1 到线 4 的交点，出现黄色的“×”时单击

指定圆的半径或[直径（D）]：3.5 回车（或先输入 D 回车，再输入直径 7 回车）

按 ESC 键退出命令

重复以上步骤，绘制出其他 3 个内孔。

绘制完成结果如图 1-1-24 所示。

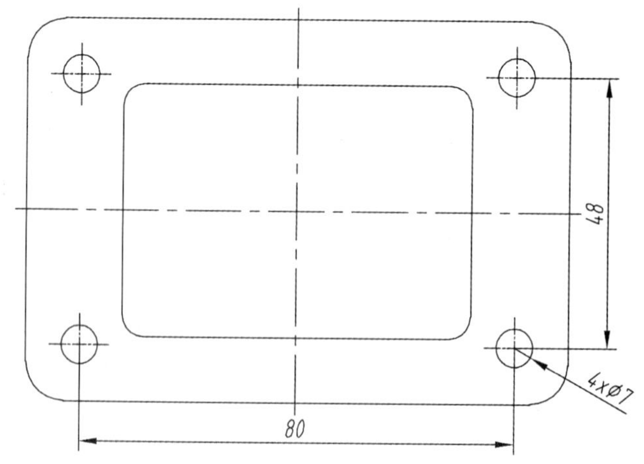

图 1-1-24　密封垫片绘制过程（五）

步骤 7：整理图形，完成绘制（尺寸标注在后续介绍）。

参考操作步骤如下：

单击修改工具栏上的打断于点，执行 Break 命令。

Break 选择对象：选择垂直中心线。

指定第一个打断点：单击距轮廓线 3 ~ 5 mm 的点 P。

选择打断后不需要的线段，采用删除命令将其删除即可。

重复上述步骤，完成全图，如图 1-1-25 所示。

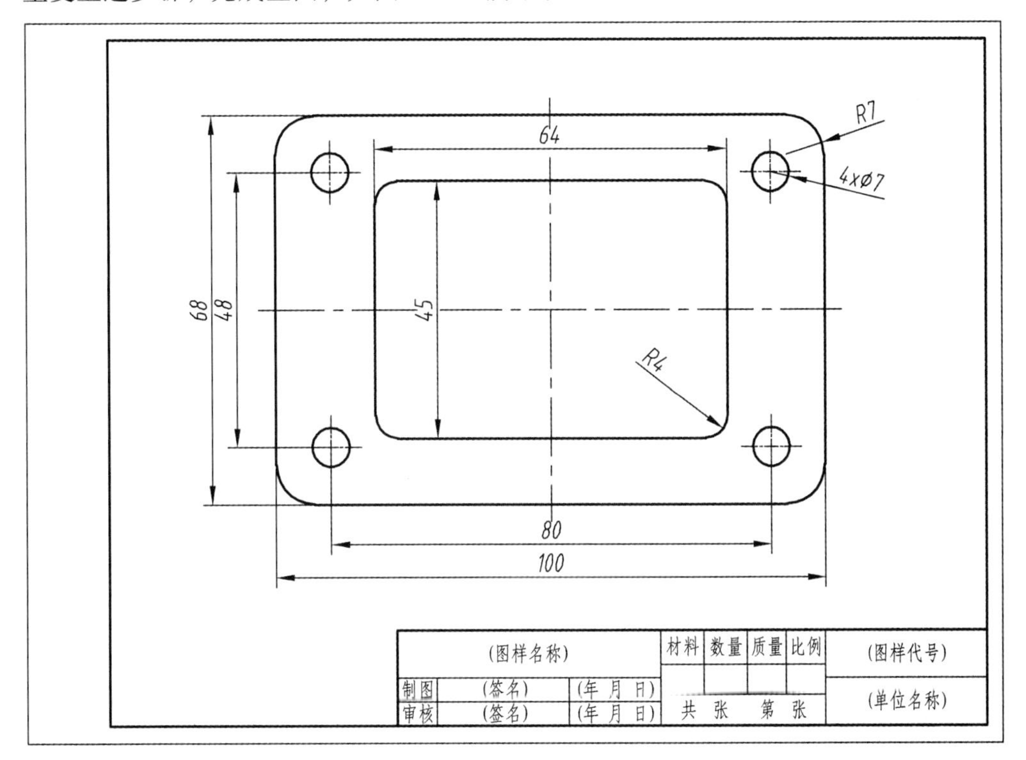

图 1-1-25 密封垫片绘制完成结果

4. 机械图样的存盘

为了保持绘制的图形，需要对图形进行保存，可以通过以下方式保存图形文件。

（1）单击标准工具栏中的保存按钮。

（2）选择菜单栏中【文件】→【保存】命令。

（3）按 Ctrl+S 快捷键。

（4）在命令行输入“save”或“saveas”。

在绘制图形的时候，已经将图形保存，故图形将以“密封垫片.dwg”的文件格式保存在用户希望保存的文件夹内。如果希望另存为其他类型的文件，也可以采用【菜单】→【文件】→【另存为】命令，打开“图形另存为”对话框，输入新文件名，选择其他文件格式以及希望保存文件的文件夹，然后单击“确定”按钮即可保存文件。

5. 退出 AutoCAD2010 软件

退出 AutoCAD2010 软件的方法有：

（1）单击界面右上角“关闭窗口”按钮。

（2）按 Ctrl+Q 快捷键。

（3）在命令行中输入命令“quit”或“exit”。

（4）选择菜单栏中【文件】→【退出】命令。

在退出时，如果没有对图形文件进行保存，则会弹出存盘提示对话框，提醒用户是否保存当前图形再退出。

任务评价

任务评价单见表 1-1-6。

表 1-1-6　任务评价单

<table>
<tr><td>任务</td><td colspan="7">认识密封垫片机械图样并绘制其平面图形</td></tr>
<tr><td>班级</td><td></td><td>姓名</td><td>学号</td><td colspan="2"></td><td>日期</td><td></td></tr>
<tr><td rowspan="5">任务评价</td><td>考评指标</td><td>考评标准</td><td>分值</td><td>自评（20%）</td><td>小组评价（40%）</td><td>教师评价（40%）</td><td>实际得分</td></tr>
<tr><td rowspan="2">任务实施</td><td>相关知识点掌握程度</td><td>40</td><td></td><td></td><td></td><td></td></tr>
<tr><td>完成任务的准确性</td><td>40</td><td></td><td></td><td></td><td></td></tr>
<tr><td rowspan="2">职业素养</td><td>出勤、道德、纪律、责任心</td><td>10</td><td></td><td></td><td></td><td></td></tr>
<tr><td>学习态度、团队分工合作</td><td>10</td><td></td><td></td><td></td><td></td></tr>
<tr><td colspan="3">合计</td><td></td><td></td><td></td><td></td><td></td></tr>
<tr><td>收获与体会</td><td colspan="7"></td></tr>
<tr><td>本组之星</td><td colspan="3"></td><td>亮点</td><td colspan="3"></td></tr>
<tr><td>组间互评</td><td colspan="7"></td></tr>
<tr><td>填表说明</td><td colspan="7">① 实际得分=自评×20%+小组评价×40%+教师评价×40%。
② 考评满分为 100 分，60 分以下为不及格，60～74 分为及格，75～84 分为良好，85 分及以上为优秀。
③“本组之星”可以是本次实训活动中的突出贡献者，也可以是进步最大者，还可以是其他某一方面表现突出者。
④“组间互评”由评审团讨论后为各组给予的最终评价。评审团由各组组长组成，当各组完成实训活动后，各组长先组织本组组员进行商议，然后各组长将意见带至评审团，评价各组整体工作情况，将各组互评分数填入其中</td></tr>
</table>

任务二　认识挂轮架机械图样并绘制其平面图形

任务描述

挂轮架是机械中的铣床运动副附件，即轴安装在挂轮架上，齿轮再安装在轴上，用来传动分度头，使工件做复合运动。挂轮架结构简单、制造方便，通常和齿轮配合实现变速运动，应用广泛。本任务通过学习绘制挂轮架的平面图形，熟练运用圆弧连接的原理，绘制出不同类型的连接圆弧，并能对平面图形进行正确分析，以及能正确地标注平面图形尺寸，并通过计算机绘图软件 AutoCAD 正确地绘制挂轮架的平面图形。

任务目标

（1）掌握线段连接的作图原理和方法。

（2）掌握平面图形的尺寸和线段分析方法。

（3）掌握尺寸标注的相关要求和方法。

相关理论知识点

知识点一　尺寸标注

图形只能表达零件的形状，若要表达零件的大小，则由标注的尺寸确定，国标 GB/T 4457.4—2002《机械制图　图样画法　图线》中规定了尺寸注法的基本内容。

1. 尺寸标注基本原则

（1）机件的真实大小应以图样上所注的尺寸数值为依据，与图形的大小及绘图的准确性无关。

（2）图样中的尺寸以毫米（mm）为单位时，不需要标注计量单位的代号或名称。如采用其他单位，则必须注明相应的计量单位的代号或名称。

（3）图样上标注的尺寸为该图样所示机件的最后完工尺寸，否则应另加说明。

（4）机件的每一个尺寸，一般只标注一次，并标注在反映该结构最清晰的图形上。

2. 尺寸组成

一个完整的尺寸包括尺寸数字、尺寸线、尺寸界线和表示尺寸线终端的箭头或斜线。

（1）尺寸数字：线性尺寸的尺寸数字应按照水平尺寸数字头朝上，垂直尺寸数字头朝左。表示角度的尺寸数字一律按水平方向注写，一般注写在尺寸线的中断处，也可注写在尺寸线的上方，或引出标注。

（2）尺寸线：尺寸线用细实线绘制，不能用其他图线代替，一般也不得与其他图线重合或画在其延长线上。标注线性尺寸时，尺寸线必须与所标注的线段平行，有几条互相平行的尺寸线时，大尺寸要注在小尺寸的外面。

（3）尺寸界线：尺寸界线用细实线绘制，应由图形的轮廓线、轴线或对称中心线处引出。也可利用轮廓线、轴线或对称中心线作尺寸界线。尺寸界线一般应与尺寸线垂直，其一端应离开图样轮廓线不小于 2 mm，另一端宜超出尺寸线 2 ~ 3 mm。

（4）尺寸终端：尺寸线的终端有两种形式，箭头适用于各种类型的图样，斜线则用于建筑图样。圆的直径、圆弧半径及角度尺寸线的终端应画成箭头。

3. 常见的符号及缩写词

标注尺寸时，应尽可能使用符号和缩写词。常见的符号和缩写词见表 1-2-1。

表 1-2-1　常用的符号和缩写词

名称	符号	名称	符号	名称	符号
直径	ϕ	厚度	t	均布	EQS
半径	R	深度	↧	埋头孔	⌵
球直径	$S\phi$	弧长	⌒	沉孔	⌴
球半径	SR	45°倒角	C	正方形	□

知识点二　平面图形的尺寸与线段分析

平面图形是由各种线段（直线或圆弧）连接而成的，这些线段之间的相对位置和连接关系靠给定的尺寸确定，因此首先需要对平面图形的尺寸和线段进行分析。

1. 尺寸分析

（1）尺寸基准：用来确定标注定位尺寸的起点，通常以图中的对称线、中心线、较大的平面作为尺寸基准。

（2）平面图形的尺寸按照其作用分为两类：定形尺寸和定位尺寸。

① 定形尺寸：用来确定组成平面图形各部分形状大小的尺寸。

② 定位尺寸：用来确定组成平面图形的各部分之间相互位置的尺寸。

2. 线段分析

平面图形中的线段通常由直线和圆弧组成，根据其定位尺寸的完整与否，可分为三类：已知线段、中间线段、连接线段。

（1）已知线段：定形尺寸和定位尺寸都齐全的线段。

（2）中间线段：只有定形尺寸和一个定位尺寸，而缺少一个定位尺寸的线段。

（3）连接线段：只有定形尺寸没有定位尺寸的线段。

画图时应先画已知线段，再画中间线段，最后画连接线段。

知识点三　圆弧连接

圆弧连接是指用一段圆弧光滑地连接（即相切）另外两段已知线段（直线或圆弧）的作

图方法。为了保证光滑连接，必须正确找出连接圆弧的圆心和两个切点。圆弧连接包括直线之间的圆弧连接、直线与圆弧之间的圆弧连接、圆弧与圆弧之间的圆弧连接等 3 种情况。

画连接圆弧时，需要用到以下两条作图原理：

（1）连接圆弧与已知直线相切，其圆弧的圆心轨迹为与已知直线平行且距离为 R 的一条直线，切点为圆心向已知直线所作垂线的垂足，如图 1-2-1 所示。

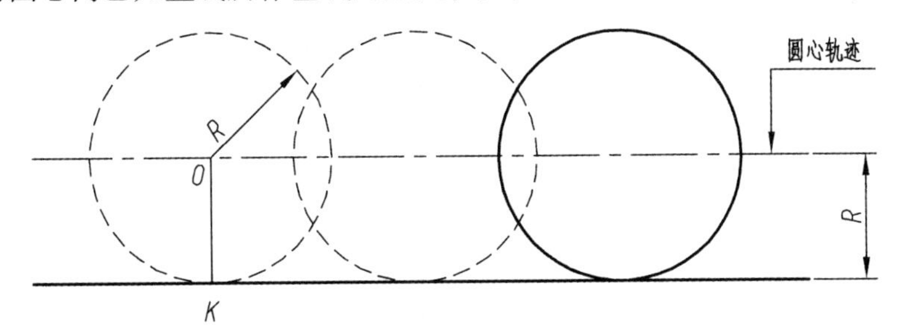

图 1-2-1　圆与直线相切

（2）连接圆弧与已知圆弧相切，其圆弧的圆心轨迹为与已知圆弧的同心圆。其半径为：外切时，连接圆弧与已知圆弧的半径之和；内切时，连接圆弧与已知圆弧的半径之差。连接圆弧与已知圆弧相切的切点，为两圆的圆心连线与已知圆弧的交点，如图 1-2-2 所示。

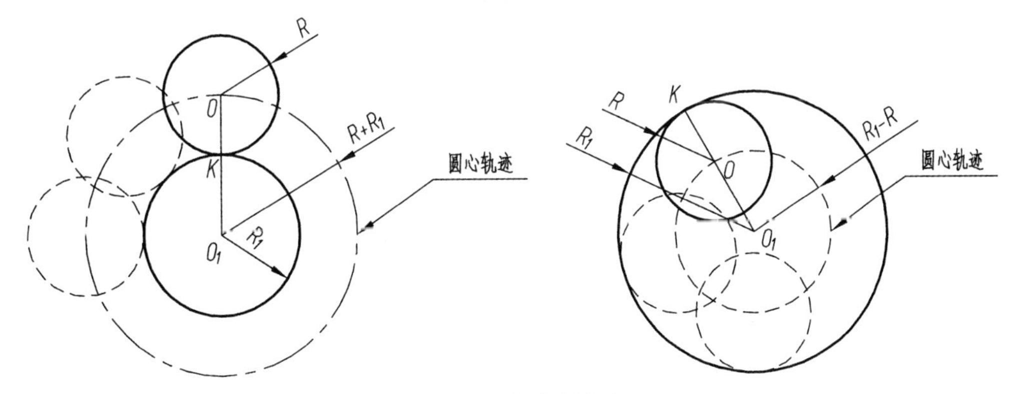

图 1-2-2　圆与圆相切

根据圆弧连接的作图原理，圆弧连接的作图基本步骤是：首先求连接圆弧的圆心，然后求切点，最后在两点之间画出连接圆弧。圆弧连接的画法与步骤见表 1-2-2。

表 1-2-2　圆弧连接的画法与步骤

类别	已知条件	步骤		
		求连接圆弧圆心	求切点	画连接圆弧
连接两已知直线	R	R O R	O	R O

续表

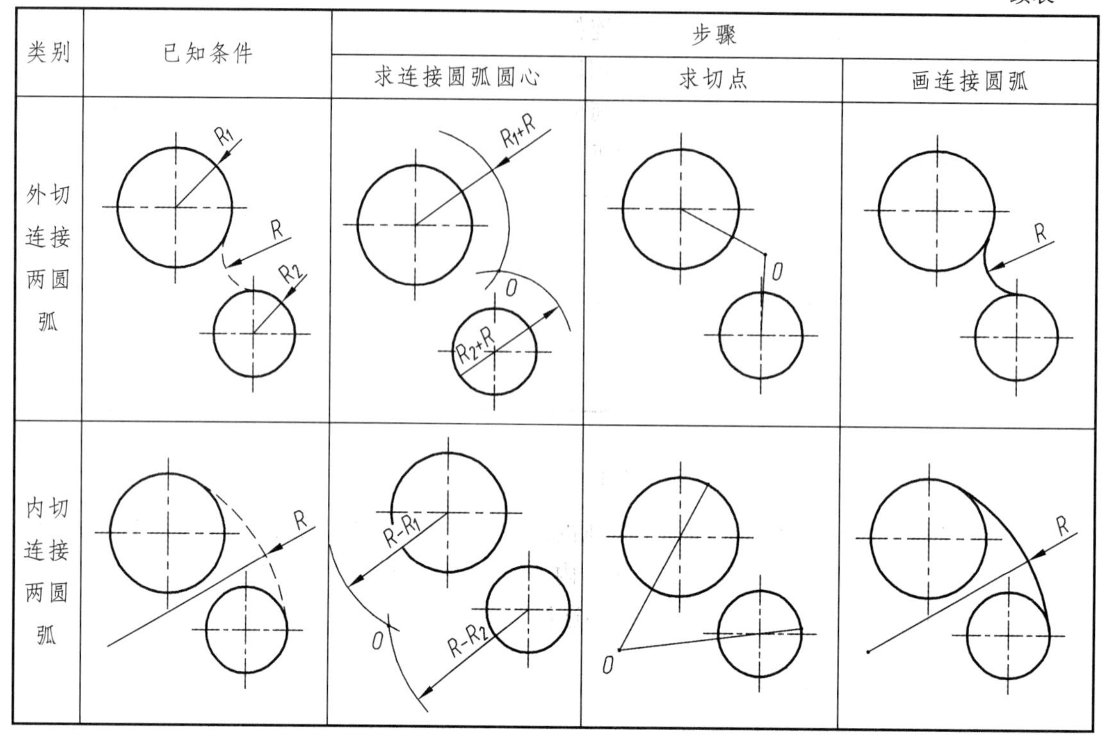

类别	已知条件	步骤		
		求连接圆弧圆心	求切点	画连接圆弧
外切连接两圆弧				
内切连接两圆弧				

知识点四　AutoCAD 尺寸标注样式的设置

制图标准对尺寸标注的格式有具体的要求，如尺寸界线和尺寸线、尺寸文字、尺寸终端等。下面简要介绍如何定义符合制图标准的尺寸标注样式。

1. 新建尺寸标注样式

设置尺寸标注样式的命令为：Dimstyle 或选择【菜单】→【格式】中的【标注样式】。为了设置符合我国机械制图标准的标注样式，在默认的 ISO-25 样式基础上，新建一个名为“机械”的标注样式，打开“标注样式管理器”对话框，具体步骤如图 1-2-3 和图 1-2-4 所示。

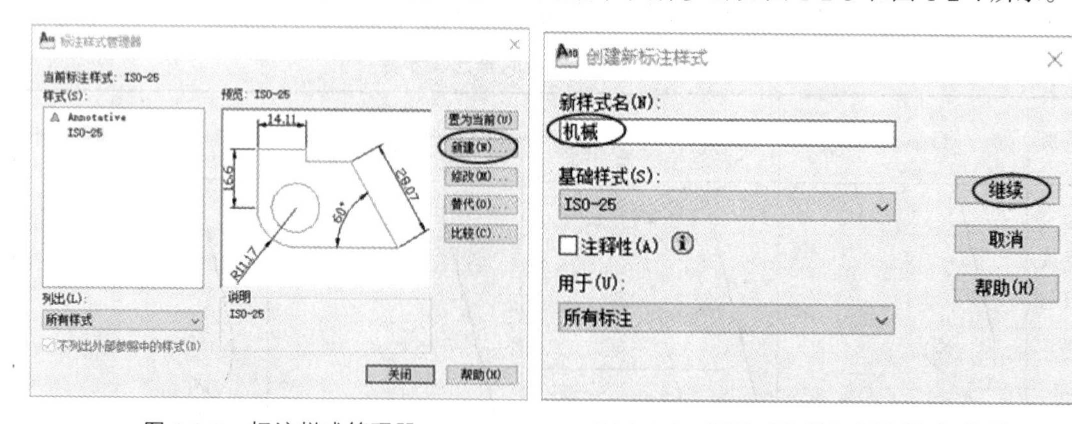

图 1-2-3　标注样式管理器　　图 1-2-4　新建“机械”标注样式对话框

2. 设置尺寸标注样式

尺寸标注样式的参数较多，设置比较复杂。符合我国机械制图标准的尺寸标注样式基础设置见表 1-2-3。

表 1-2-3　尺寸标注样式基础设置

名称	设置内容
“线”选项卡	尺寸线基线间距设为“8”，尺寸界限超出尺寸线为“2”，起点偏移量设为 0
“符号和箭头”选项卡	箭头大小为“3.5”
“文字”选项卡	文字样式选用“数字”，文字高度为“3.5”，文字位置从尺寸线偏移“0.6”
主单位	小数分隔符设置为“.（句点）”
其他	采取默认设置

按表 1-2-3 设置完成后单击“确定”按钮，返回“标注样式管理器”对话框，最后单击“关闭”按钮，即可完成尺寸标注样式的设置，具体步骤如图 1-2-5 ~ 图 1-2-9 所示。

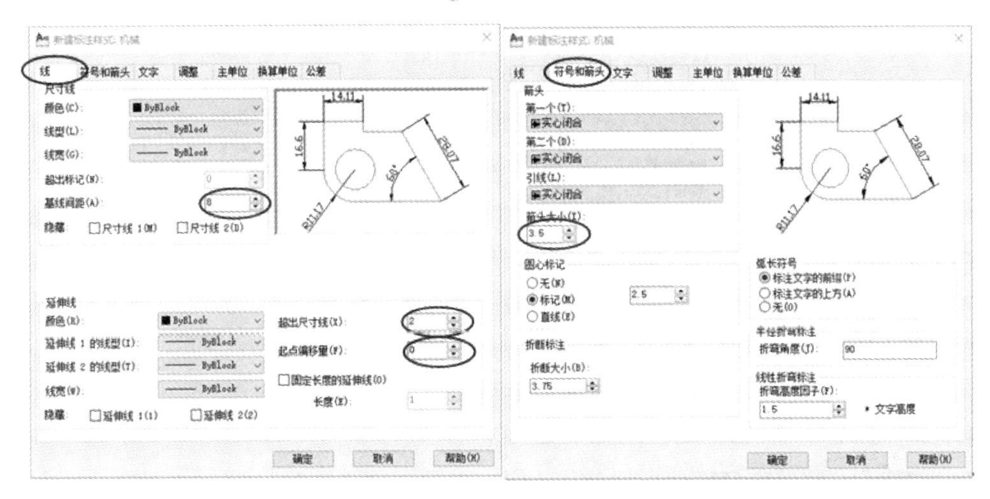

图 1-2-5　“线”选项卡设置　　　图 1-2-6　“符号和箭头”选项卡设置

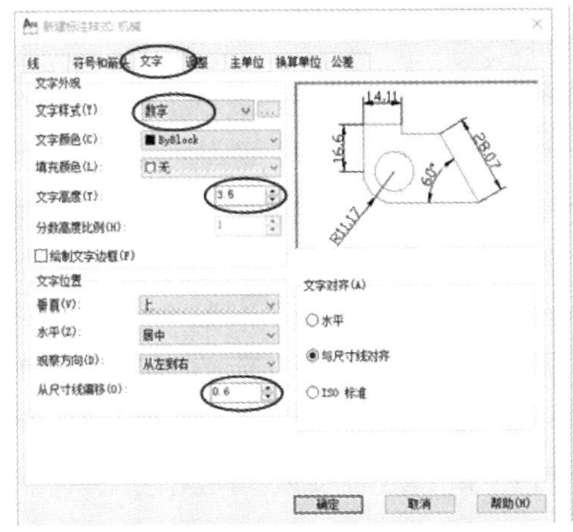

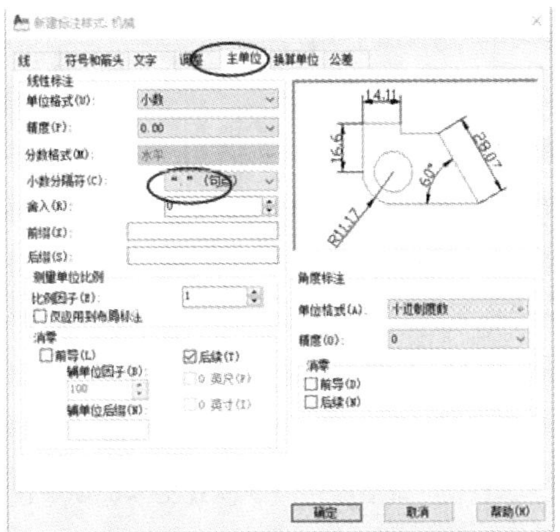

图 1-2-7　“文字”选项卡设置　　　图 1-2-8　“主单位”选项卡设置

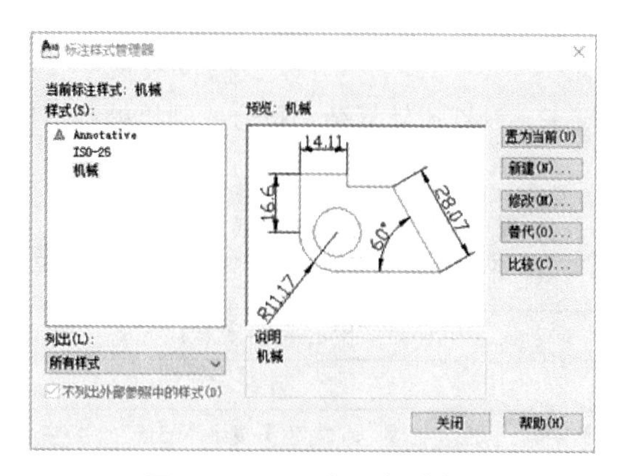

图 1-2-9　返回标注样式管理

3. 建立子标注样式

为使角度、圆的直径和圆弧半径符合标准，在“机械”标注样式的基础上再新建“角度标注”“半径标注”子样式，具体操作步骤如图 1-2-10 ~ 图 1-2-15 所示。

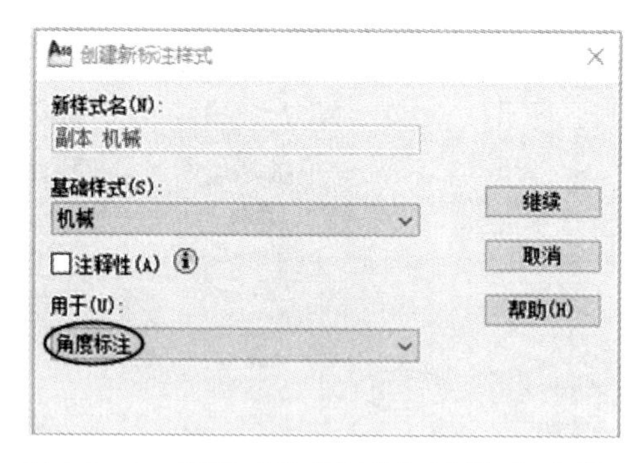

图 1-2-10　新建“角度标注”子样式对话框

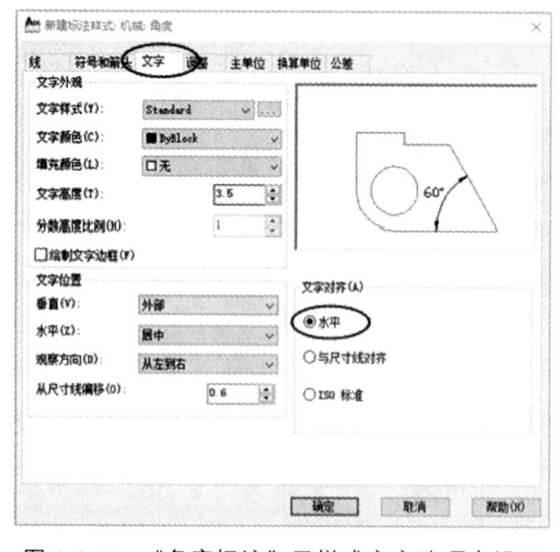

图 1-2-11　“角度标注”子样式文字选项卡设置

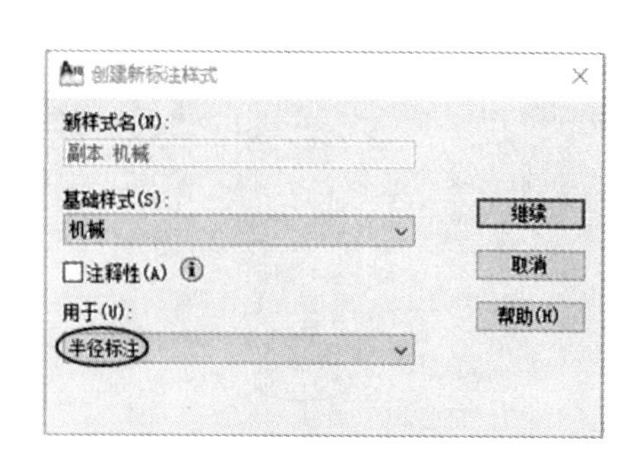

图 1-2-12　新建“半径标注”子样式对话框

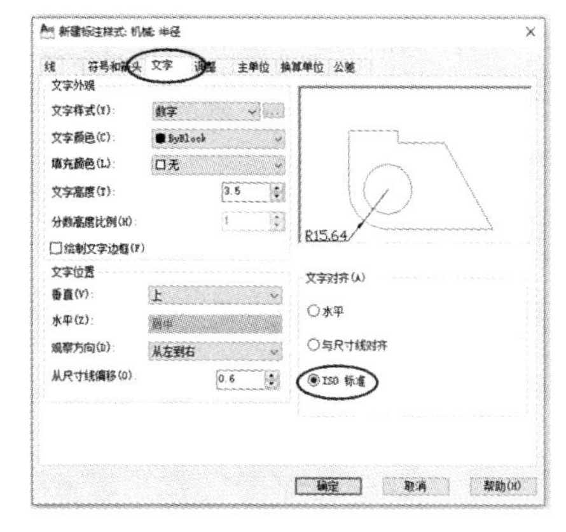

图 1-2-13　“半径标注”文字选项卡设置

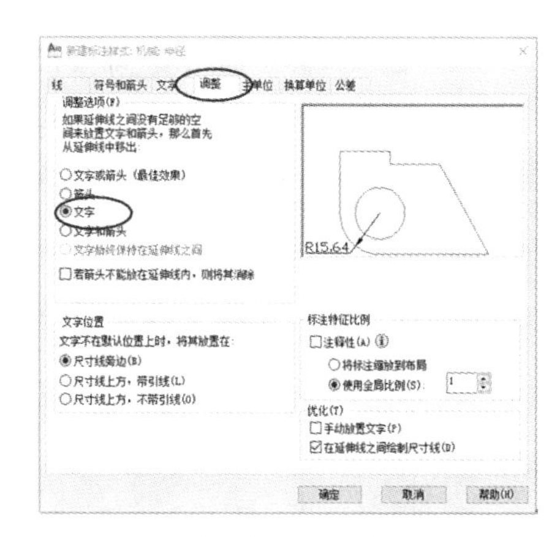

图 1-2-14　“半径标注”调整选项卡设置

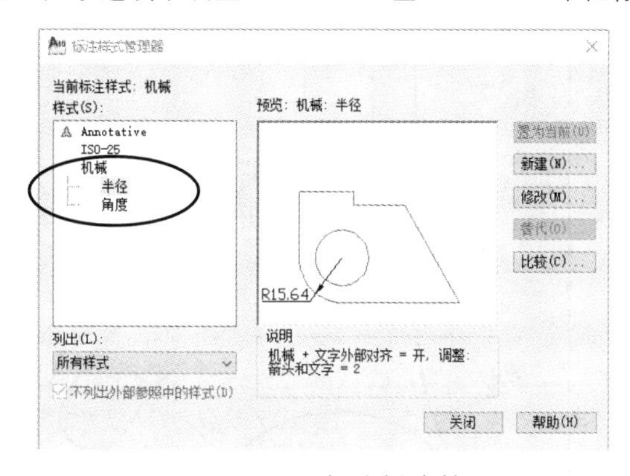

图 1-2-15　返回标注样式管理器

任务实施

一、挂轮架平面图形绘制分析

下面我们以图 1-2-16 所示挂轮架的平面图形为例，来分析挂轮架的绘制方法和尺寸标注方法。

1. 平面图形的尺寸分析

平面图形是由各种线段（直线或圆弧）连接而成，这些线段之间的相对位置和连接关系靠给定的尺寸确定。平面图形中的尺寸，根据所起的作用不同，分为定形尺寸和定位尺寸。请同学们结合挂轮架的平面图形，确定挂轮架平面图形的定形尺寸有______、______、______、______、________、________及________、________、________、________，定位尺寸有______、______、______、______、______。长度方向的尺寸基准为______，宽度方向的尺寸基准为。

2. 平面尺寸的线段分析

平面图形中的线段（直线和圆弧），根据其定位尺寸的完整与否，有些线段可以直接画出（如已知线段），有些线段则需要利用线段的连接关系才能画出来（如中间线段和连接线段）。

请同学们结合挂轮架的平面图形，确定挂轮架平面图形的已知线段有______、______、______、______、______、______及______、______，中间线段有______、______、______，连接线段有______、______、______、______、______。

绘制挂轮架平面图形应按先画已知线段，接着画中间线段，最后画连接线段的顺序进行绘制。

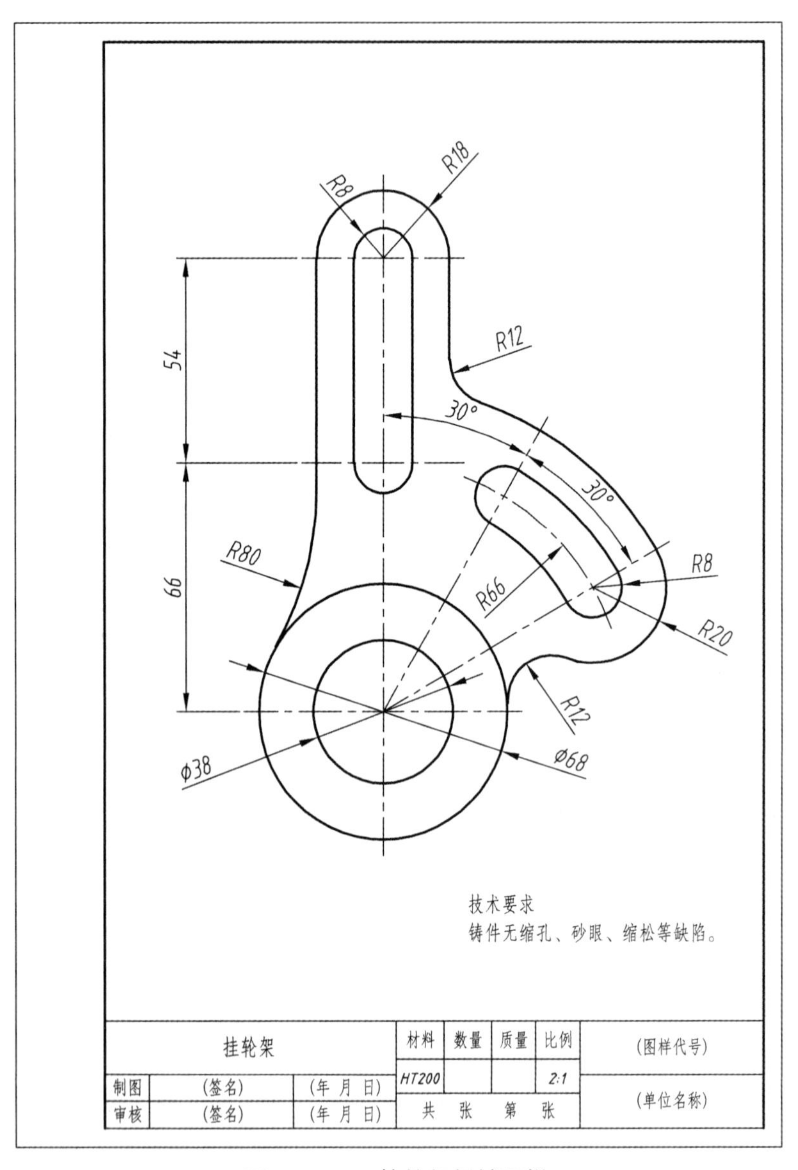

图 1-2-16　挂轮架机械图样

3. 平面图形圆弧连接分析

平面图形的中间线段和连接线段不能直接画出来，一般需要利用线段的连接关系，找出图形的补充条件才能绘制出来。圆弧连接包括直线之间的圆弧连接、直线与圆弧之间的圆弧连接、圆弧与圆弧之间的圆弧连接等 3 种情况。

二、绘制挂轮架平面图形

1. 新建（插入）图形样板（A4）

打开建立好的样板文件，然后点击【文件】→【另存为】命令，将图形另存为文件名为“挂轮架.dwg”的文件格式，选择希望保存文件的文件夹进行保存后，即可开始绘制新图形。

2. 设置尺寸标注样式

按照“AutoCAD尺寸标注样式的设置”部分所讲内容及参数，进行尺寸标注样式设置。

3. 绘制图形

根据绘图步骤，先确定比例，选择图幅，画出图框及标题栏，按照步骤画出基准线、已知线段、中间线段和连接线段，最后标注尺寸，注写技术说明及填写标题栏。

步骤1：绘制出A4（210 mm×297 mm）的图框及标题栏。按照任务一中“图框及标题栏”的绘图步骤绘制竖放的A4图幅及标题栏，如下图所示。

步骤2：布图，画出基准线。

参考操作步骤如下：

将当前图层设为“细点画线”层，然后单击绘图工具栏中的“构造线”按钮，或依次单击菜单栏【绘图】→【构造线】命令，执行Xline命令，绘制出线1和线2，交于点0。

单击修改工具栏中的“偏移”按钮，或依次单击菜单栏【修改】→【偏移】命令，绘制出线3和线4。

单击菜单栏【绘图】→【射线】命令，配合状态栏中极轴追踪30°角命令，以点0为起点绘制出线5和线6。

单击菜单栏【绘图】→【圆】命令，以点0为圆心绘制出*R*66的定位圆。

单击修改工具栏中的“修剪”按钮，或依次单击菜单栏【修改】→【修剪】命令，整理图线，完成后如图1-2-17所示。

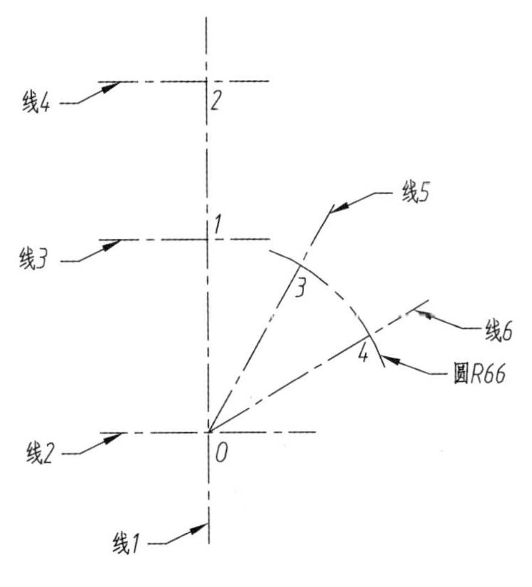

图1-2-17　基准线

步骤 3：画已知线段。

参考操作步骤如下：

将当前图层设为“粗实线”层，然后单击绘图工具栏中的“圆”按钮，或依次单击菜单栏【绘图】→【圆】命令，依次以圆点 0、1、2、3、4，绘制出圆 1、圆 2、圆 3、圆 4、圆 5、圆 6、圆 7。

单击修改工具栏中的“修剪”按钮，或依次单击菜单栏【修改】→【修剪】命令，整理图线，完成后如图 1-2-18 所示。

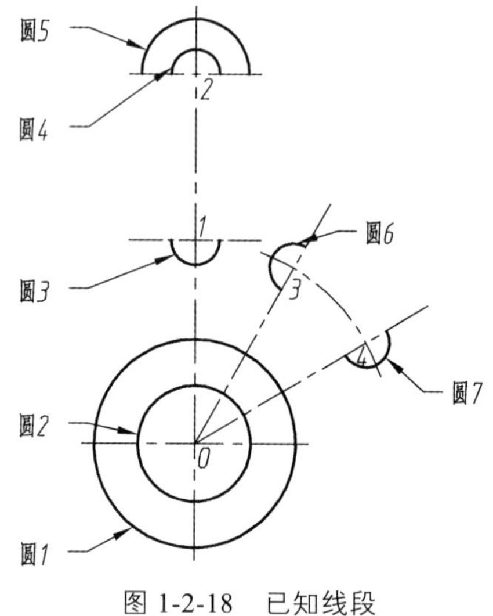

图 1-2-18　已知线段

步骤 4：画中间线段。

参考操作步骤如下：

单击绘图工具栏中的“直线”按钮，或依次单击菜单栏【绘图】→【直线】命令，绘制出线 7、线 8、线 9、线 10。

单击修改工具栏中的“偏移”按钮，或依次单击菜单栏【修改】→【偏移】命令，绘制出圆形 8、圆 9、圆 10、圆 11。

单击修改工具栏中的“修剪”按钮，或依次单击菜单栏【修改】→【修剪】命令，整理图线，完成后如图 1-2-19 所示。

步骤 5：画连接线段。

参考操作步骤如下：

单击修改工具栏中的“圆角”按钮，或依次单击菜单栏【修改】→【圆角】命令，绘制出圆 12、圆 13、圆 14。

当前设置：模式=修剪，半径=0.0000

选择第一个对象或 [放弃（U）/多段线（P）/半径（R）/修剪（T）/多个（M）]：R 回车

指定圆角半径<0.0000>：12 回车

选择第一个对象或[放弃（U）/多段线（P）/半径（R）/修剪（T）/多个（M）]：选择圆 8

选择第二个对象，或按住 Shift 键选择要应用角点的对象：选择线 9

完成圆 12 的绘制

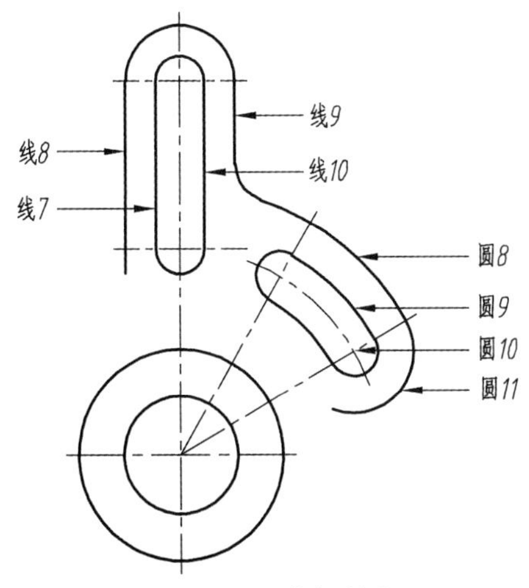

图 1-2-19　中间线段

注意：圆 13 及圆 14 的绘制方法参见圆 12 的绘制步骤。

绘制完成结果如图 1-2-20 所示。

步骤 6：标注尺寸。

单击菜单栏中【标注】选项卡中的相关命令，可为图形标注线性、对齐、直径、半径、角度、弧长等尺寸。下面介绍线性标注及直径标注。

参考操作步骤如下：

命令：dimlinear（线性标注）

指定第一条延伸线原点或<选择对象>：拾取第一个尺寸界线的起点

指定第二条延伸线原点：拾取第二个尺寸界限的起点

指定尺寸线位置或[多行文字（M）/文字（T）/角度（A）/水平（H）/垂直（V）/旋转（R）]：确定尺寸线位置

命令：dimdiameter（直径标注）

选择圆弧或圆：拾取需要标注的圆或圆弧

指定尺寸线位置或[多行文字（M）/文字（T）/角度（A）]：确定尺寸线位置

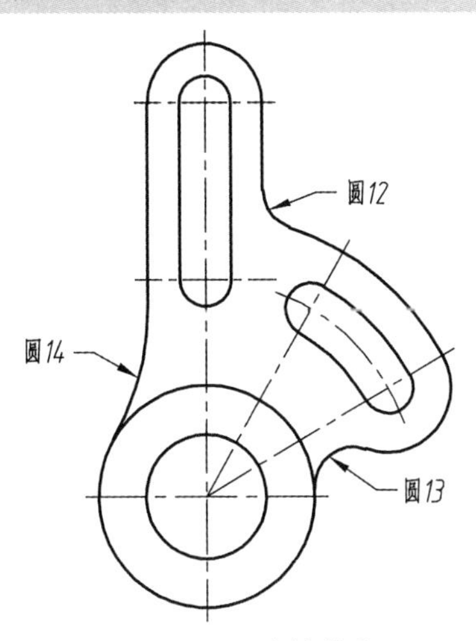

图 1-2-20　连接线段

依次完成挂轮架的其他尺寸标注，半径标注参考直径标注。完成尺寸标注如图 1-2-21 所示。

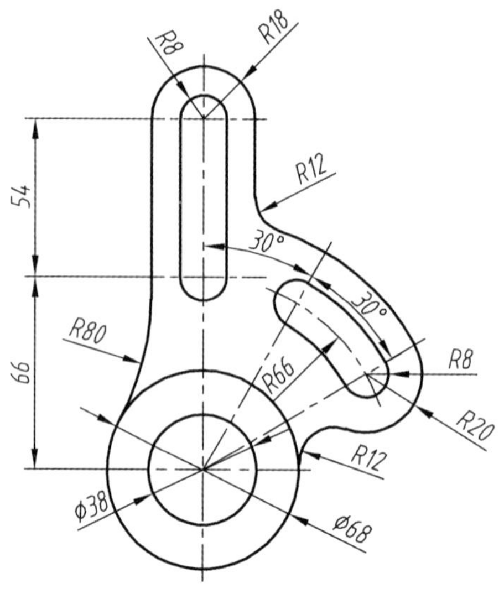

图 1-2-21　标注尺寸

步骤 7：文字标注。

图样中还存在技术要求及标题栏中的文字，由于在图形样板中已建立文字样式，此处可不在设置文字样式，采用多行文字命令书写技术要求及标题栏即可。

参考操作步骤如下：

单击绘图工具栏中的“多行文字”按钮，或依次单击菜单栏【绘图】→【文字】→【多行文字】命令。

命令：mtext

当前文字样式：“汉字”

文字高度：3.5

注释性：否

指定第一角点：在要书写技术要求的区域拾取一角点

指定对角点或[高度（H）/对正（J）/行距（L）/旋转（R）/样式（S）/宽度（W）/栏（C）]：在要书写技术要求的区域拾取另一角点

弹出对话框，如图 1-2-22 所示。在文字输入框中，输入图样中的技术要求内容，最后单击“确定”按钮，完成技术要求文字的书写。

标题栏中的文字也可用同样方法依次输入。

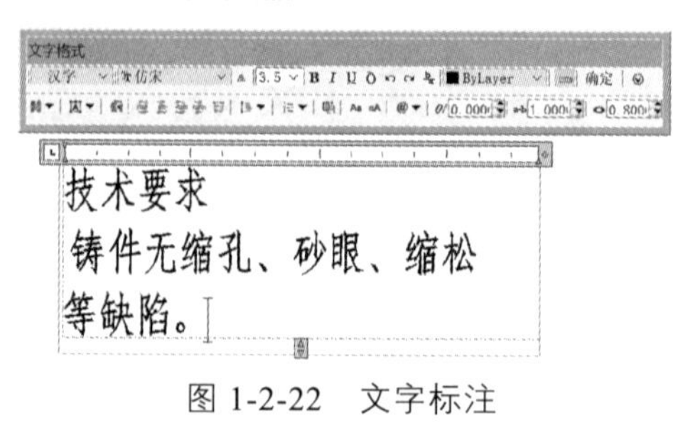

图 1-2-22　文字标注

任务评价

任务评价见表 1-2-4。

表 1-2-4　任务评价

<table>
<tr><td>任务</td><td colspan="8">认识挂轮架机械图样并绘制其平面图形</td></tr>
<tr><td>班级</td><td></td><td>姓名</td><td></td><td>学号</td><td colspan="2"></td><td>日期</td><td></td></tr>
<tr><td rowspan="5">任务评价</td><td colspan="2">考评指标</td><td>考评标准</td><td>分值</td><td>自评（20%）</td><td>小组评价（40%）</td><td>教师评价（40%）</td><td>实际得分</td></tr>
<tr><td colspan="2" rowspan="2">任务实施</td><td>相关知识点掌握程度</td><td>40</td><td></td><td></td><td></td><td></td></tr>
<tr><td>完成任务的准确性</td><td>40</td><td></td><td></td><td></td><td></td></tr>
<tr><td colspan="2" rowspan="2">职业素养</td><td>出勤、道德、纪律、责任心</td><td>10</td><td></td><td></td><td></td><td></td></tr>
<tr><td>学习态度、团队分工合作</td><td>10</td><td></td><td></td><td></td><td></td></tr>
<tr><td colspan="4">合计</td><td></td><td></td><td></td><td></td><td></td></tr>
<tr><td colspan="2">收获与体会</td><td colspan="7"></td></tr>
<tr><td colspan="2">本组之星</td><td colspan="2"></td><td>亮点</td><td colspan="4"></td></tr>
<tr><td colspan="2">组间互评</td><td colspan="7"></td></tr>
<tr><td colspan="2">填表说明</td><td colspan="7">① 实际得分=自评×20%+小组评价×40%+教师评价×40%。
② 考评满分为 100 分，60 分以下为不及格，60～74 分为及格，75～84 分为良好，85 分及以上为优秀。
③ “本组之星”可以是本次实训活动中的突出贡献者，也可以是进步最大者，还可以是其他某一方面表现突出者。
④ “组间互评”由评审团讨论后为各组给予的最终评价。评审团由各组组长组成，当各组完成实训活动后，各组长先组织本组组员进行商议，然后各组长将意见带至评审团，评价各组整体工作情况，将各组互评分数填入其中</td></tr>
</table>

项目二　认识简单零件的三视图并绘制其三维模型

【项目概述】

任何机器或部件都是由若干个零件按一定方式装配而成的，零件是组成机器或部件中不可再拆分的基本单元。如何将立体的空间零件正确无误地转变成平面图纸是本项目讨论和讲授的重点问题。不管多复杂的零件或者装配图，它们都遵循相同的投影规律和表达方法。

三视图的投影规律及画法、三视图的标注和完整绘制等是学习复杂零件的零件图和装配图的关键所在。

【学习目标】

1. 知识目标

（1）了解正投影法的形成及投影规律。

（2）了解三视图的形成和画法。

（3）掌握绘制和识读三视图的方法。

2. 能力目标

（1）能正确无误地绘制简单零件的三视图。

（2）培养学生分析问题、解决问题的能力。

3. 职业素养

（1）具备良好的职业道德修养，能遵守职业道德规范。

（2）具有自主学习能力，有责任心，善于总结经验和创新。

（3）具有工作责任感，能进行自我批评的检查。

（4）具有良好的心理素质和协作精神。

【项目实施】

任务一　绘制垫铁的三视图并建立其三维模型

任务描述

在安装机器及设备之前，应在基础上放置垫铁，通过调整垫铁厚度，使被安装的机器及设备达到设计的水平度和标高，并将其重力通过垫铁均匀地传递到基础上去，以增加机器及设备在基础上的稳定性，减少设备的振动。本任务将通过绘制垫铁的三视图和建立三维模型来学习如何正确地绘制零件的三视图。

任务目标

（1）了解正投影法和正确绘制垫铁的平面图纸。
（2）熟悉垫铁类零件的表达方法。
（3）掌握垫铁类零件的尺寸标注及技术要求。
（4）能使用 AutoCAD 绘制垫铁三视图并进行三维建模。

相关理论知识点

知识点一　投影法及三视图

1. 物体的投影

在日常生活中，影子能看出物体的外轮廓形状，它不能清楚表现物体的完整结构，如图 2-1-1（a）所示。人们对这种现象进行科学抽象，总结出物体、投影面和观察者之间的关系，形成了投影法的概念。

投影法：将投射线通过物体向投影面投射，并在投影面上得到图形的方法。

投影：根据投影法得到的图形，如图 2-1-1（b）所示。

要得到物体的投影，必须具备投射线、物体和投影面三个条件。

中心投影法：投射线可自一点发出。

平行投影法：一束与投影面成一定角度的平行线。

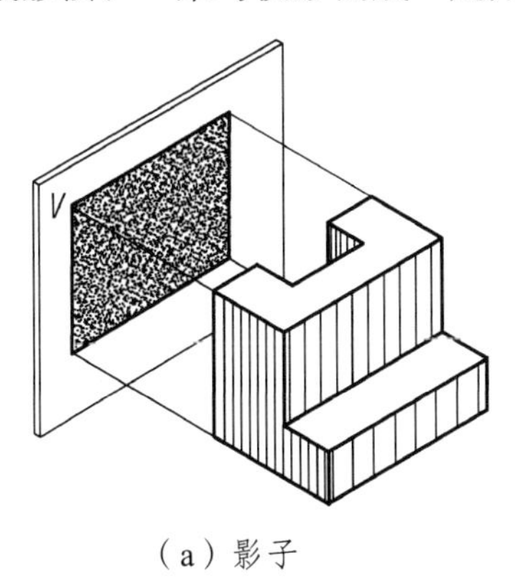

（a）影子

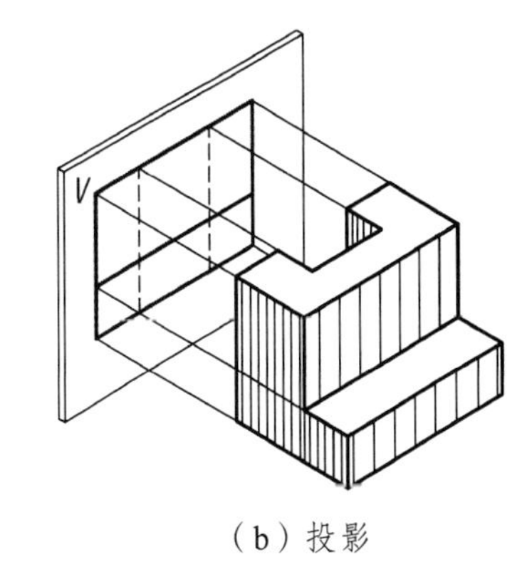

（b）投影

图 2-1-1　物体的投影

2. 中心投影

中心投影法的投射线自一点 S 发出，S 称为投射中心。物体投影的大小取决于物体、投影面和投射中心三者之间的相互位置，如图 2-1-2 所示。

采用中心投影法绘制的图形符合人的视觉习惯，立体感较强，广泛应用于建筑、装饰设计等领域。但是它不能反映物体的真实大小，度量性差，在机械图样中很少被采用。

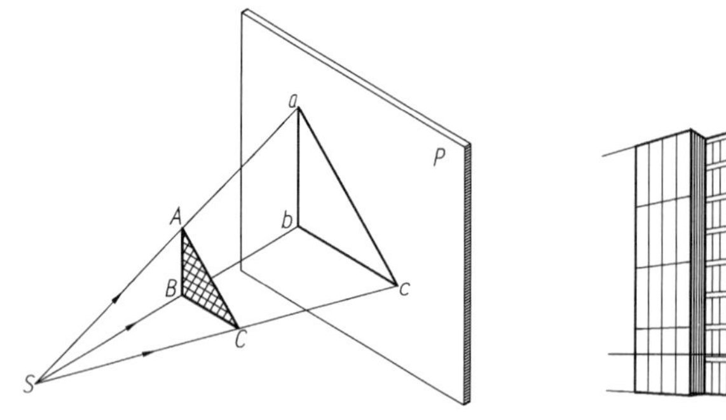

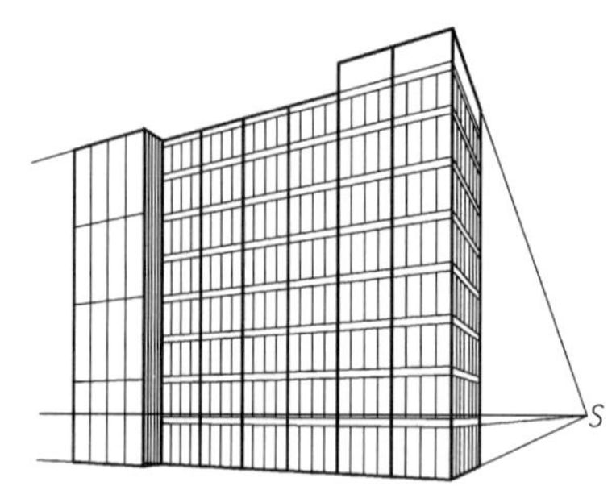

图 2-1-2　中心投影

3. 平行投影和正投影

投射线为平行线时的投影为平行投影。若投射线与投影面倾斜，则为斜投影，若投射线与投影面垂直，则为正投影，如图 2-1-3 所示。正投影的特性如下：

实形性：当物体的某一平面（或棱线）与投影面平行时，其投影反映实形（或实长）。

积聚性：当物体的某一平面（或棱线）与投影面垂直时，其投影积聚为一条直线（或一个点）。

类似性：物体某一平面（或棱线）与投影面倾斜时，其投影与原形状类似。

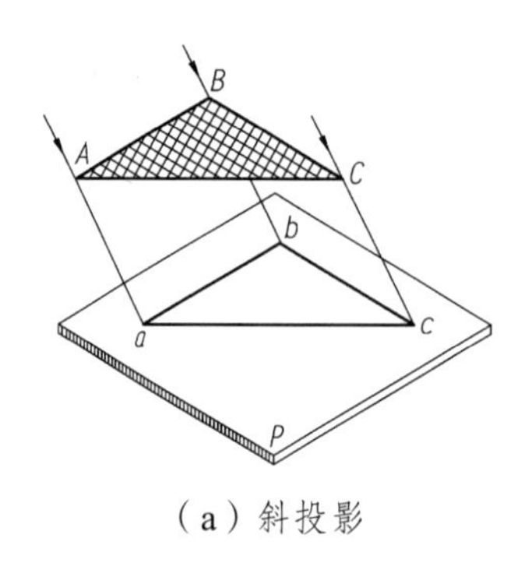

（a）斜投影　　（b）正投影

图 2-1-3　平行投影

4. 三视图的形成

采用正投影法绘制的物体的图形，物体的一个视图只能反映出两个方向的尺寸情况，不同形状的物体在同一投影面上的投影有可能相同，所以，一个视图不能准确地表达物体的形状，如图 2-1-4 所示。

用互相垂直的两个平面作投影面，将物体向这两个投影面作正投影，这两个投影联合起来能表达物体长、宽、高三个方向的尺寸。所以，一般情况下两个视图能清楚表达物体的形状，但有些物体用两个视图也不能准确地表达其形状，如图 2-1-5 所示。

为了唯一确定物体的形状和大小，就必须采用多面投影，即将该物体同时向多个方向进行投射，然后将其中的两个或三个投影配合起来就能全面、准确地表达物体的形状。

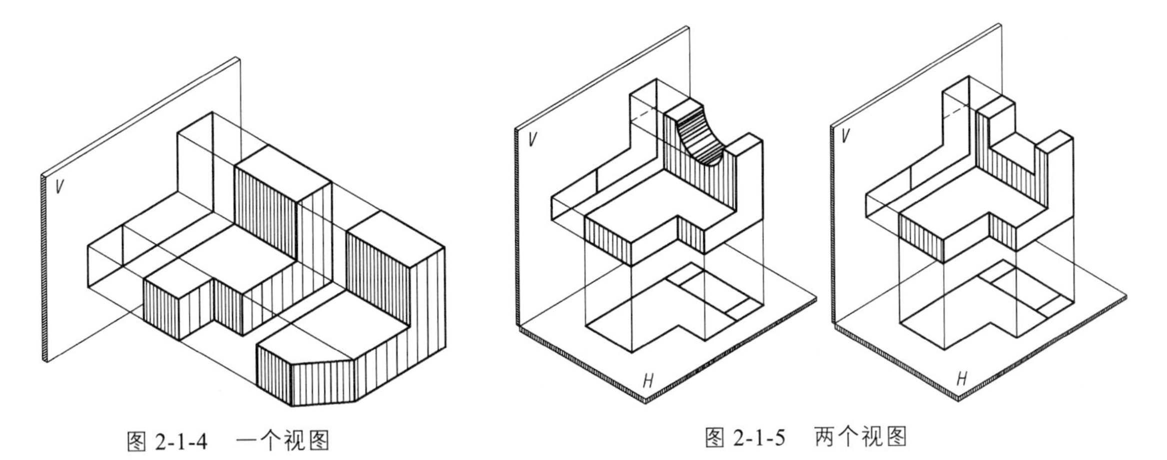

图 2-1-4　一个视图　　　　图 2-1-5　两个视图

用互相垂直的三个平面 *V*、*H*、*W* 作为投影面，将物体向这三个投影面作正投影所得到的三个视图称为三视图，三个投影面的交线称为投影轴，用 *OX*、*OY*、*OZ* 表示。三视图的形成过程如下：

拿走空间物体，保持 *V* 面不动，将 *H* 面绕 *OX* 轴向下旋转 90°，将 *W* 面绕 *OZ* 轴向后旋转 90°，使其和 *V* 面处于同一平面内。

通常不画投影面和投影轴，然后根据图纸的大小调整三个视图的相对位置，即可得到物体的三视图，如图 2-1-6 所示。

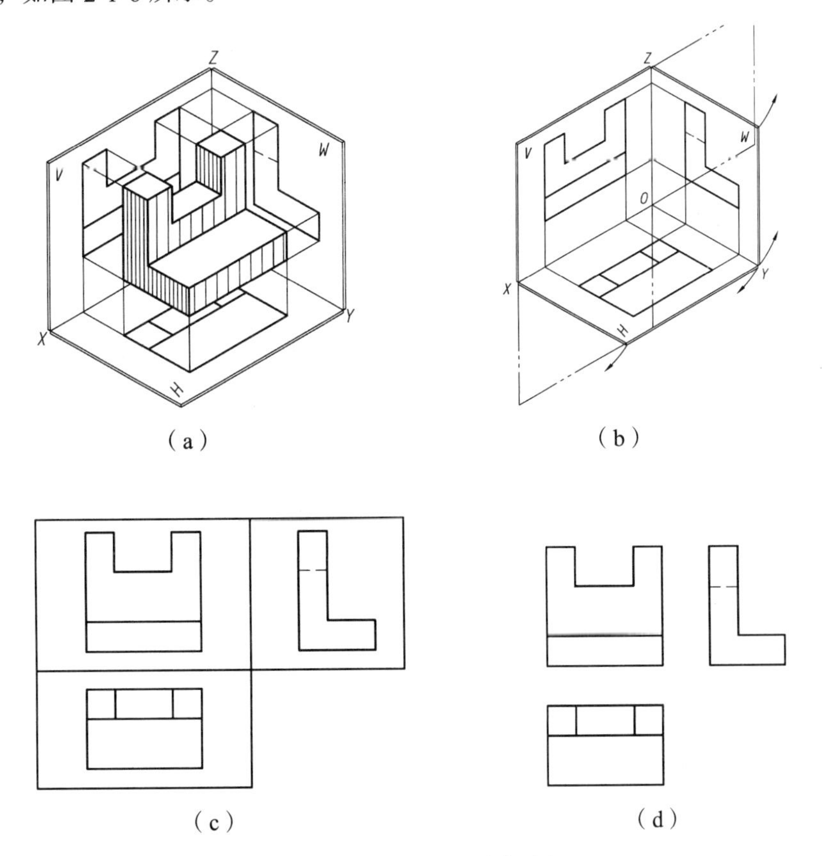

图 2-1-6　三视图的形成过程

5. 三视图的投影规律

因为主视图反映了物体长度方向（*X*方向）和高度方向（*Z*方向）的尺寸，俯视图反映了宽度方向（*Y*方向）和长度方向的尺寸，左视图反映了高度方向和宽度方向的尺寸，所以三个视图存在如下规律：

主、俯视图长度相等——长对正；

主、左视图高度相等——高平齐；

俯、左视图宽度相等——宽相等。

“长对正、高平齐、宽相等”反映了三个视图的内在联系，不仅物体的总体尺寸要符合上述规律，物体上的每一个形体、平面、棱边和点都必须遵从上述规律，如图 2-1-7 所示。

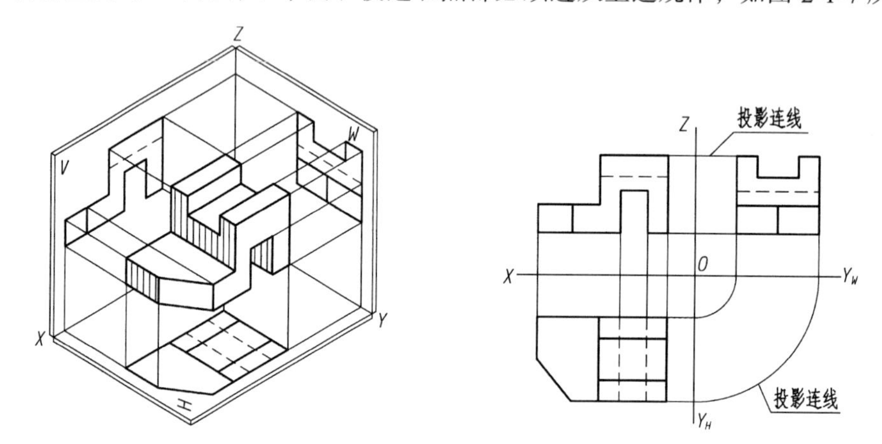

图 2-1-7　三视图的投影规律

知识点二　点、直线、平面的投影

1. 点的投影

（1）空间点 *A* 的三个投影之间的位置关系[见图 2-1-8（a）]。

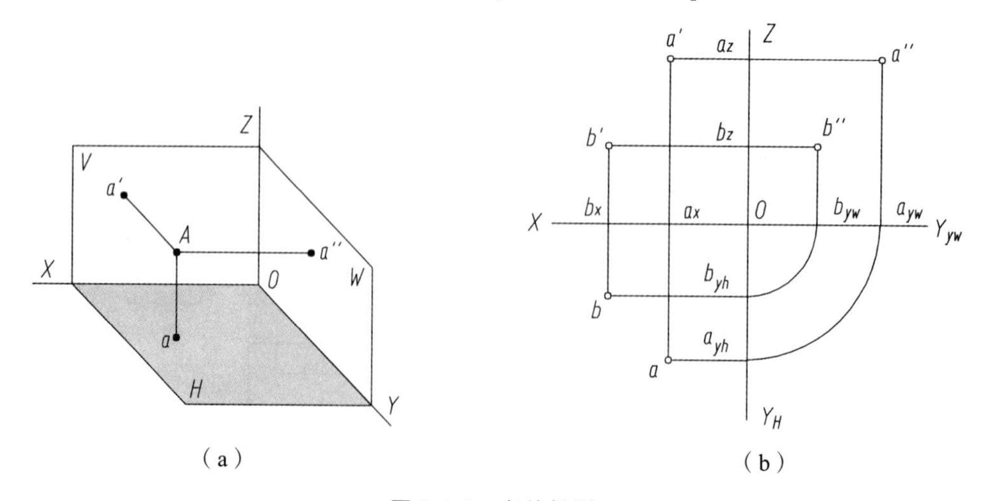

图 2-1-8　点的投影

a——点 *A* 的水平投影。

a'——点 *A* 的正面投影。

a"——点 *A* 的侧面投影。

规定：空间点用大写字母表示，点的三个投影都用同一个小写字母表示。

投影规律：*aa*'垂直于 *X* 轴，*a*'*a*"垂直于 *Z* 轴。Aa_x 等于 $a''a_z$，如图 2-1-8（a）所示。

两点的相对位置和重影点：根据两点相对于投影面的距离（坐标）不同，即可确定两点的相对位置。根据图 2-1-8（b）所示，我们可以确定在空间中，点 *A* 位于点 *B* 的上方、前方、右方。

当空间两点位于某投影面的同一条投影线上时，这两点在该投影面上的投影重合，称这两点为该投影面的重影点，如图 2-1-9 所示。

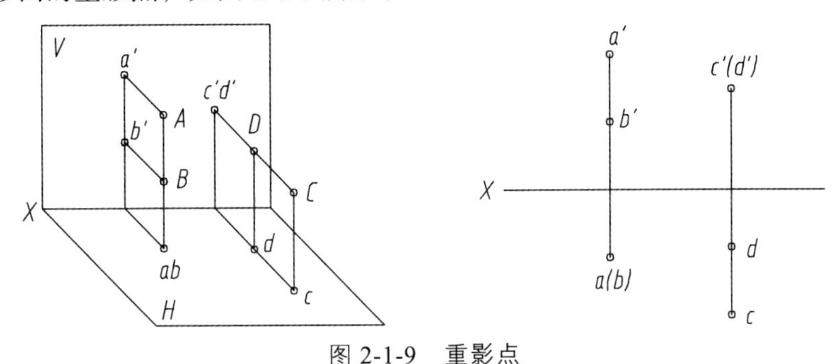

图 2-1-9　重影点

2. 直线的投影

空间直线对投影面有三种位置关系：垂直、平行和倾斜（一般位置）。

1）投影面垂直线

若空间直线垂直于一个投影面，则必平行于其他两个投影面，这样的直线称为投影面垂直线。垂直于 *V*、*H*、*W* 面的直线分别称之为正垂线、铅垂线和侧垂线。投影面垂直线在其垂直的投影面上的投影积聚为一个点，在其他两个投影面上的投影垂直于相应的投影轴，且反映实长，如表 2-1-1 所示。

表 2-1-1　投影面垂直线

铅垂线	正垂线	侧垂线
Z V W O X Y H	Z V W O X Y H	Z V W O X Y H
Z O X Y_W Y_H	Z O X Y_W Y_H	Z O X Y_W Y_H

2）投影面平行线

若空间直线平行于一个投影面，且倾斜于其他两个投影面，这样的直线称为投影面平行线。平行于 *V*、*H*、*W* 面的直线分别称之为正平线、水平线和侧平线。投影面平行线在与其平行的投影面上的投影反映实长，在其他两个投影面上的投影垂直于相应的投影轴，且投影线段的长小于空间线段的实长，如表 2-1-2 所示。

表 2-1-2　投影面平行面

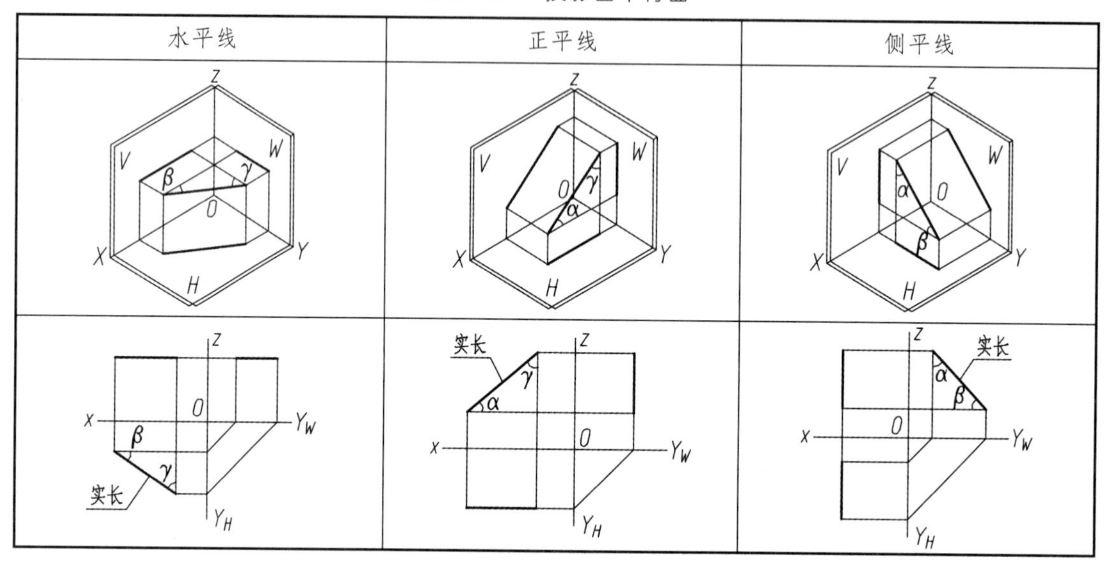

3）一般位置直线

一般位置直线和三个投影面均处于倾斜位置，其三个投影均与投影轴倾斜，且投影线段的长小于空间线段的实长，从投影图上也不能直接反映出空间直线和投影平面的夹角，如图 2-1-10 所示。

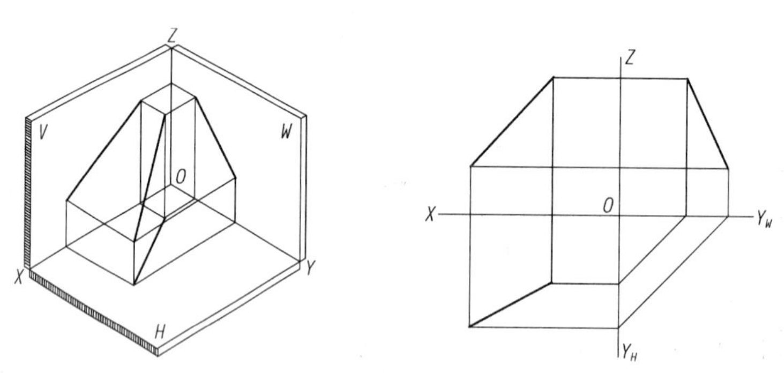

图 2-1-10　一般位置直线

3. 平面的投影

空间平面对投影面有三种位置关系：平行、垂直和倾斜（一般位置）。

1）投影面平行面

若空间平面平行于一个投影面，则必垂直于其他两个投影面，这样的平面称为投影面平行面。平行于 *V*、*H*、*W* 投影面的平面分别称为正平面、水平面和侧平面。投影面平行面在与其平行的投影面上的投影反映实形，在其他两个投影面上的投影积聚成一条直线，且平行于相应的投影轴，如表 2-1-3 所示。

表 2-1-3　投影面平行面

水平面	正平面	侧平面

2）投影面垂直面

空间平面垂直于一个投影面，且倾斜于其他两个投影面，这样的平面称为投影面垂直面。垂直于 *V*、*H*、*W* 投影面的平面分别称之为正垂面、铅垂面和侧垂面。投影面垂直面在与其垂直的投影面上的投影积聚成一条直线，该直线和投影轴的夹角反映了空间平面和其他两个投影面所成的二面角，在其他两个投影面上的投影为类似形状，如表 2-1-4 所示。

表 2-1-4　投影面垂直面

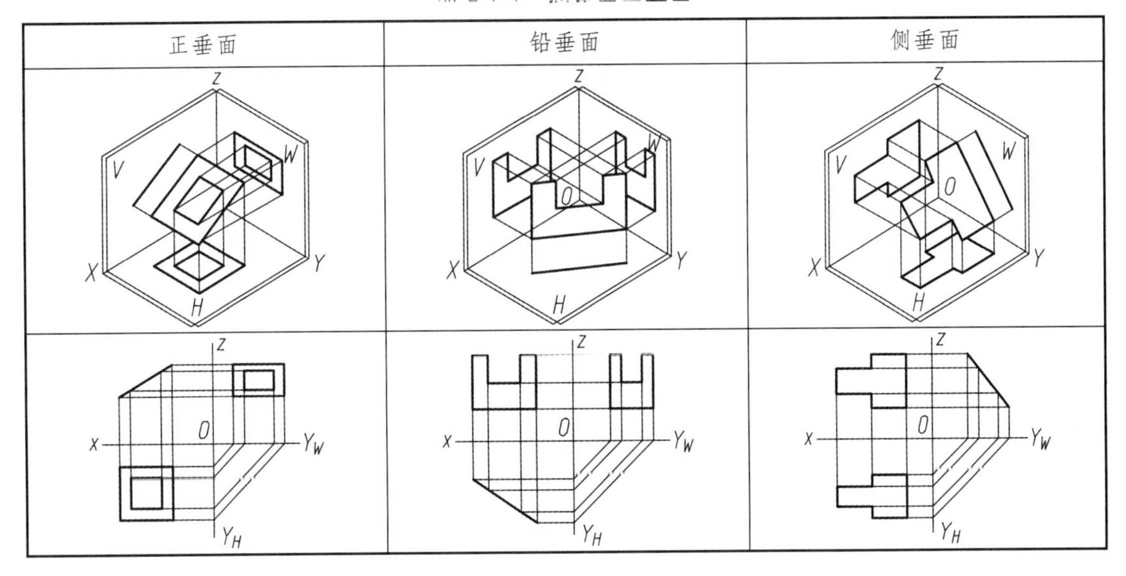

正垂面	铅垂面	侧垂面

3）一般位置平面

若空间平面和三个投影面均处于倾斜位置，则该平面称为一般位置平面。一般位置平面在三个投影面上的投影均为类似形，在投影图上不能直接反映空间平面和投影面所成的二面角，如图 2-1-11 所示。

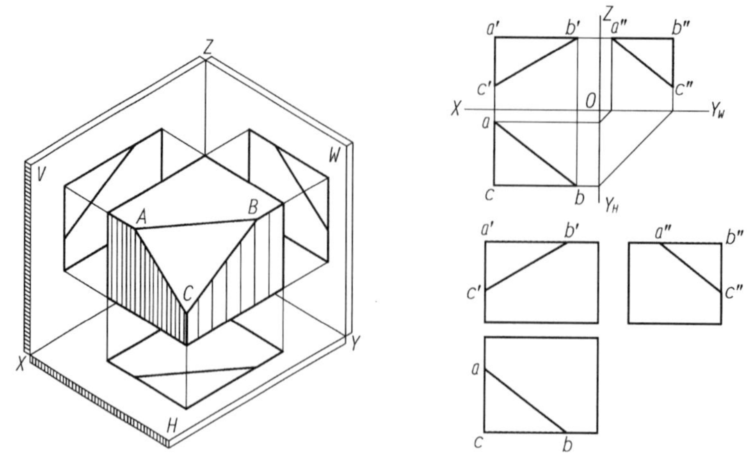

图 2-1-11　一般位置平面

知识点三　平面立体的投影

平面立体的投影是平面立体各表面投影的集合——由直线段组成的封闭图形。

1. 棱柱的投影

1）棱柱的组成

棱柱由两个底面和几个侧棱面组成，如图 2-1-12 所示。侧棱面与侧棱面的交线叫侧棱线，侧棱线相互平行。

图 2-1-12　棱柱

2）棱柱的投影

根据平面的投影规律，六棱柱的投影如图 2-1-13 所示。

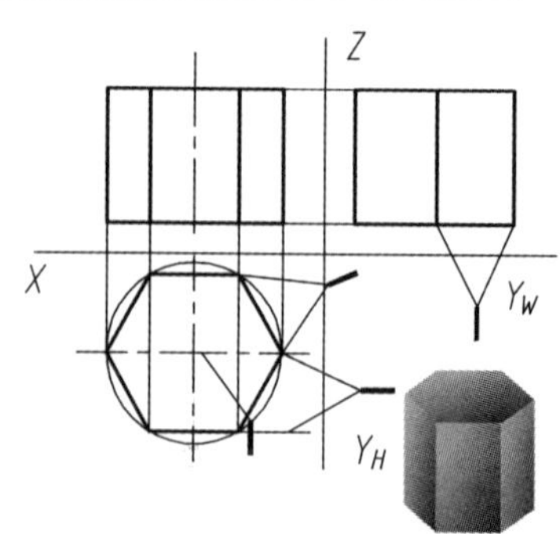

图 2-1-13　方棱柱的投影

3）绘制六棱柱的三视图方法

（1）建坐标系；

（2）作基准线；

（3）画俯视图正六边形；

（4）依据“长对正”画主视图；

（5）依据“高平齐”和“宽相等”画左视图，画出图 2-1-14 所示的三视图。

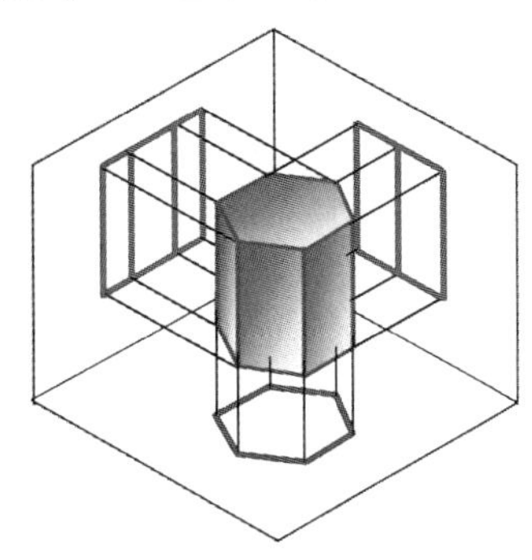

图 2-1-14　三视图

4）绘制六棱柱三视图的步骤

（1）画正六棱柱的俯视图。

将细点画线图层置为当前层，用直线命令绘制俯视图的水平、竖直对称中心线。

将粗实线图层置为当前层，用菜单“绘图→正多边形”命令画正六边形。

（2）画正六棱柱的主视图。

“对象捕捉追踪”是沿着基于对象捕捉点的辅助线方向追踪，以捕捉到辅助线上的某个位置点。

“对象捕捉追踪”功能必须配合“对象捕捉”功能或“极轴追踪”功能一起使用，如图 2-1-15 所示。

（3）将粗实线图层置为当前层，用直线命令配合“对象捕捉追踪”功能绘制主视图中的可见轮廓线，如图 2-1-16 所示。

（4）画正六棱柱的左视图。

画作图辅助线：画一条长度适当的 45°细实线作为辅助线，如图 2-1-17 所示。

按照“长对正、高平齐、宽相等”的规则作图，调用直线命令画左视图并修剪、删除多余图线，得到如图 2-1-18 所示的六棱柱的三视图。

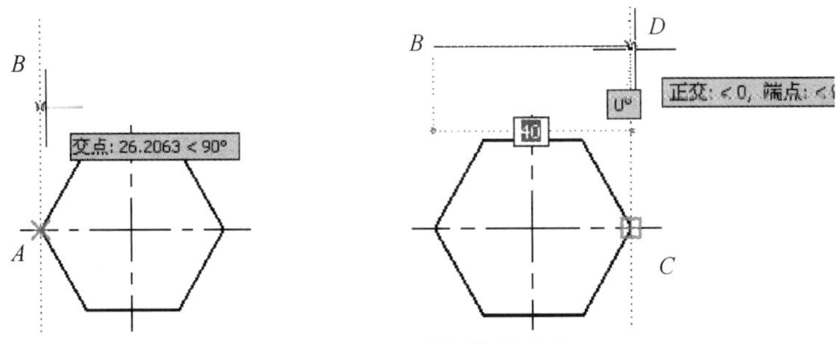

图 2-1-15　对象捕捉追踪

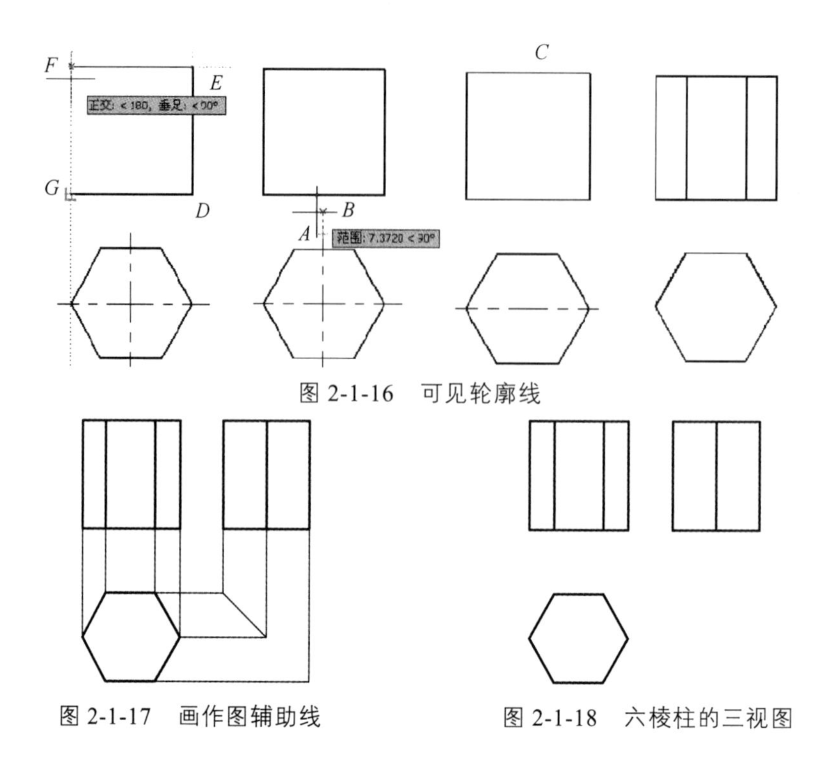

图 2-1-16　可见轮廓线

图 2-1-17　画作图辅助线

图 2-1-18　六棱柱的三视图

任务实施

（1）使用 AutoCAD 2010 绘制垫铁的三视图，如图 2-1-19 所示。

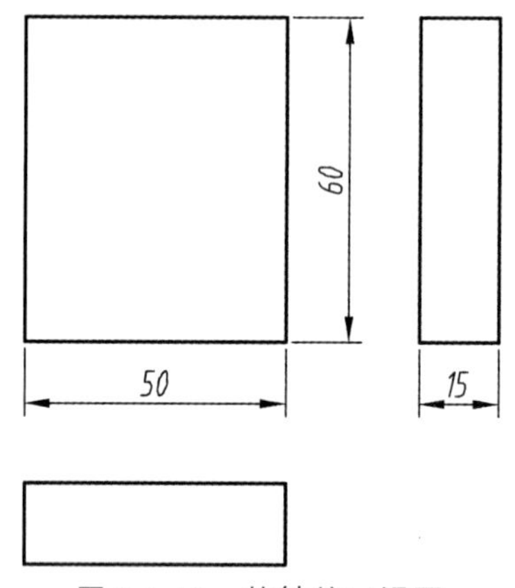

图 2-1-19　垫铁的三视图

（2）根据垫铁的三视图进行三维建模。

① 创建和保存模型：在桌面双击图标打开 Inventor 软件，单击新建按钮，在弹出的对话框中选择 Standard.ipt，点击 创建 后即可进行零件模型创建。在文件菜单中，点击【保存】按钮将弹出如图 2-1-20（b）所示的对话框，设置完成后点击【保存】。

② 进入草图绘制：点击【三维模型】菜单中的图标，选择需要绘制的坐标平面（一般选择水平的 *XZ* 平面）并单击进入草图绘制，如图 2-1-21（a）所示。

③ 完成草图绘制：单击【草图】菜单中的矩形，点击 *X* 轴与 *Z* 轴的原点，输入矩形的长（50 mm）和宽（60 mm），点击【回车键】结束矩形绘制，绘制结果如图 2-1-21（b）所示。

注意：滚动鼠标中键可实现视图显示的放大或缩小。点击“完成草图”完成草图绘制，如图 2-1-21（c）所示。

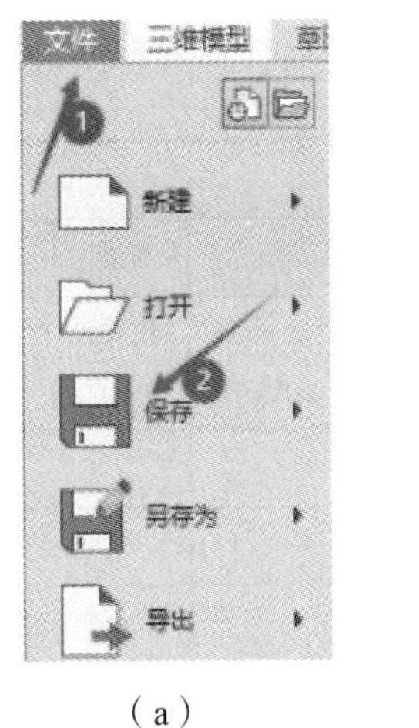

（a）

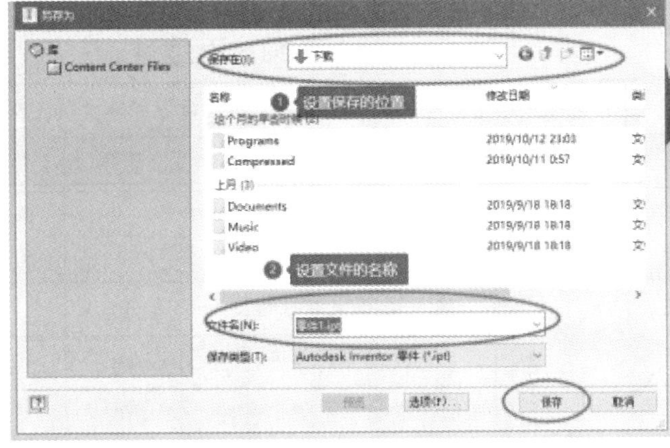

（b）

图 2-1-20　创建和保存模型

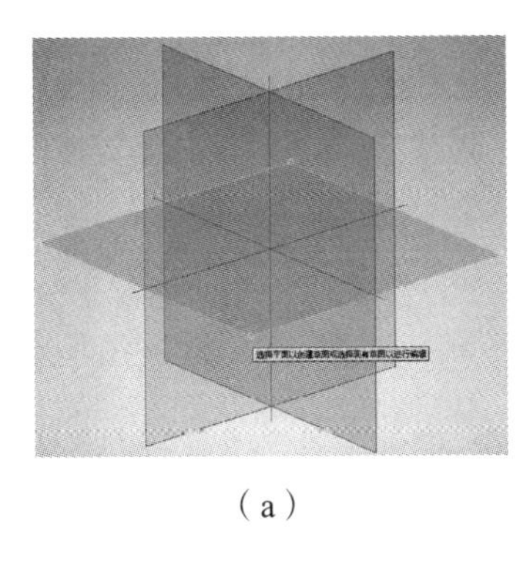

（a）

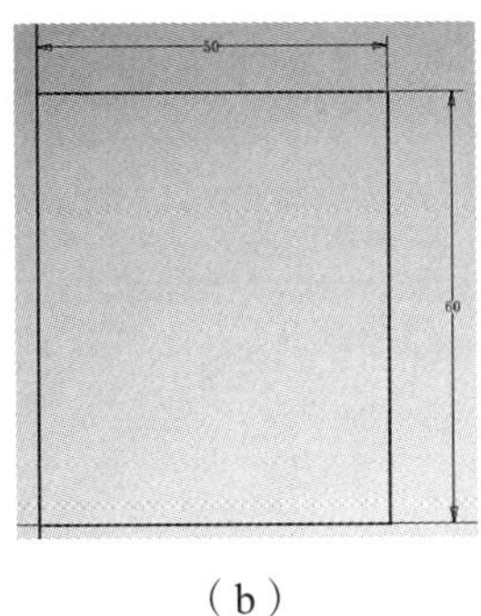

（b）

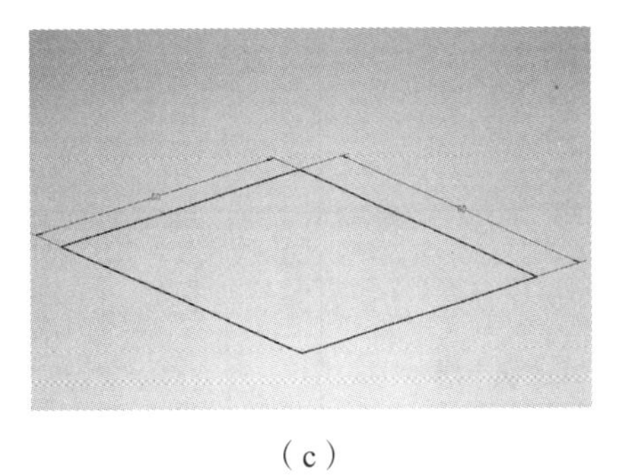

（c）

图 2-1-21　绘制草图

④ 创建拉伸特性：点击【三维模型】菜单中的“拉伸”，在弹出的对话框中，轮廓会自动选择绘制的草图，在“距离 A”中输入垫铁拉伸厚度 15 mm，如图 2-1-22（a）所示，点击【确定】按钮完成拉伸特性的创建，在窗口顶部“钢 碳”“常规”中可以设置零件材质，如图 2-1-22（b）所示。

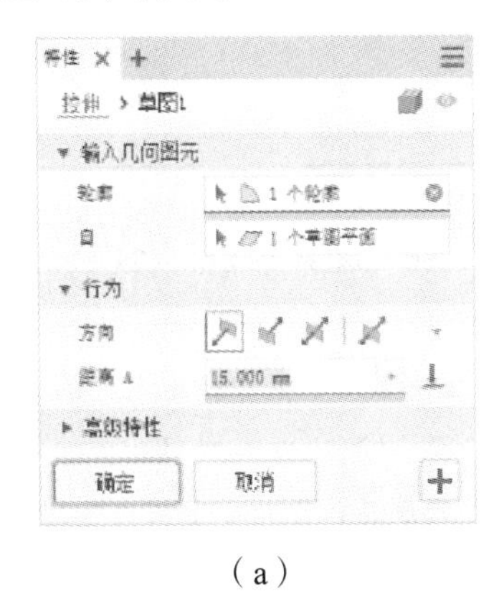

（a）

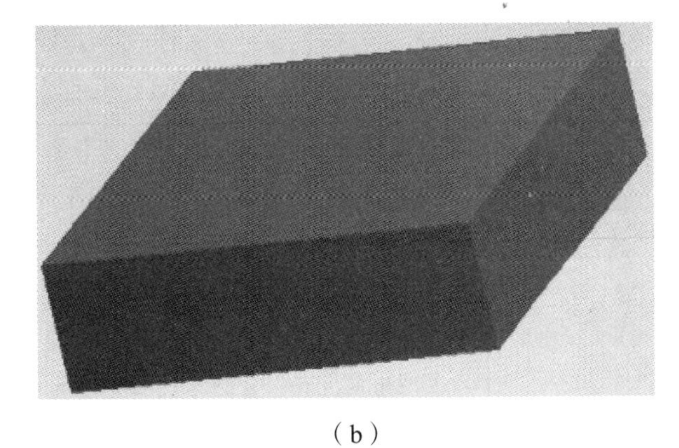

（b）

图 2-1-22　创建拉伸特性

任务评价

任务评价单见表 2-1-5。

表 2-1-5　任务评价单

<table>
<tr><td>任务</td><td colspan="8">绘制垫铁的三视图并建立其三维模型</td></tr>
<tr><td>班级</td><td></td><td>姓名</td><td></td><td>学号</td><td colspan="2"></td><td>日期</td><td></td></tr>
<tr><td rowspan="5">任务评价</td><td colspan="2">考评指标</td><td>考评标准</td><td>分值</td><td>自评（20%）</td><td>小组评价（40%）</td><td>教师评价（40%）</td><td>实际得分</td></tr>
<tr><td colspan="2" rowspan="2">任务实施</td><td>相关知识点掌握程度</td><td>40</td><td></td><td></td><td></td><td></td></tr>
<tr><td>完成任务的准确性</td><td>40</td><td></td><td></td><td></td><td></td></tr>
<tr><td colspan="2" rowspan="2">职业素养</td><td>出勤、道德、纪律、责任心</td><td>10</td><td></td><td></td><td></td><td></td></tr>
<tr><td>学习态度、团队分工合作</td><td>10</td><td></td><td></td><td></td><td></td></tr>
<tr><td colspan="4">合计</td><td></td><td></td><td></td><td></td><td></td></tr>
<tr><td colspan="2">收获与体会</td><td colspan="7"></td></tr>
<tr><td colspan="2">本组之星</td><td colspan="2"></td><td>亮点</td><td colspan="4"></td></tr>
<tr><td colspan="2">组间互评</td><td colspan="7"></td></tr>
<tr><td colspan="2">填表说明</td><td colspan="7">① 实际得分=自评×20%+小组评价×40%+教师评价×40%。
② 考评满分为 100 分，60 分以下为不及格，60～74 分为及格，75～84 分为良好，85 分及以上为优秀。
③“本组之星”可以是本次实训活动中的突出贡献者，也可以是进步最大者，还可以是其他某一方面表现突出者。
④“组间互评”由评审团讨论后为各组给予的最终评价。评审团由各组组长组成，当各组完成实训活动后，各组长先组织本组组员进行商议，然后各组长将意见带至评审团，评价各组整体工作情况，将各组互评分数填入其中</td></tr>
</table>

任务二　绘制 V 形垫铁的三视图并建立其三维模型

任务描述

V 形垫铁主要用于支撑工件的圆柱面，使圆柱的轴线平行于平台工作面，便于找正和划线。本任务将通过认识 V 形垫铁机械图样并绘制其三视图和三维建模来学习如何正确、完整地绘制平面立体截交线。

任务目标

（1）熟悉基本体被平面切割后截交线的绘制。
（2）能用 AutoCAD 绘制 V 形垫铁的三视图。
（3）能对 V 形垫铁进行三维建模。

相关理论知识点

知识点　截交线

平面与立体表面相交产生的交线称为截交线。

1. 截交线的两个基本性质

共有性：截交线是截平面和立体表面的共有线。
封闭性：截交线是封闭的平面图形。

2. 求截交线的步骤

（1）空间及投影分析：
① 截平面与立体的相对位置。
② 截平面与投影面的相对位置。
（2）画出截交线的投影：分别求出截平面与棱面的交线，并连接成多边形。

例 2.2.1　补全三棱锥斜切后的俯视图和左视图，如图 2-2-1 所示。

作图步骤：

（1）求 P_V 与 $s'a'$、$s'b'$、$s'c'$的交点 1′、2′、3′为截平面与各棱线的交点Ⅰ、Ⅱ、Ⅲ的正面投影。
（2）根据线上取点的方法，求出 1、2、3 和 1″、2″、3″，如图 2-2-2 所示。
（3）连接各点的同面投影即等截交线的三个投影，如图 2-2-3 所示。
（4）补全棱线的投影，将多余辅助线擦去，得到如图 2-2-4 所示的三视图。

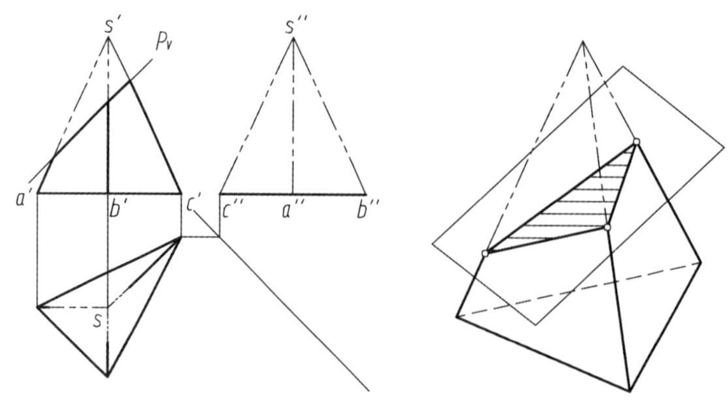

图 2-2-1　例 2.2.1

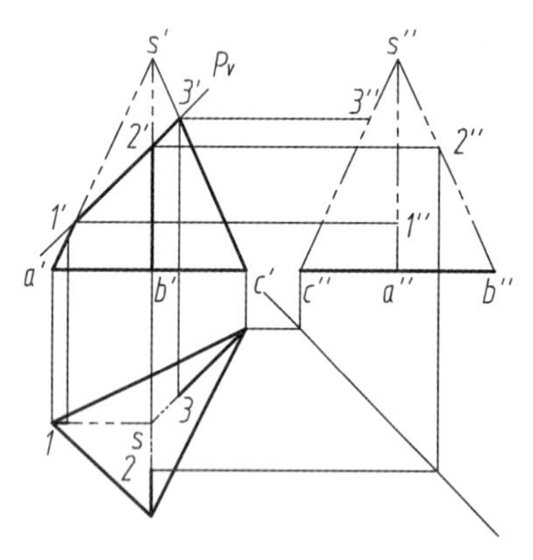

图 2-2-2　线上取点

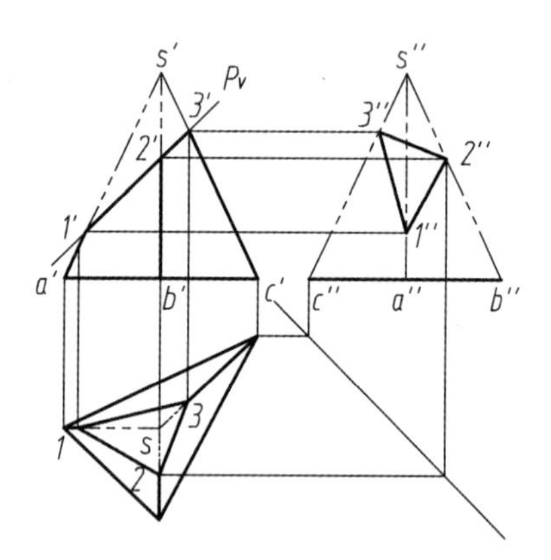

图 2-2-3　连接各点的同面投影

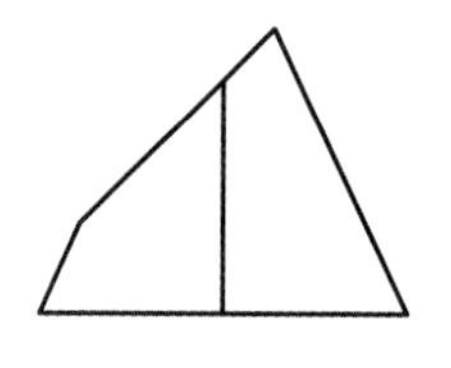

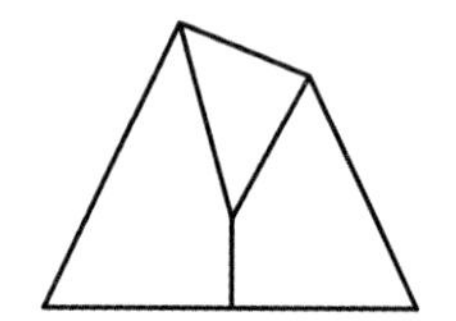

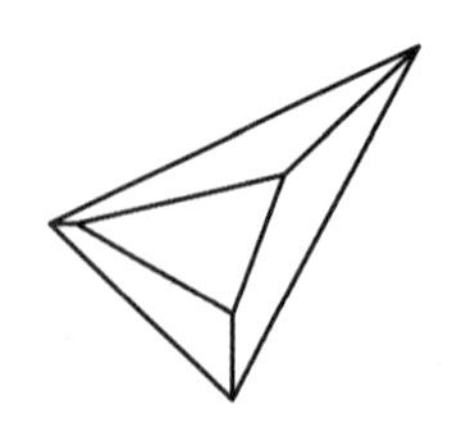

图 2-2-4　三视图

例 2.2.2　求图 2-2-5 所示六棱柱被截切后的水平投影和侧面投影。

作图步骤：

（1）求棱线与截平面的共有点，如图 2-2-6 所示。

（2）将共有点依次连线，如图 2-2-7 所示。

（3）根据可见性处理轮廓线处理图形，并擦去辅助线，得到如图 2-2-8 所示的三视图。

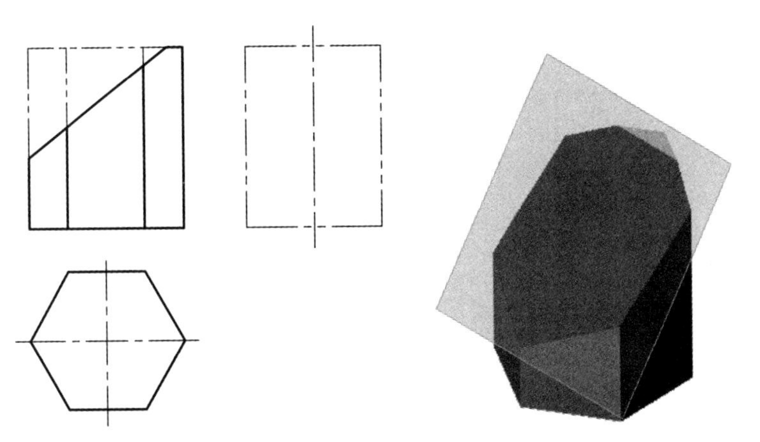

图 2-2-5　例 2.2.2

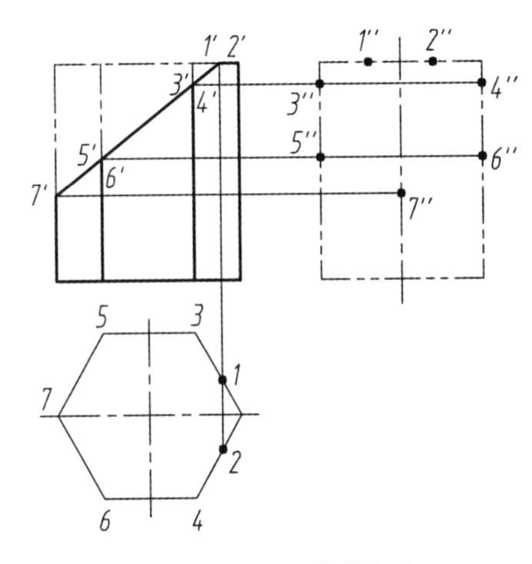

图 2-2-6　求共有点

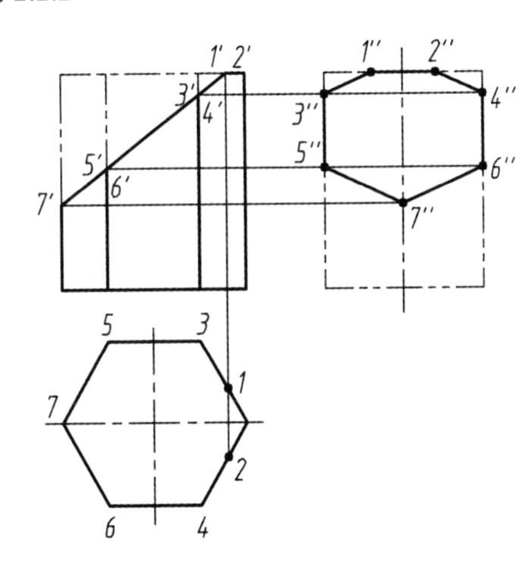

图 2-2-7　将共有点连线

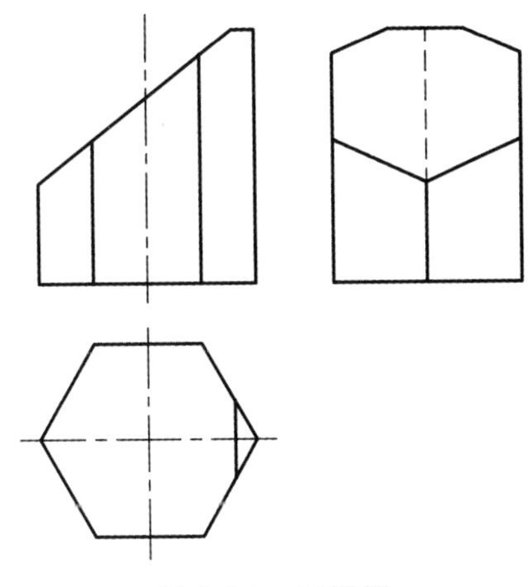

图 2-2-8　三视图

任务实施

绘制如图 2-2-9 所示的 V 形垫铁的三视图并标注尺寸。

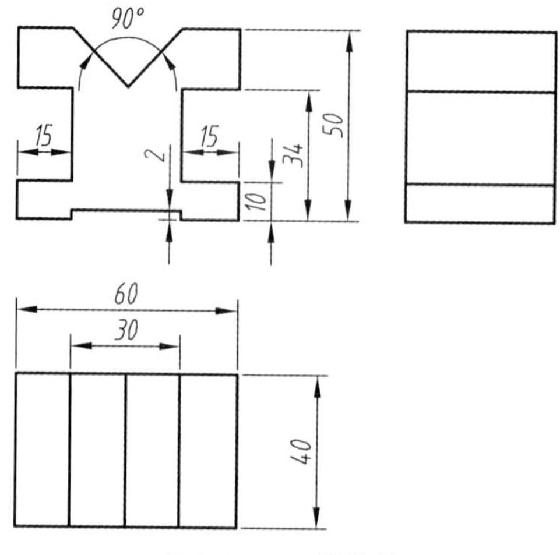

图 2-2-9　V 形垫铁

根据 V 形垫铁三视图中的相关尺寸，绘制其三维模型。

（1）模型的创建和保存：打开 Inventor 软件，在如图 2-2-10 所示的窗口中点击【零件】开始创建三维模型。

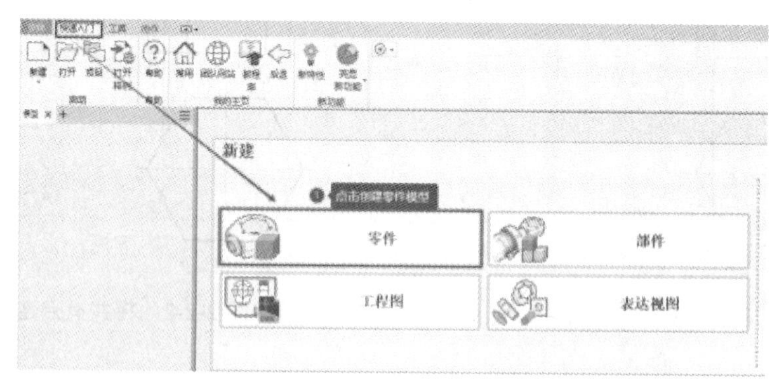

图 2-2-10　创建零件模型

点击窗口左上角【文件】，在如图 2-2-11（a）所示的菜单中，点击【保存】按钮将弹出如图 2-2-11（b）所示的对话框，设置完成后点击【保存】，完成模型的保存。

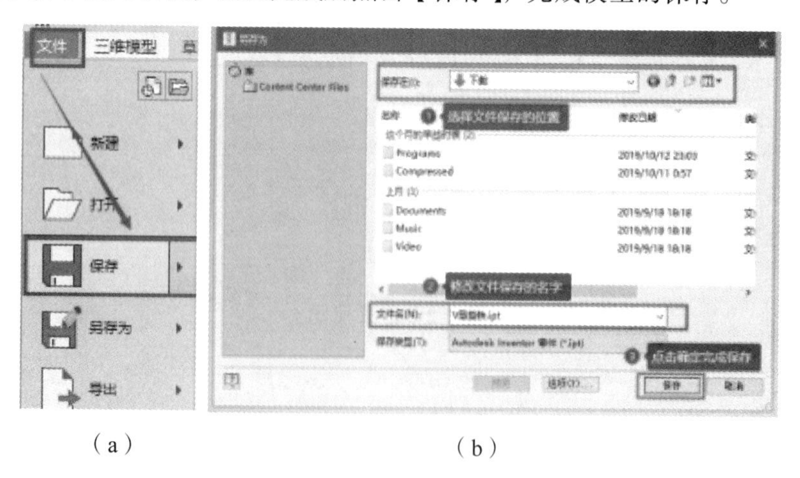

（a）　　（b）

图 2-2-11　保存模型

（2）绘制模型草图：点击【三维模型】菜单下的开始创建二维草图，在如图 2-2-12（a）中的坐标系中，选择水平的 *XZ* 平面作为草图平面，在草图菜单中点击矩形，在窗口垂直的黑色线条交叉处点击（*XZ* 坐标系原点）作为绘图起点，输入矩形的长 60 mm 和宽 40 mm，完成后效果如图 2-2-12（b）所示（滚动鼠标中键可实现视图的缩放，实际尺寸不会变化）。点击完成草图结束草图绘制。

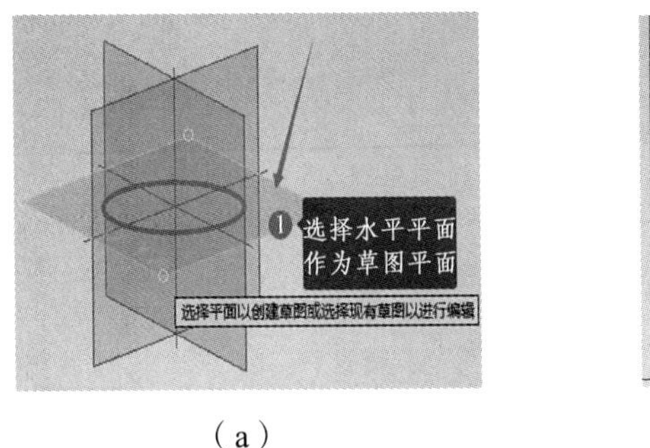

（a）

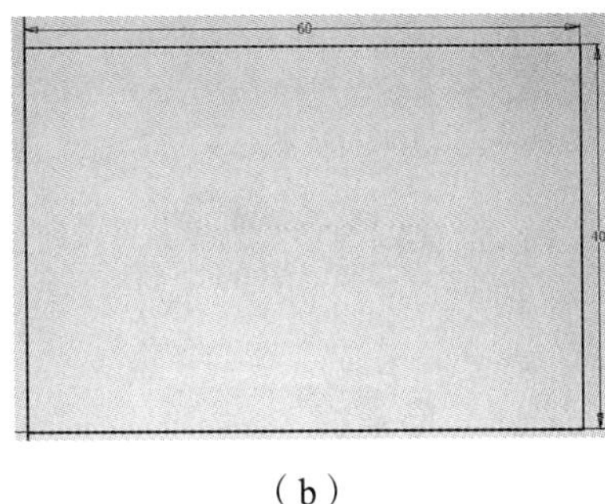

（b）

图 2-2-12　绘制模型草图

（3）创建拉伸特性：点击【三维模型】中的拉伸，在弹出如图 2-2-13 所示的对话框中，设置拉伸的高度为 50 mm，并点击【确定】，完成拉伸。

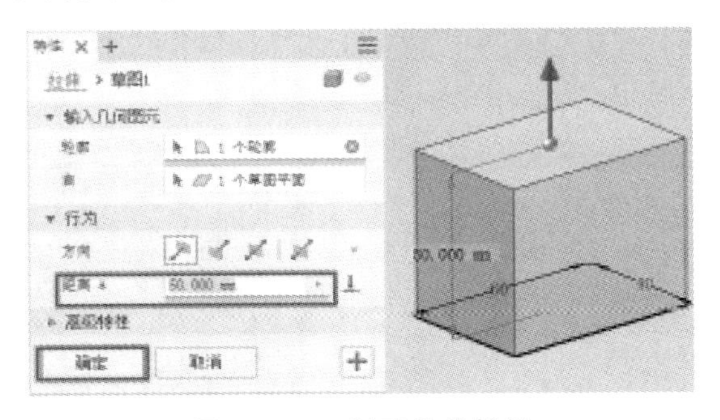

图 2-2-13　创建拉伸特性

（4）形状的剪裁：点击【三维模型】菜单下的开始创建二维草图，选择如图 2-2-14（a）所示的形状表面作为草图平面，点击该面进入草图绘制。

将如图 2-2-14（b）中需要去除材料的 4 个部分草图绘制完成后，点击完成草图结束草图绘制。

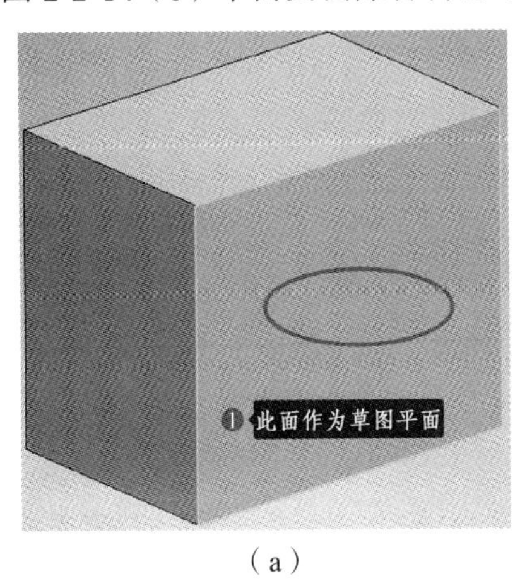

（a）

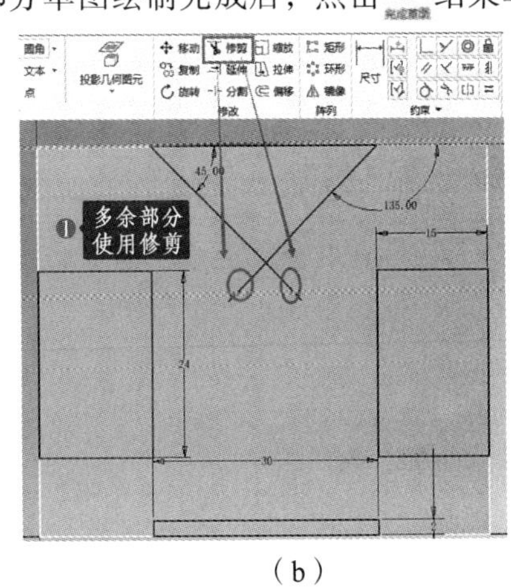

（b）

2-2-14　草图绘制

点击【三维模型】中的拉伸，按照图 2-2-15 进行设置，设置完成后点击【确定】按钮完成 V 形垫铁的三维模型创建，如图 2-2-16（a）所示。

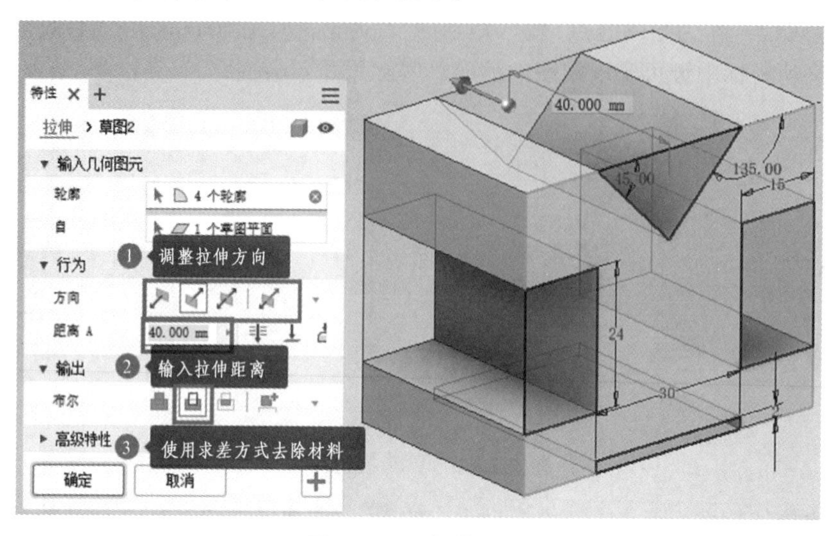

图 2-2-15　拉伸设置

在窗口顶部对材料和外观设置后，结果如图 2-2-16（b）所示。

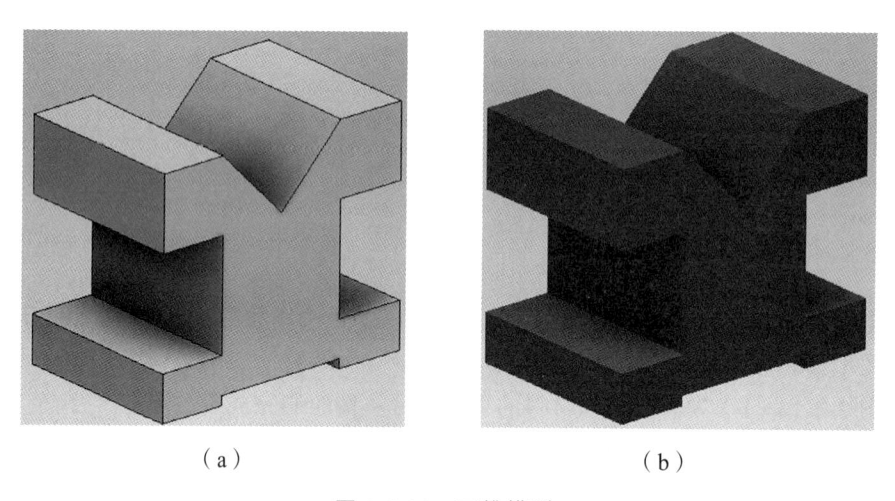

（a）　　　　（b）

图 2-2-16　三维模型

任务评价

任务评价单见表 2-2-1。

表 2-2-1　任务评价单

<table>
<tr><td>任务</td><td colspan="8">绘制V形垫铁的三视图并建立其三维模型</td></tr>
<tr><td>班级</td><td></td><td>姓名</td><td></td><td>学号</td><td colspan="2"></td><td>日期</td><td></td></tr>
<tr><td rowspan="5">任务评价</td><td colspan="2">考评指标</td><td>考评标准</td><td>分值</td><td>自评（20%）</td><td>小组评价（40%）</td><td>教师评价（40%）</td><td>实际得分</td></tr>
<tr><td colspan="2" rowspan="2">任务实施</td><td>相关知识点掌握程度</td><td>40</td><td></td><td></td><td></td><td></td></tr>
<tr><td>完成任务的准确性</td><td>40</td><td></td><td></td><td></td><td></td></tr>
<tr><td colspan="2" rowspan="2">职业素养</td><td>出勤、道德、纪律、责任心</td><td>10</td><td></td><td></td><td></td><td></td></tr>
<tr><td>学习态度、团队分工合作</td><td>10</td><td></td><td></td><td></td><td></td></tr>
<tr><td colspan="4">合计</td><td></td><td></td><td></td><td></td><td></td></tr>
<tr><td colspan="2">收获与体会</td><td colspan="7"></td></tr>
<tr><td colspan="2">本组之星</td><td colspan="2"></td><td>亮点</td><td colspan="4"></td></tr>
<tr><td colspan="2">组间互评</td><td colspan="7"></td></tr>
<tr><td colspan="2">填表说明</td><td colspan="7">① 实际得分=自评×20%+小组评价×40%+教师评价×40%。
② 考评满分为 100 分，60 分以下为不及格，60～74 分为及格，75～84 分为良好，85 分及以上为优秀。
③“本组之星”可以是本次实训活动中的突出贡献者，也可以是进步最大者，还可以是其他某一方面表现突出者。
④“组间互评”由评审团讨论后为各组给予的最终评价。评审团由各组组长组成，当各组完成实训活动后，各组长先组织本组组员进行商议，然后各组长将意见带至评审团，评价各组整体工作情况，将各组互评分数填入其中</td></tr>
</table>

任务三　绘制三通管的三视图并建立其三维模型

任务描述

三通管就是有三个通口的管接头，主要用于液体或气体的输送，是工业管路系统中常见的结构件。本任务通过认识三通管机械图样并绘制其三维模型来掌握曲面立体图形和相贯线的绘制。

任务目标

（1）掌握曲面立体的投影画法。
（2）熟悉相贯线的绘制。
（3）能用 AutoCAD 绘制三通管的三视图。
（4）能对三通管进行三维建模。

相关理论知识点

知识点一　基本几何体的投影

基本几何体是构成机件的基本单元，可分为两类，一类是平面立体，另一类是曲面立体。常见的平面立体有棱柱、棱锥和棱台等；曲面立体有圆柱体、圆锥体和圆球体等。基本几何体的尺寸标注以能确定其基本形状和大小为原则。

1. 圆柱体的投影及其表面上的点

如图 2-3-1 所示，若圆柱体的轴线垂直于 H 面，则俯视图的可见轮廓为圆，这个圆反映了圆柱体上、下底面的实形；主视图的可见轮廓为矩形，矩形的上下两边为圆柱体上下两底面的投影，左右两边为圆柱面最左和最右两条素线的投影。这两条素线将圆柱面分为前后两部分，前半个柱面可见，后半个柱面不可见，我们把这两条素线称为柱面对 V 面的转向轮廓线，该转向轮廓线的水平投影积聚到圆的最左和最右点，侧面投影和轴线重合。

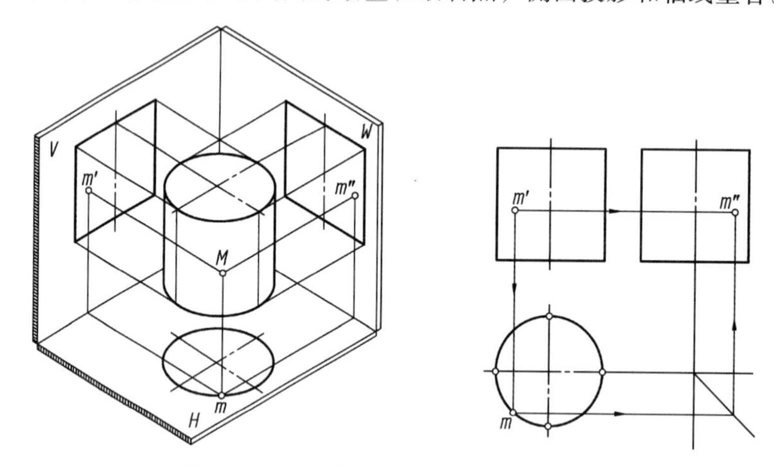

图 2-3-1　圆柱体的投影及其表面上的点

左视图的图形虽然和主视图相同，但其左右两条边的含义和主视图不同，这两条边表示柱面上最前和最后两条素线的投影，即柱面对 W 面的转向轮廓线，该转向轮廓线的水平投影积聚到圆的最前和最后点。此外，左视图中，V 面的转向轮廓线和轴线重合（不画）。

已知柱面上 M 点的 V 面投影 m'，该点的其他两面投影可以求出来，即由于圆柱面的水平投影积聚成圆，所以 M 点的水平投影一定在该圆上，又因为 m'可见（不可见时，需用圆括号括起来），所以 M 点的水平投影一定在前半个柱面上；根据“长对正”即可求出 M 点的水平

投影 m；根据“高平齐、宽相等”即可求出 M 点的侧面投影 m''。因为 M 点在左半个柱面上，所以 m''可见。

2. 圆锥体的投影及其表面上的点

如图 2-3-2 所示，圆锥体的投影和圆柱体的投影类似。俯视图为圆，这个圆表示圆锥体的底面实形和锥面的投影。主视图和左视图为等腰三角形，主视图的两腰为锥面对 V 面的转向轮廓线的投影，该转向轮廓线是正平线，水平投影是平行于 X 轴的半径；左视图的两腰为锥面对 W 面的转向轮廓线的投影，该转向轮廓线是侧平线，水平投影是垂直于 X 轴的半径，V 面的转向轮廓线和轴线重合。

已知锥面上 M 点的 V 面投影 m'，求 M 点的其他两面投影的方法有两种：辅助素线法和辅助圆法。

1）作图方法——辅助素线法

辅助素线法的作图原理是过锥顶和 M 点作一条素线，求出该素线的三面投影，则 M 点的投影一定在该素线的投影上。作图步骤如图 2-3-2（a）所示：

在主视图上，连接锥顶 s'和 m'并延长，使其与底圆相交于 e'。

根据 m'的可见性，求出辅助素线与底圆交点的水平投影 e。由于 m'可见，所以过 M 点的辅助素线与底圆的交点 E 的水平投影在前半个圆上。在俯视图中，根据点的投影规律可求出交点的水平投影 e，连接圆心 s 和点 e，即可得到辅助素线的水平投影。

根据“长对正”和 M 点从属于辅助素线，可求出 M 点的水平投影 m。

根据“高平齐、宽相等”，即可求出 M 点的侧面投影 m''。

2）作图方法——辅助圆法

辅助圆法的原理是过 M 点在锥面上作一个与底面平行的辅助圆，求出该圆的水平投影，则 M 点的水平投影一定在该圆上。根据 m'的可见性和“长对正”即可求出水平投影 m，然后由 m'和 m 求出 m''，作图步骤如图 2-3-2（b）所示。

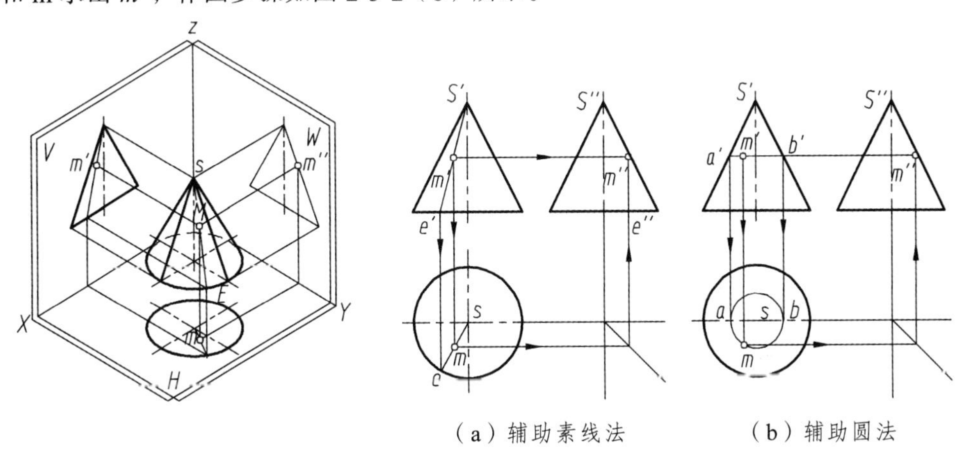

（a）辅助素线法　　（b）辅助圆法

图 2-3-2　作图方法

3. 圆球体的投影及其表面上的点

圆球体的三个视图均为圆，但这三个圆代表球体上三个不同方向的纬圆，是球面对投影面的转向轮廓线的投影，这三个纬圆分别平行于三个投影面，如图 2-3-3（a）所示。

已知球面上一点 M 的 V 面投影 m'，如何求出 M 点的水平投影和侧面投影呢？可假想用水平面过 M 点将球面剖切成上下两个球冠，则 M 点一定在球冠的轮廓圆上。该轮廓圆的水平投影反映实形，画出其水平投影后，根据 m'的可见性可求出 M 点的水平投影 m（不可见，用括号括起来），最后由 m 和 m'可求出侧面投影 m''，如图 2-3-3（b）所示。

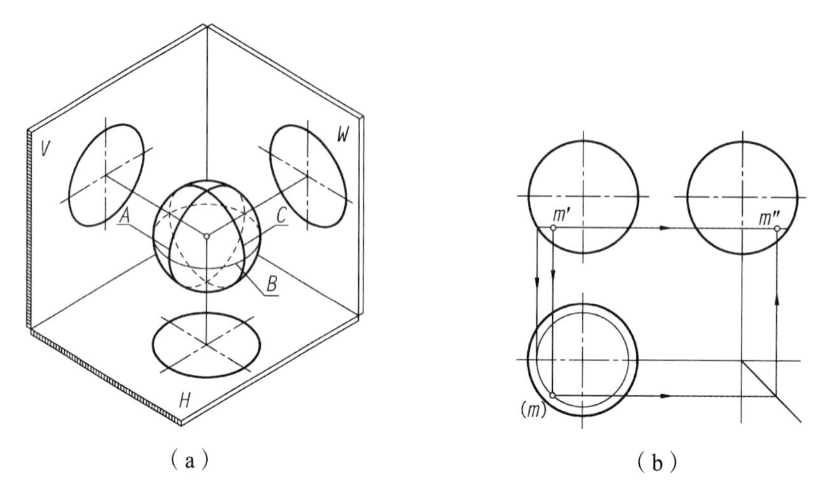

（a）　　　　　　（b）

图 2-3-3　圆球体的投影及其表面上的点

4. 圆环的投影及其表面上的点

圆环的母线是一个圆，轴线是和母线共面但不通过圆心的直线，如图 2-3-4 所示。其中，母线上的外半圆 BAD 形成外环面，内半圆 BCD 形成内环面。

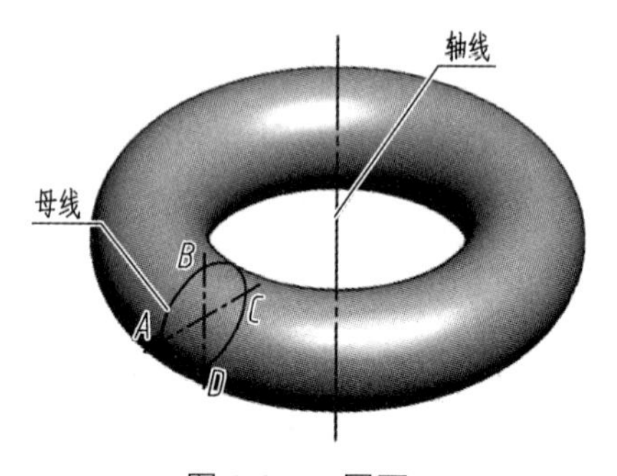

图 2-3-4　圆环

圆环的水平投影是两个圆，分别是上、下半环表面的外形轮廓线的水平投影，也是环面对 H 面的转向轮廓线的投影，细点画线圆是母线圆心轨迹的投影。圆环的 V 面投影由两个小圆和切线组成，两个小圆是环面对 V 面转向轮廓线的投影。其中，虚线半圆是内环面上前、后内半环面的分界线，实线半圆是外环面上前、后外半环面的分界线，两个圆的切线是环面上最高和最低纬线圆的投影。圆环在 W 面上的投影和在 V 面上的投影类似，圆环对 W 面的转向轮廓线将环面分为左、右两个内、外半环面，内半环面不可见，如图 2-3-5（a）所示。

如图 2-3-5（b）所示，已知环面上 E、F 点的 V 面投影 e'和（f'），求其 H 面和 V 面的投影。作图原理是辅助平面法，因此，只要求出交线圆的水平投影，则根据点的投影规律和可见性即可求出 E、F 点的水平投影，最后求出 W 面投影。

求 E 点的 H 面和 V 面投影的作图步骤如下：

（1）作辅助平面。在 V 面投影上过 e'点作水平线（辅助平面的 V 面投影），则该水平线与小圆实线部分的交点到轴线的距离为辅助平面与外环面的交线圆半径，与小圆虚线部分的交点到轴线的距离为辅助平面与内环面的交线圆半径。

（2）求 E 点的水平投影 e。由于 E 点的 V 面投影可见，所以 E 点在前半外环面上。画出辅助平面和外环面交线圆的水平投影，过 e' 点作投射线和该圆有两个交点，由于 E 点在前半外环面上，所以 E 点的水平投影 e 为前面的那个点；由于 E 点在上半个环面上，所以 e 点可见。

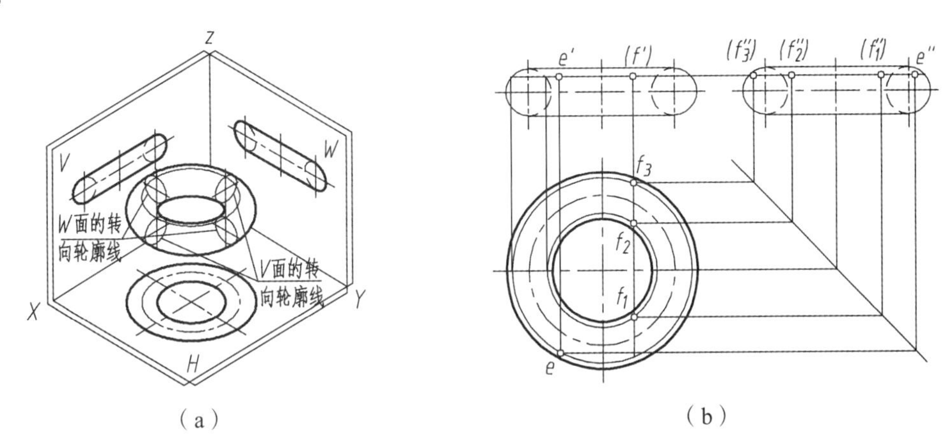

（a）　　　　（b）

图 2-3-5　圆环的投影及其表面上的点

（3）求 E 点的 W 面投影 e''。根据点的投影规律可求出 e''点，由于 E 点在左半个外环面上，所以 e''可见。

（4）求 F 点水平投影的方法和求 E 点水平投影的方法相同，但由于 F 点的 V 面投影（f'）不可见，所以 F 点可能在后半外环面上（f_3），也可能在前内半环面上（f_1），或后半内环面上（f_2），所以该点位置有 3 种，如图 2-3-4（b）所示。由于 F 点在右半环面上，所以 F 点的 W 面投影 f_1''，f_2''，f_3''均不可见。

知识点二　相贯线

两个立体表面相交时产生的交线称为相贯线。相贯线具有以下两个性质：

共有性：相贯线是两个立体表面的公共线，也是两个立体表面的分界线，相贯线上的点是两个立体表面的公共点。

封闭性：一般情况下，相贯线是闭合的空间曲线，特殊情况下也可以是平面曲线或直线。

1. 圆柱与圆柱相交时相贯线的画法

圆柱体和圆柱体的轴线垂直相交时，我们称其为正交。正交时（除直径相等的两圆柱）相贯线有两个对称面，相贯线在两个柱面为圆的视图上的投影为圆和圆弧，在两个柱面不为圆的视图上的投影为曲线。

两圆柱正交时，按柱面的可见性分为外圆柱与外圆柱、外圆柱与内圆柱、内圆柱与内圆柱相贯，如图 2-3-6 所示。

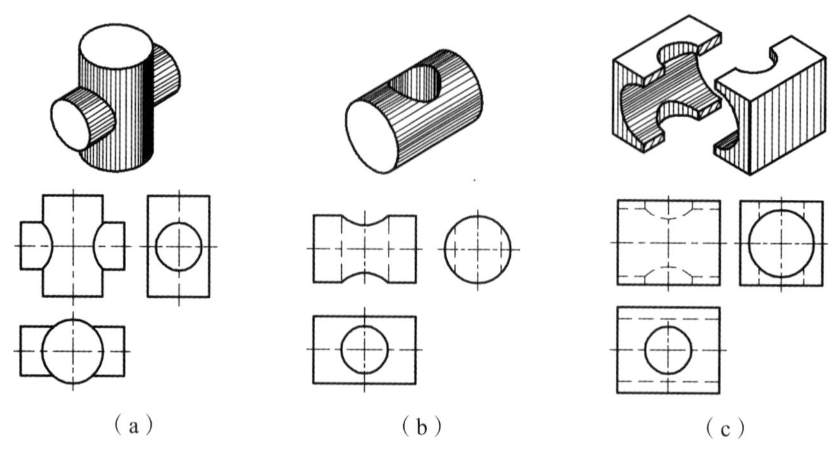

图 2-3-6　两圆柱正交

2. 绘制圆柱与圆柱正交相贯线的方法

1）表面取点法

图 2-3-7 所示为直径不等的两圆柱正交的立体图。小圆柱面上的所有素线均与大圆柱面相交，大圆柱面上只有部分素线与小圆柱面相交。小圆柱的左视图积聚成圆，大圆柱的俯视图积聚成圆，所以相贯线在左视图中是一个和小圆柱重合的圆，在俯视图是一段和大圆柱重合的圆弧。利用相贯线在俯视图和左视图中的投影即可求出其主视图投影。

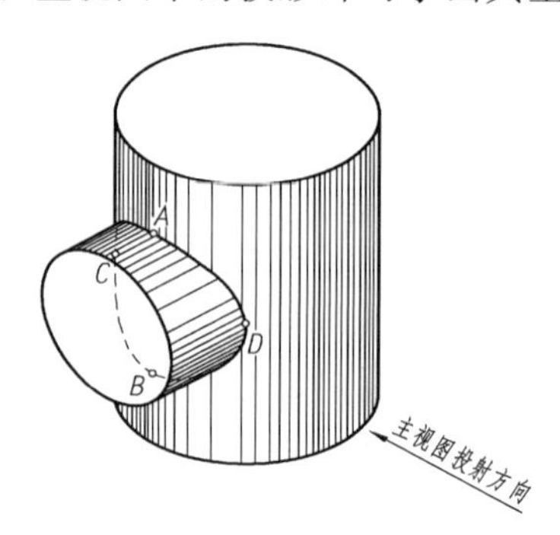

图 2-3-7　直径不等的两圆柱正交

画图步骤：

（1）先画出两个圆柱体的三视图，并在圆柱面具有积聚性的视图上找出相贯线的投影，如图 2-3-8（a）所示。

（2）求特殊点的投影。所谓特殊点，就是两个柱面转向轮廓线上的点和表示相贯线空间极限范围的点，如图 2-3-8 中的 A、B、C、D 点即为柱面对 V 面和 H 面转向轮廓线上的点，也是空间曲线最高点、最低点、最后点和最前点。先找出相贯线上这些特殊点在俯、左视图中的投影，然后根据“长对正、高平齐”求出这 4 个点在主视图中的投影，如图 2-3-8（b）所示。

（3）求一般位置点的投影。先在俯视图的相贯线上适当位置取点 m 和点 n，然后根据“宽相等”求出其在左视图中的投影，最后根据“长对正、高平齐”求出这两个点在主视图中的投影，如图 2-3-8（c）所示。

（4）根据点在空间的连接顺序，用曲线顺次光滑连接主视图中的各点，如图 2-3-8（d）所示。

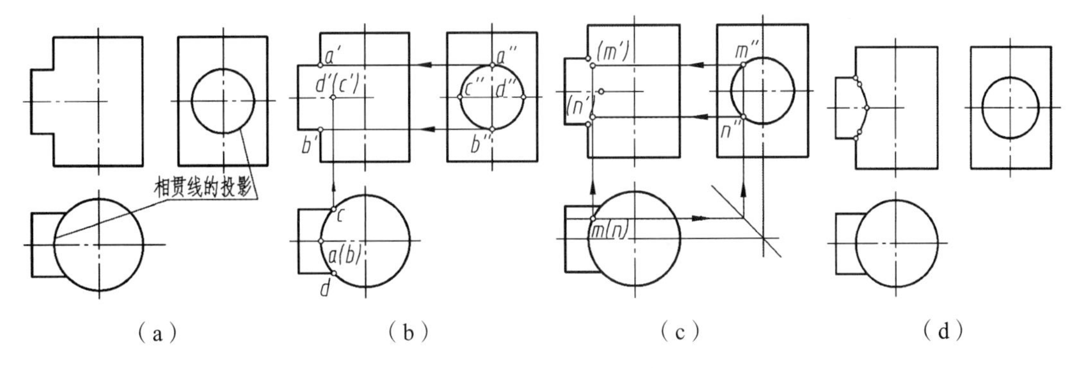

（a）（b）（c）（d）

图 2-3-8 表面取点法

2）简化画法

两圆柱正交时，为了简化作图，可以采用简化画法绘制相贯线的投影，即用圆弧代替非圆曲线。如图 2-3-9 所示，在画出两圆柱的三视图后，主视图上的相贯线，用过 a'、d'（c'）和 b' 三点的圆弧代替相贯线。由于圆弧 $a'c'b'$ 和圆弧 cad 的弦长和弓高相等，所以两圆弧全等，圆弧 $a'c'b'$ 的半径等于大圆柱的半径 R，圆心在小圆柱的轴线上。

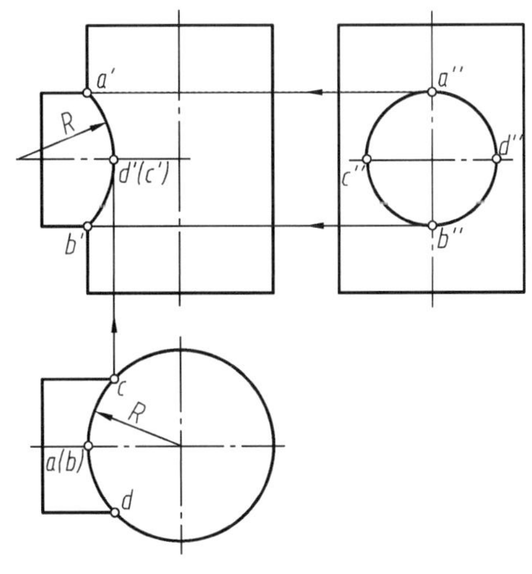

图 2-3-9 简化画法

3. 圆柱正交时的特殊情况

当两个直径相等的圆柱正交时，相贯线的空间形状是椭圆弧或椭圆，在投影图中则为两条相交直线，如图 2-3-10 所示。

4. 圆柱与圆锥正交时相贯线的画法

圆柱和圆锥正交时，用辅助平面法求相贯线的投影比较方便。辅助平面法是求相贯线上共有点的常用方法，即假想用一辅助平面在两回转体交线范围内截切两回转体，则辅助平面与两立体表面都产生截交线，这两条截交线的交点既属于辅助平面，又属于两立体表面，是三面的共有点，即相贯线上的点。利用剖切平面的积聚性，可以求出相贯线上点的投影。

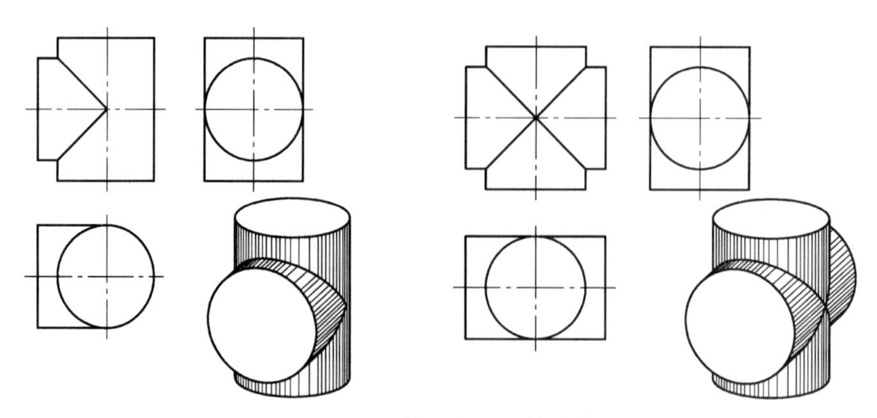

图 2-3-10　圆柱正交时的特殊情况

辅助平面的选择应满足以下 3 个条件：

（1）辅助平面应同时与两个回转体相交。

（2）辅助平面和投影面处于平行或垂直位置。

（3）辅助平面和两曲面的截交线为圆或直线。

5. 相贯线绘制案例

例 2.3.1　已知如图 2-3-11 所示的俯视图和左视图，参考立体图补画主视图。

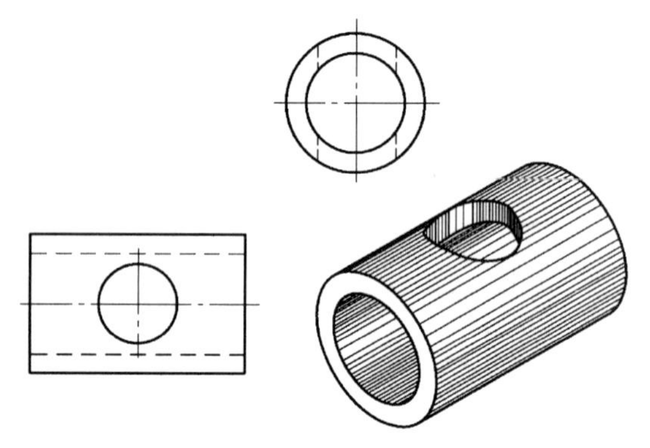

图 2-3-11　例 2.3.1

形体分析和线面分析：本案例的基础形体为水平放置的圆柱筒，在该圆柱筒上方钻了一个通孔，所钻通孔的直径小于圆筒的内径，通孔和圆筒的内、外圆柱面共产生 4 条相贯线，在主视图中孔和孔的相贯线不可见。所钻通孔的直线与圆筒的直径不相等，因此可采用简化画法，即用圆弧绘制相贯线的 V 面投影。

画图步骤：

（1）绘制圆柱筒和所钻通孔在主视图中的投影，如图 2-3-12（a）所示。

（2）找出相贯线在 H 面和 W 面上的投影，绘制相贯线的 V 面投影。圆柱筒的外圆柱面和所钻通孔的相贯线用半径 R_1（圆柱筒的外径）绘制，圆柱筒的内圆柱面和所钻通孔的相贯线用半径 R_2（圆柱筒内径）绘制，如图 2-3-12（b）所示。

（3）整理轮廓线。圆筒内、外圆柱面对 V 面的转向轮廓线被所钻通孔切断，通孔对 V 面的转向轮廓线只有圆筒壁之间的一段，孔内没有转向轮廓线。

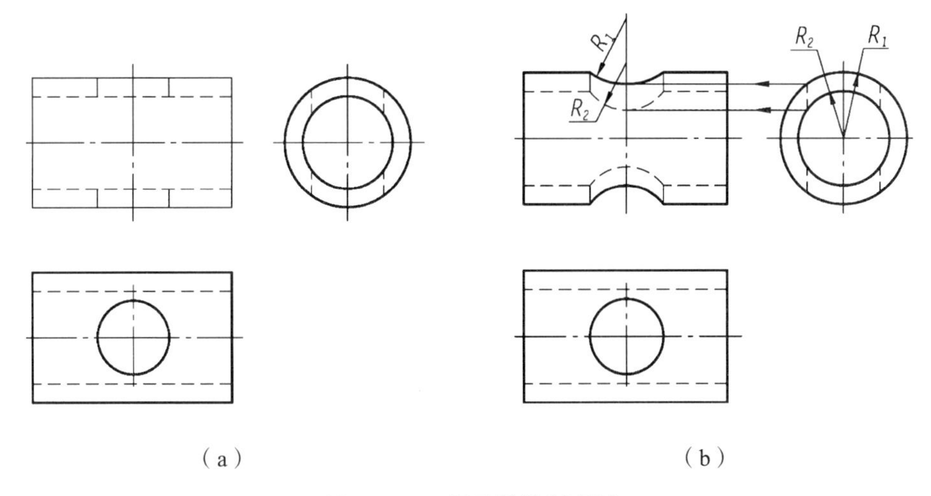

图 2-3-12　相贯线绘制案例

任务实施

绘制如图 2-3-13 所示的三通管的机械图样。

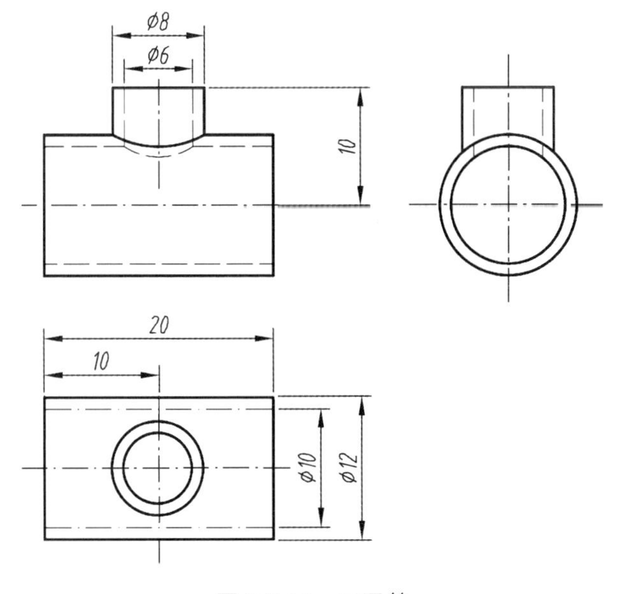

图 2-3-13　三通管

根据图 2-3-13 建立三通管的三维模型。

（1）模型的创建和保存：打开 Inventor 软件，在如图 2-3-14 所示的窗口中点击【零件】开始创建三维模型。

点击窗口左上角【文件】，在如图 2-3-15（a）所示的菜单中，点击【保存】按钮将弹出如图 2-3-15（b）所示的对话框，设置完成后点击【保存】按钮，完成模型的保存。

（2）绘制模型草图：点击【三维模型】菜单下的 ，在图 2-3-16（a）中的坐标系中，选择水平的 *XZ* 平面作为草图平面，在草图菜单中点击 ，在窗口垂直的黑色线条交叉处点击

（*XZ* 坐标系原点）作为绘图起点，输入圆环的两个直径分别为 12 mm 和 10 mm，完成效果如图 2-3-16（b）所示（滚动鼠标中键可实现视图的缩放，实际尺寸不会变化）。点击 完成草图 结束草图绘制。

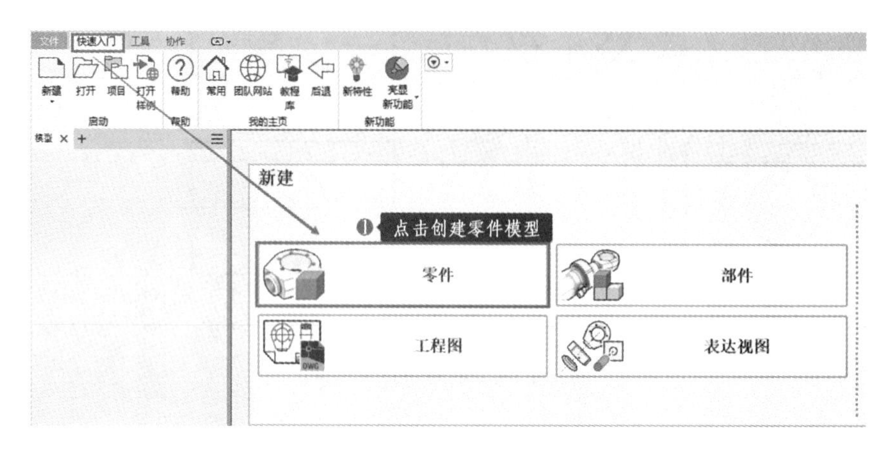

图 2-3-14　创建零件模型

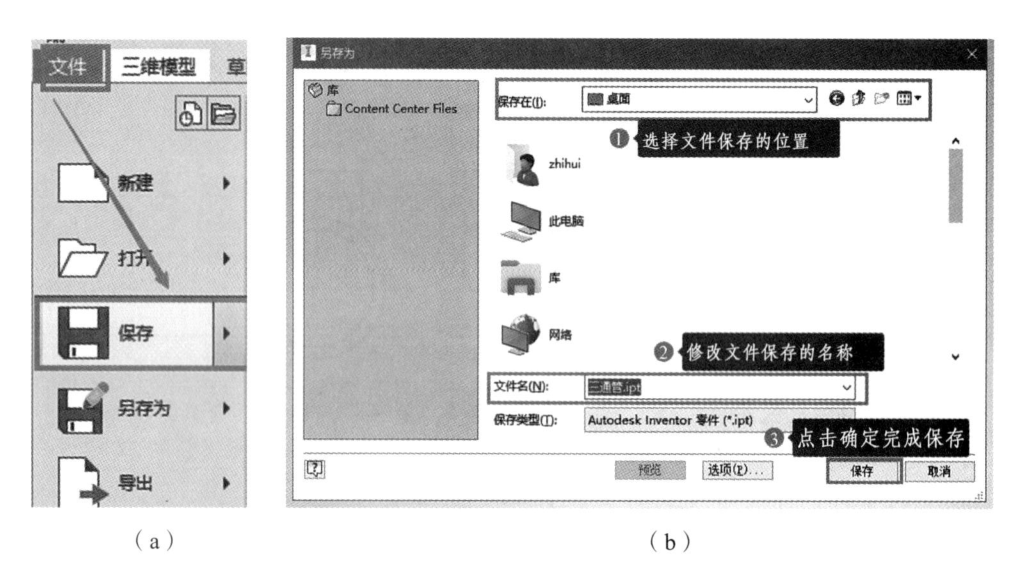

（a）　　　　　　　　　　　　（b）

图 2-3-15　模型的保存

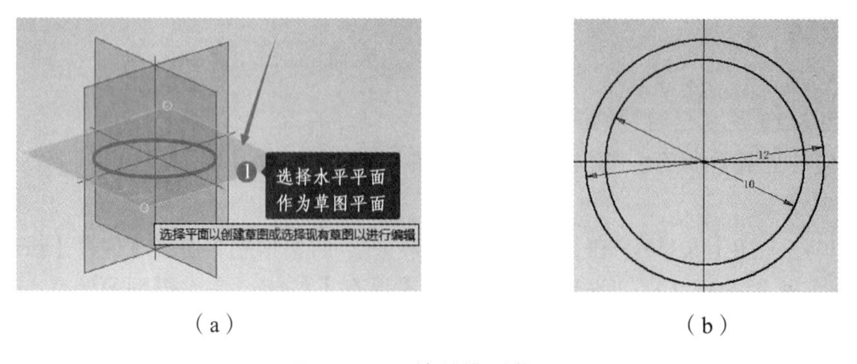

（a）　　　　　　　　　　　　（b）

图 2-3-16　绘制模型草图

（3）创建拉伸特性：点击【三维模型】中的拉伸，在弹出的特性对话框中，按照图 2-3-17（a）进行设置，设置完成后，点击【确定】完成拉伸特性的创建，如图 2-3-17（b）所示。

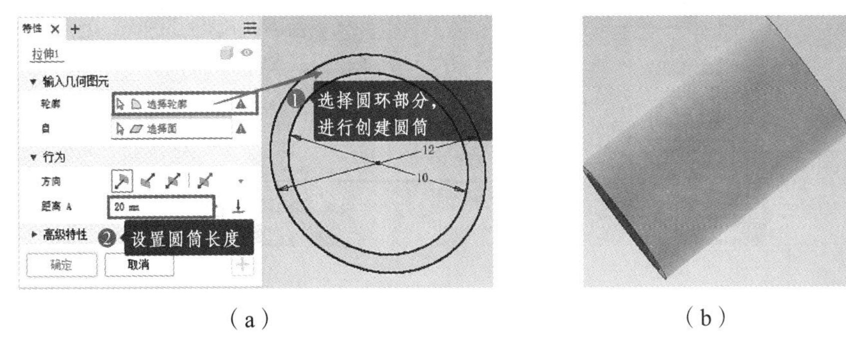

（a）　　　　（b）

图 2-3-17　创建拉伸特性

（4）创建参考平面：如图 2-3-18 所示，展开原始坐标系，选择 *XZ* 平面，点击平面工具中的【从平面偏移】，设置偏移的距离为 10 mm，完成创建。

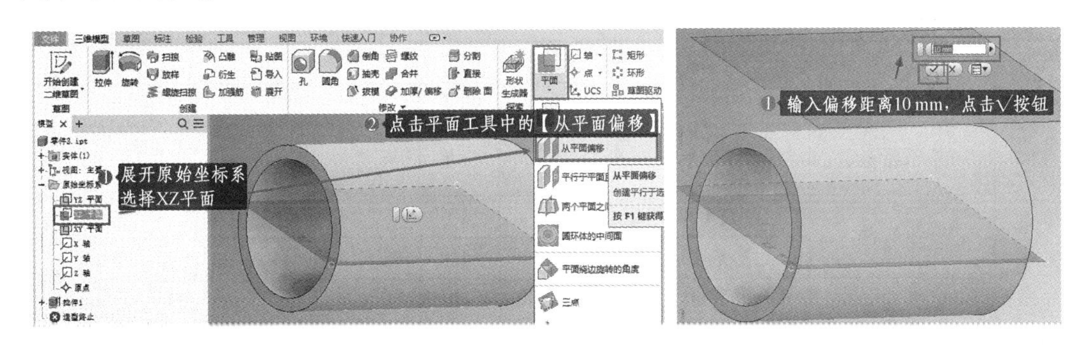

图 2-3-18　创建参考平面

（5）创建三通模型：在参考平面上绘制出直径为 8 mm 的圆，使用拉伸命令进行拉伸，在拉伸选项中选择拉伸到面的方式使两部分结合，如图 2-3-19（a）所示，点击【确定】完成拉伸。用同样的方式在参考面上绘制出直径为 6 mm 的圆并进行拉伸，设置如图 2-3-19（b）所示。完成效果如图 2-3-19（c）所示。

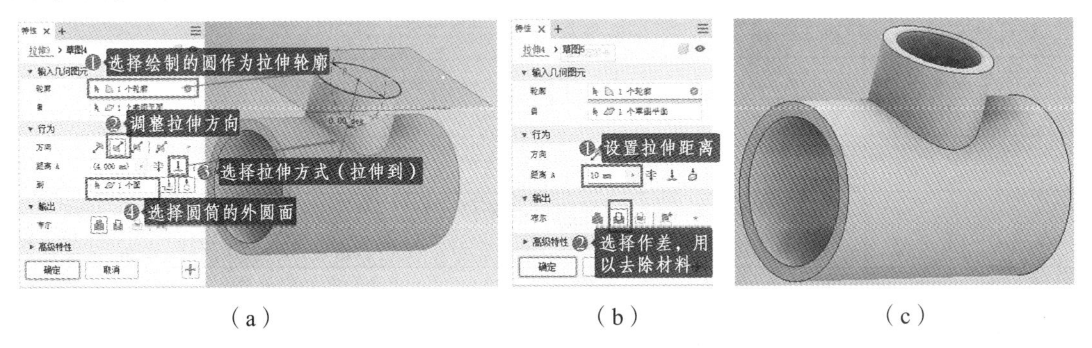

（a）　　　　（b）　　　　（c）

图 2-3-19　创建三通模型

（6）显示效果设置：对材质、外观、视觉样式和阴影进行设置，如图 2-3-20（a）所示，完成效果如图 2-3-20（b）所示。

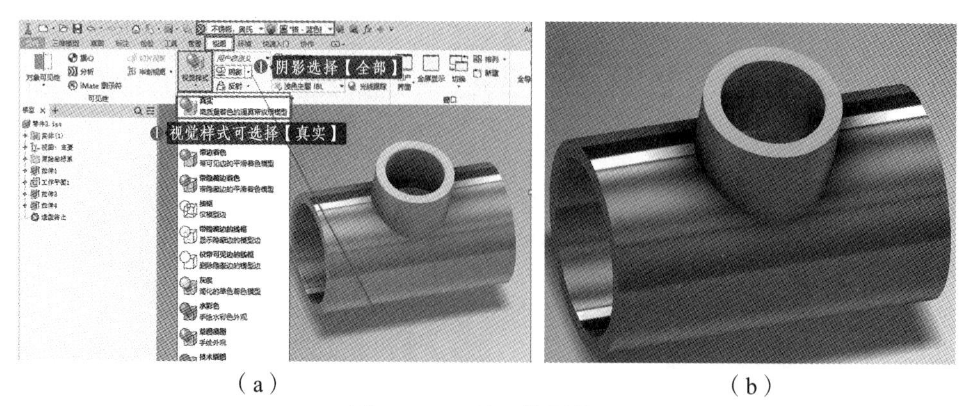

（a）　　　　　　　　　　（b）

图 2-3-20　显示效果设置

任务评价

任务评价单见表 2-3-1。

表 2-3-1　任务评价单

<table>
<tr><td>任务</td><td colspan="8">绘制三通管的三视图并建立其三维模型</td></tr>
<tr><td>班级</td><td></td><td>姓名</td><td></td><td>学号</td><td colspan="2"></td><td>日期</td><td></td></tr>
<tr><td rowspan="5">任务评价</td><td colspan="2">考评指标</td><td>考评标准</td><td>分值</td><td>自评（20%）</td><td>小组评价（40%）</td><td>教师评价（40%）</td><td>实际得分</td></tr>
<tr><td colspan="2" rowspan="2">任务实施</td><td>相关知识点掌握程度</td><td>40</td><td></td><td></td><td></td><td></td></tr>
<tr><td>完成任务的准确性</td><td>40</td><td></td><td></td><td></td><td></td></tr>
<tr><td colspan="2" rowspan="2">职业素养</td><td>出勤、道德、纪律、责任心</td><td>10</td><td></td><td></td><td></td><td></td></tr>
<tr><td>学习态度、团队分工合作</td><td>10</td><td></td><td></td><td></td><td></td></tr>
<tr><td colspan="4">合计</td><td></td><td></td><td></td><td></td><td></td></tr>
<tr><td colspan="2">收获与体会</td><td colspan="7"></td></tr>
<tr><td colspan="2">本组之星</td><td colspan="2"></td><td>亮点</td><td colspan="4"></td></tr>
<tr><td colspan="2">组间互评</td><td colspan="7"></td></tr>
<tr><td colspan="2">填表说明</td><td colspan="7">① 实际得分=自评×20%+小组评价×40%+教师评价×40%。
② 考评满分为 100 分，60 分以下为不及格，60～74 分为及格，75～84 分为良好，85 分及以上为优秀。
③“本组之星”可以是本次实训活动中的突出贡献者，也可以是进步最大者，还可以是其他某一方面表现突出者。
④“组间互评”由评审团讨论后为各组给予的最终评价。评审团由各组组长组成，当各组完成实训活动后，各组长先组织本组组员进行商议，然后各组长将意见带至评审团，评价各组整体工作情况，将各组互评分数填入其中</td></tr>
</table>

任务四　绘制球阀阀芯的三视图并建立其三维模型

任务描述

球阀阀芯在介质管路中起调节与控制的作用。启闭件是一个球体，球体由阀杆带动同时围绕着阀体轴线做旋转运动，通过旋转的角度完成球阀启闭。本任务通过认识球阀阀芯机械图样并绘制其三维模型，来进一步掌握曲面立体图形和相贯线的绘制，并能完整、正确地标注尺寸。

任务目标

（1）掌握复杂曲面立体的投影画法。
（2）熟悉截交线三视图的表达方法。
（3）掌握曲面立体类零件的尺寸标注及技术要求。
（4）能读懂阀类零件图的结构特点。
（5）能用 AutoCAD 绘制球阀阀芯的三视图。
（6）能对球阀阀芯进行三维建模。

相关理论知识点

知识点一　圆柱面截交线

1. 平面切割圆柱体

圆柱体被平面切割，柱面与平面的截交线有表 2-4-1 所示的 3 种情况。
（1）当截平面与圆柱体的轴线垂直时，截交线为圆。
（2）当截平面与圆柱体的轴线平行时，截交线为矩形。
（3）当截平面与圆柱体的轴线倾斜时，截交线为椭圆。

表 2-4-1　柱面与平面的截交线

截平面位置	截平面垂直于轴线	截平面平行于轴线	截平面倾斜于轴线
立体图与平面图	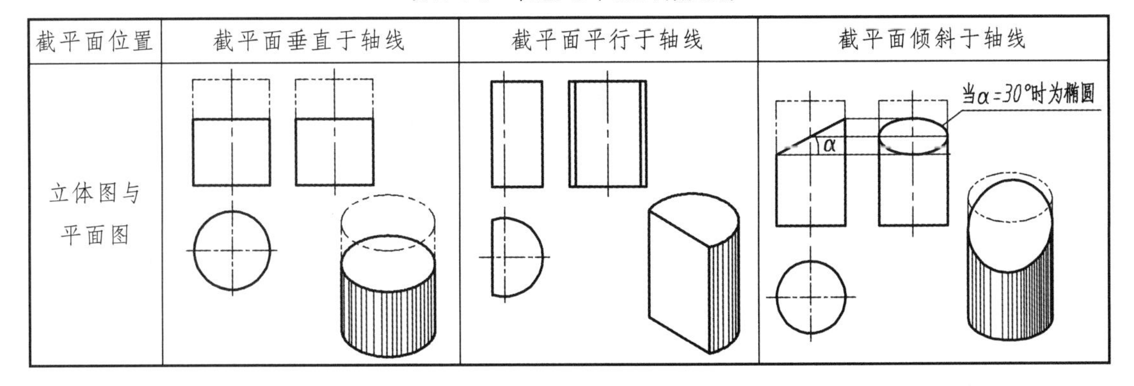		

例 2.4.1　根据图 2-4-1 所示的立体图，绘制其三视图。

形体分析：基础形体为圆柱体，先用一个侧平面和水平面切去一角，侧平面和柱面的交线为线段，水平面和柱面的交线为圆弧；再用两个正平面和一个水平面切出一个矩形槽，矩形槽的侧面和柱面的交线为线段，槽的底面与柱面的交线为圆弧，如图 2-4-2 所示。

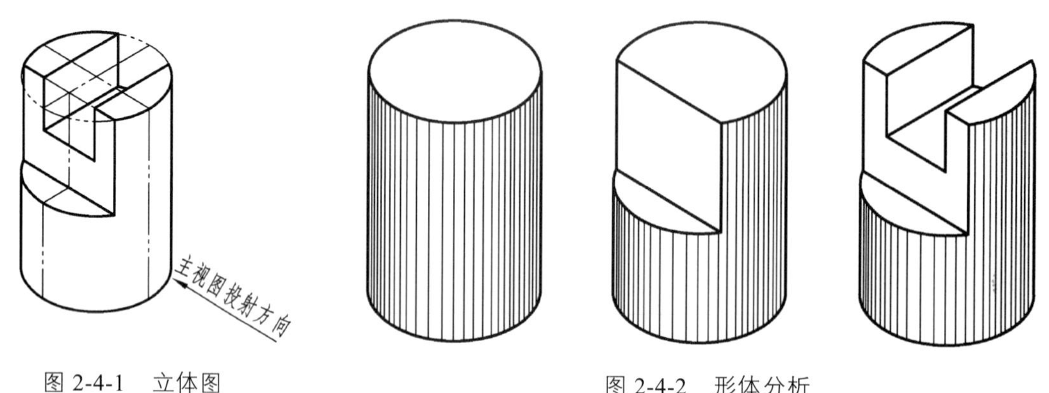

图 2-4-1　立体图　　图 2-4-2　形体分析

画图步骤（见图 2-4-3）：

（1）主视图的投射方向由图 2-4-3 可知，先画出未切割前圆柱体的三视图。

（2）画切角的投影。切角的投影要先画主视图，再画俯视图，然后由主视图和俯视画左视图，最后擦去主视图中切去的轮廓线。

（3）画矩形切槽的投影。矩形切槽的投影要先画左视图，再画俯视图，主视图由俯视图和左视图求出（主视图中，矩形切槽的底面不可见，因此要画成虚线）。

（4）整理轮廓线，将切去的轮廓线擦除并加深图线。

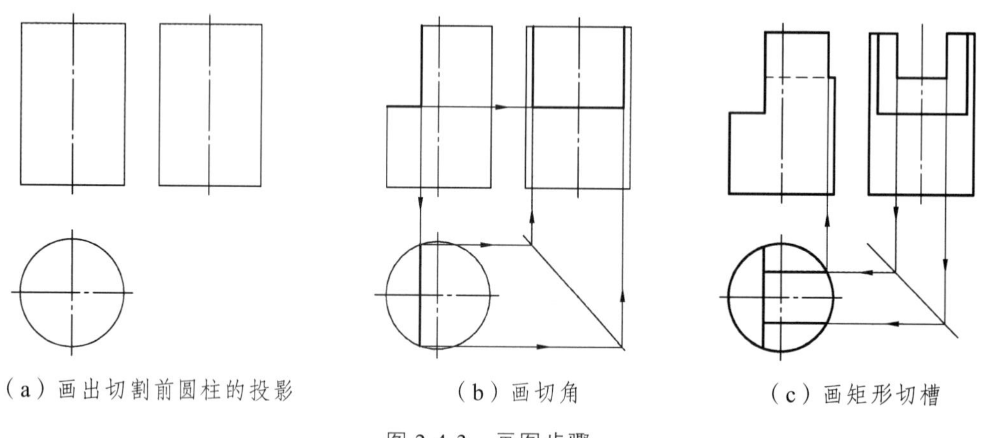

（a）画出切割前圆柱的投影　（b）画切角　（c）画矩形切槽

图 2-4-3　画图步骤

例 2.4.2　根据图 2-4-4 所示的立体图，绘制其三视图。

形体分析和线面分析：基础形体为圆柱体，用一个水平面和正垂面切去一角，水平面和柱面的交线为线段，截断面形状为矩形；正垂面和柱面的交线为椭圆弧。椭圆弧的圆心为 O 点，O 点在圆柱体的轴线上，长轴的端点为 A，A 点在圆柱面的最上方素线上（柱面对 V 面的转向轮廓线），短轴的端点为 B 和 C，B、C 点在柱面最后和最前素线上（柱面对 H 面的转向轮廓线），E、F 是椭圆弧的端点，也是水平截断面和柱面交线的端点。

画图步骤（见图 2-4-5）：

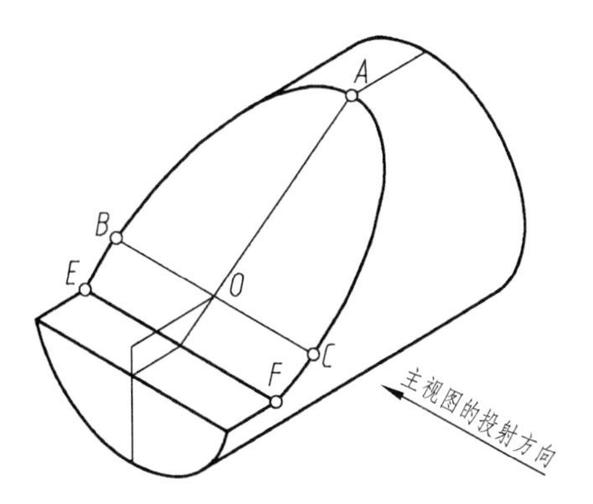

图 2-4-4　立体图

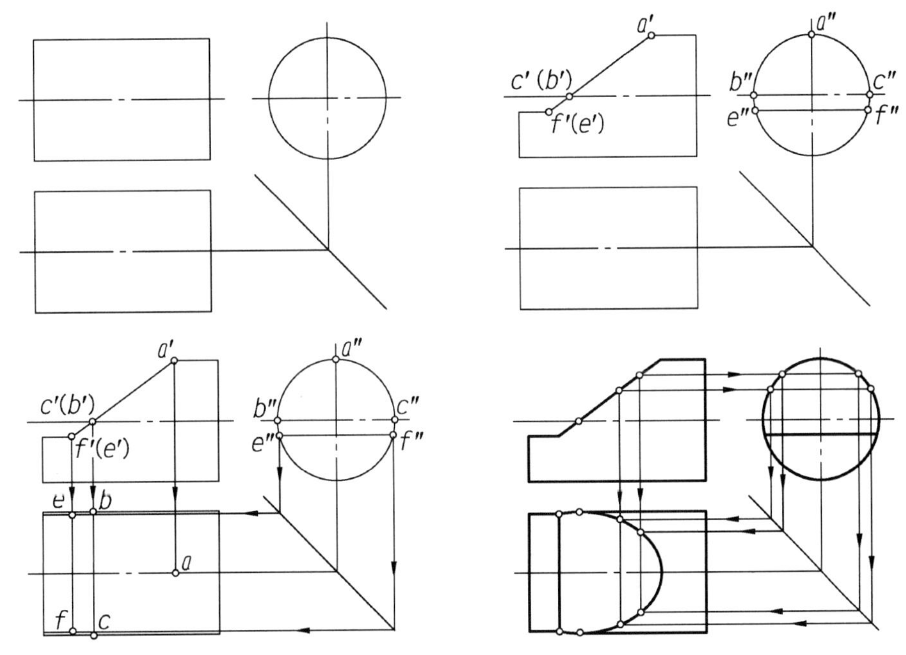

图 2-4-5　画图步骤

（1）主视图的投射方向由图 2-4-4 已知，先画出没有切割之前圆柱体的三视图。根据图 2-4-4 所示的立体图，在主视图上确定截断面的位置和投影。

（2）绘制左视图：矩形截断面在左视图中为直线，椭圆弧截交线在左视图中为圆弧。

（3）由主视图和左视图绘制俯视图。椭圆弧截交线的俯视图仍为椭圆弧，可先求出截交线上的特殊点（转向轮廓线上的点和交线的端点），再求出一些一般位置点，求一般位置点时可利用对称性求出对称点，然后用曲线板光滑连接各点。

（4）整理轮廓线，将切去的轮廓线擦除并加深图线。

2. 圆锥面截交线

圆锥体被平面切割时，锥面与平面的截交线可分为如表 2-4-2 所示的 5 种情况：

（1）当截平面过圆锥体的锥顶时，截断面为等腰三角形。

（2）当截平面垂直于圆锥体的轴线时，截断面为圆。

（3）当截平面与圆锥体的轴线所成的角大于 1/2 锥角时，截交线为椭圆。

表 2-4-2　锥面与平面的截交线

截平面位置	过锥顶	垂直于轴线	不过锥顶，与所有素线相交（$\alpha>\beta$）	不过锥顶，但平行于某条素线（$\alpha>\beta$）	不过锥顶，但平行于轴线（$\alpha>\beta$）
截交线	直线	圆	椭圆	抛物线	双曲线
立体图	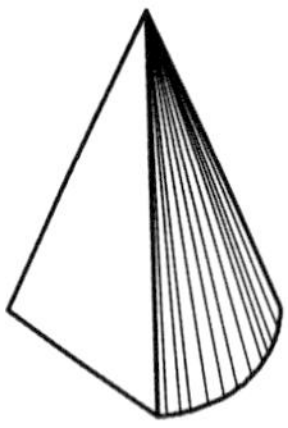	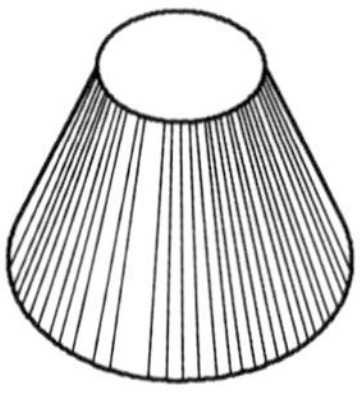	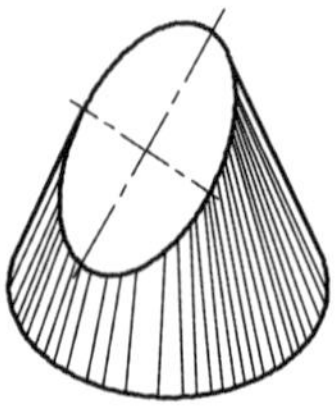	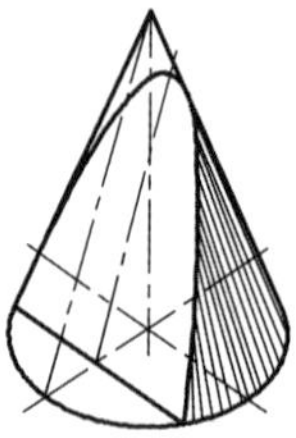	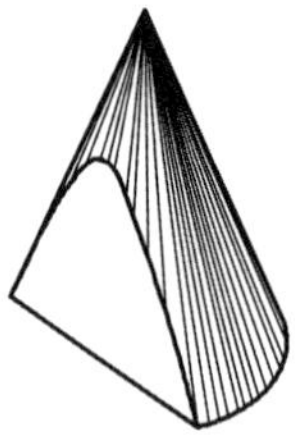
投影图	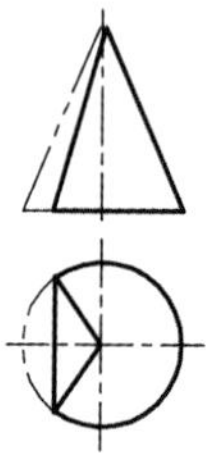	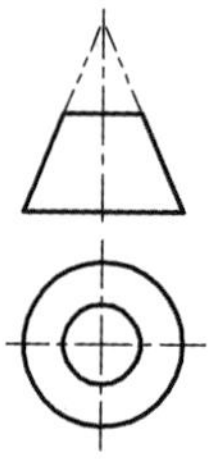	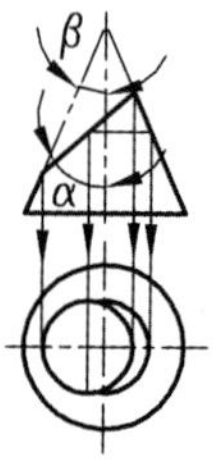	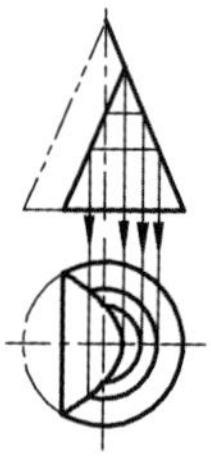	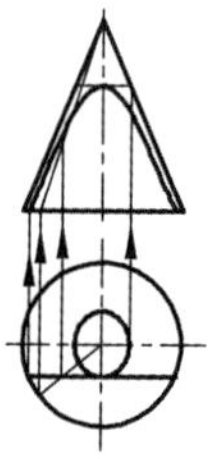

注：α 为截断面和圆锥面轴线的夹角，β 为圆锥锥角的 1/2。

（4）当截平面与圆锥体的轴线所成的角等于 1/2 锥角，即截断面与圆锥体的某条素线平行时，截交线为抛物线。

（5）当截平面与圆锥体的轴线平行，但不过锥顶时，截交线为双曲线。

3. 圆球面截交线

圆球体被平面切割，不论截平面处于什么位置，球面和截平面的空间交线总为圆。当圆球体被投影面平行面切割时，截断面在与其平行的投影面上的投影为圆，在其他两个投影面上的投影为直线；当圆球体被投影面垂直面切割时，截断面在其垂直的投影面上的投影为直线段，在其他两个投影面上的投影为椭圆，如表 2-4-3 所示。

表 2-4-3　圆球面截交线

截平面位置	截平面为水平面	截平面为正平面	截平面为正垂面
平面图	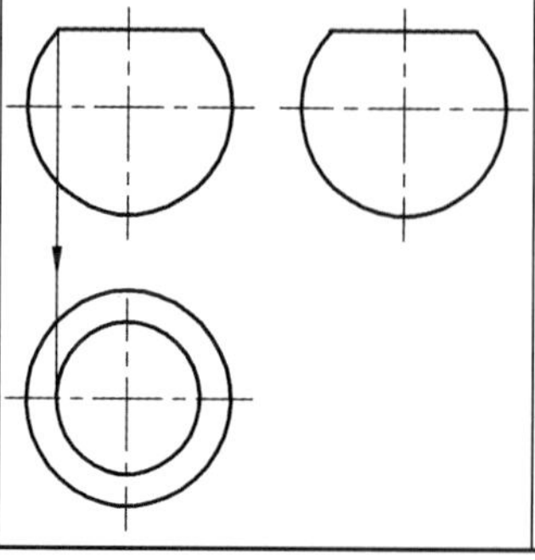	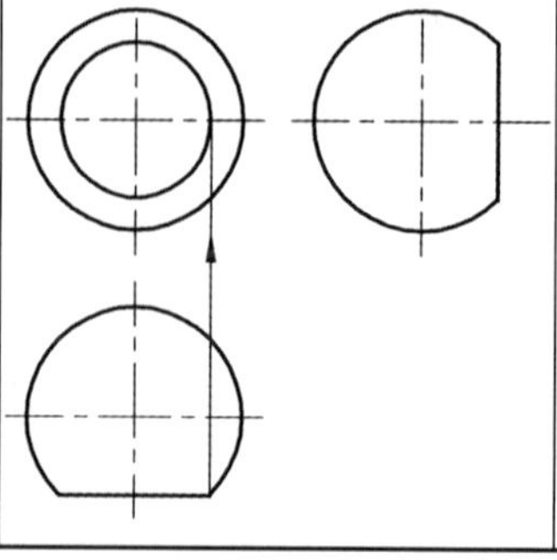	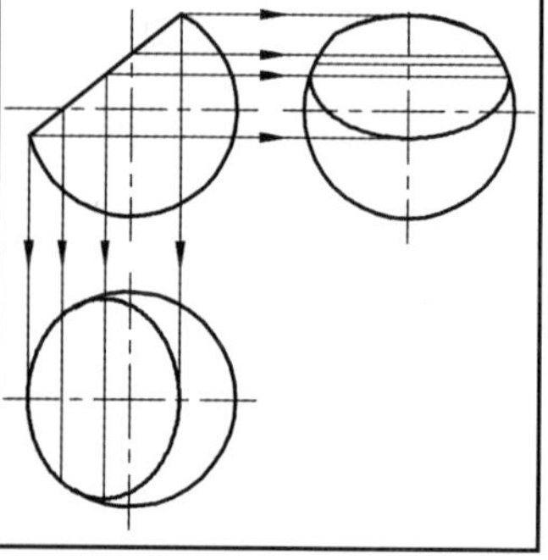

任务实施

绘制如图 2-4-6 所示的球阀阀芯的三视图。

根据图 2-4-6 建立其三维模型。

（1）模型的创建和保存：打开 Inventor 软件，在如图 2-4-7 所示的窗口中点击【零件】开始创建三维模型。

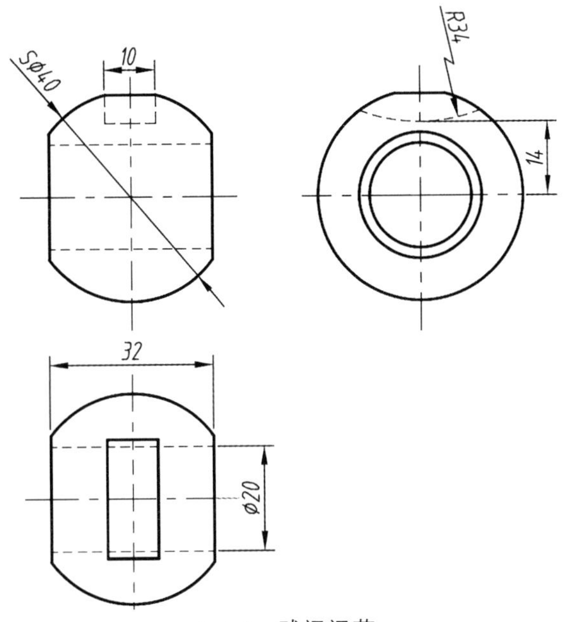

2-4-6　球阀阀芯

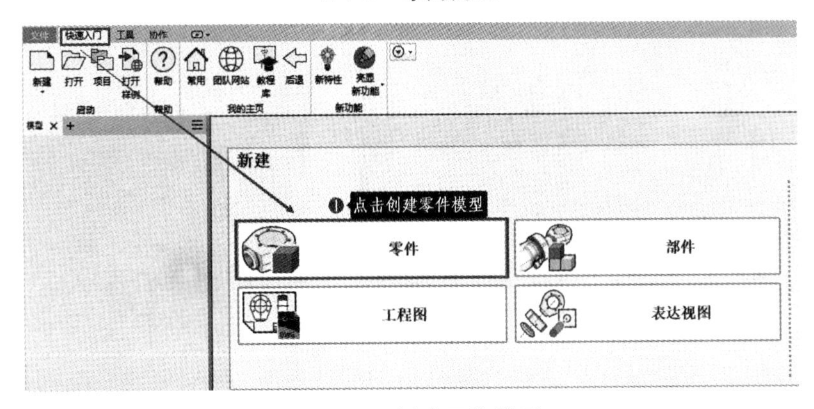

图 2-4-7　创建零件模型

点击窗口左上角【文件】，在如图 2-4-8（a）所示的菜单中，点【保存】按钮将弹出如图 2-4-8（b）所示的对话框，设置完成后点击【保存】按钮，完成模型的保存。

（2）绘制模型草图：点击【三维模型】菜单下的，在图 2-4-9（a）中的坐标系中，选择水平的 *XZ* 平面作为草图平面，在草图菜单中点击，在窗口垂直的黑色线条交叉处点击（*XZ* 坐标系原点）作为绘图起点，输入圆的半径 20 mm，绘制一条过圆心直线作为旋转轴，完成效果如图 2-4-9（b）所示。点击结束草图绘制。

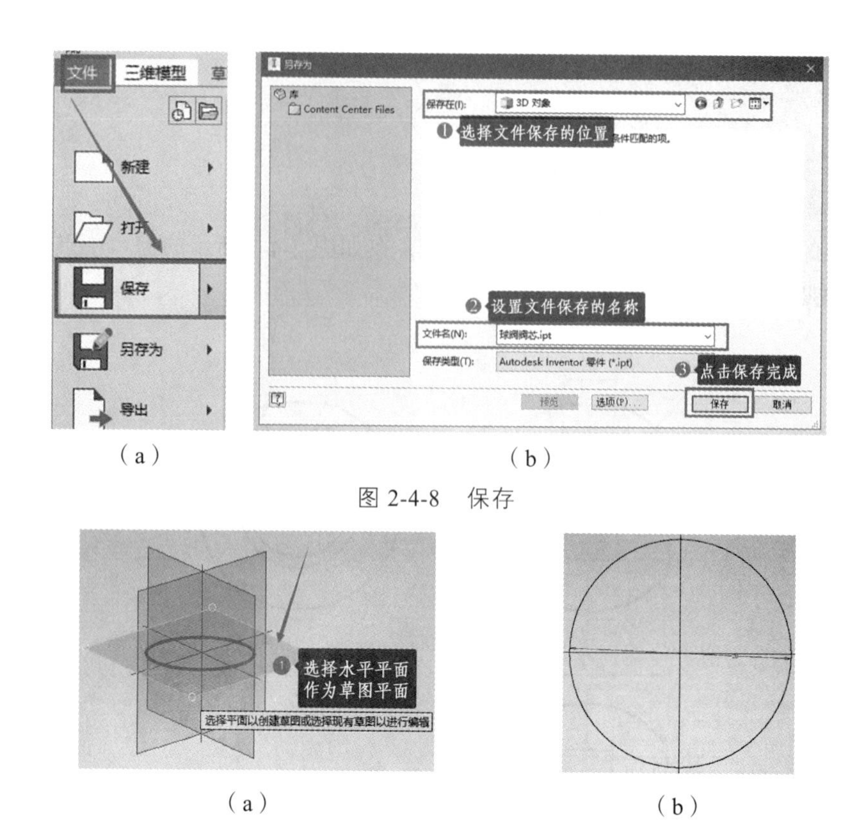

（a）　　（b）

图 2-4-8　保存

（a）　　（b）

图 2-4-9　绘制模型草图

（3）创建旋转特性：点击【三维模型】中的旋转，在弹出的特性对话框中，按照图 2-4-10（a）进行设置，设置完成后，点击【确定】完成旋转特性的创建，创建的球体如图 2-4-10（b）所示。

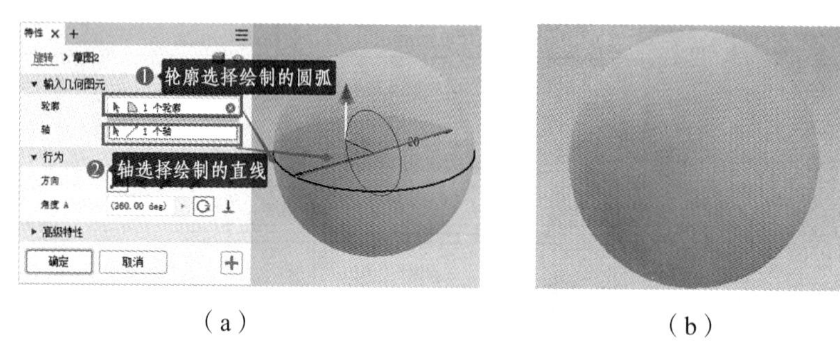

（a）　　（b）

图 2-4-10　创建旋转特性

（4）创建参考（修剪）平面：如图 2-4-11 所示，展开原始坐标系，选择 *YZ* 平面，点击平面工具中的【从平面偏移】，设置偏移的距离为 16 mm，点击完成创建。

（5）球体的切割：点击【三维模型】中的分割，在弹出的对话框中进设置，如图 2-4-12（a）所示。重复第（4）、（5）步完成球体另一边的修剪，完成效果如图 2-4-12（b）所示。

（6）使用拉伸特性制作通孔：在图 2-4-12（b）中任意修剪平面上完成直径为 20 mm 的圆的草图绘制，如图 2-4-13（a）所示，点击【三维建模】菜单中的拉伸，进行如图 2-4-13（b）所示的设置，并进行拉伸即可完成通孔制作。

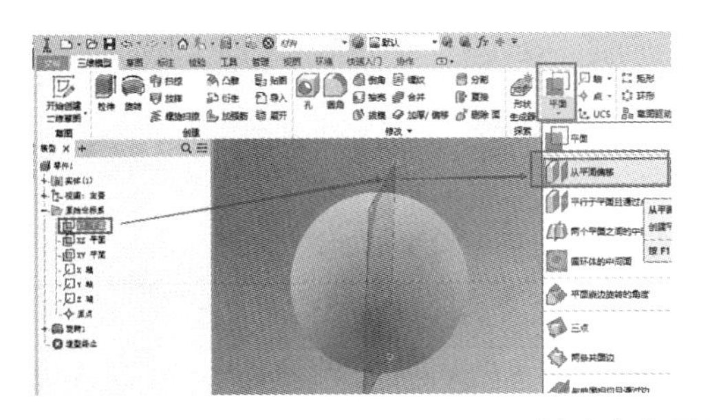
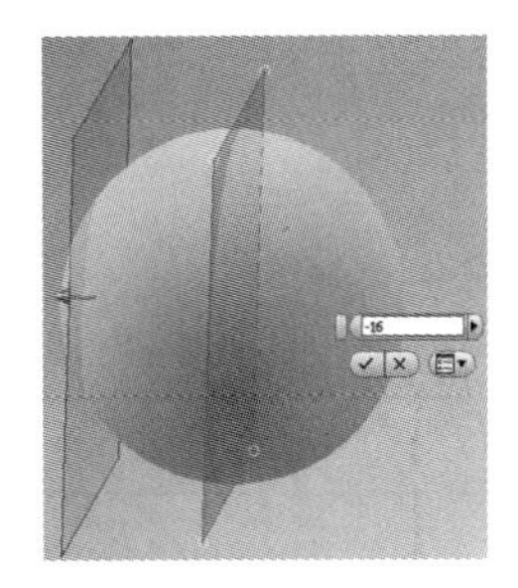

图 2-4-11　创建参考平面

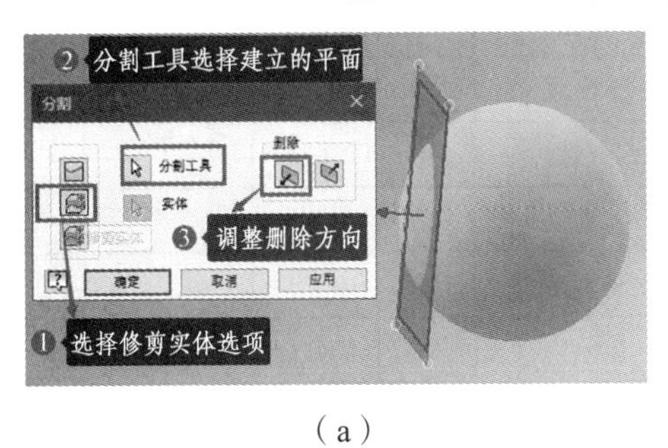

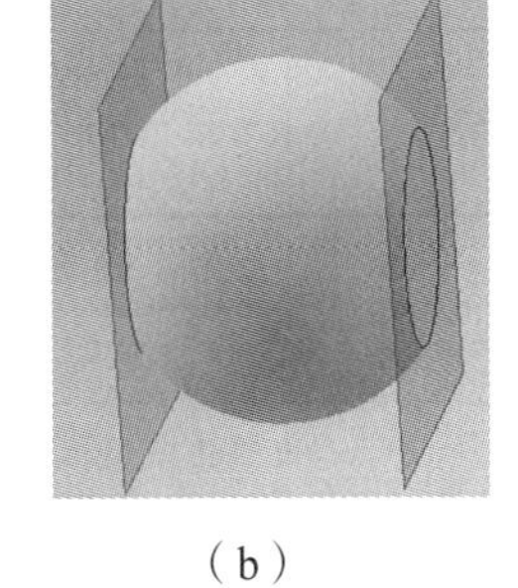

（a）　　（b）

图 2-4-12　球体的切割

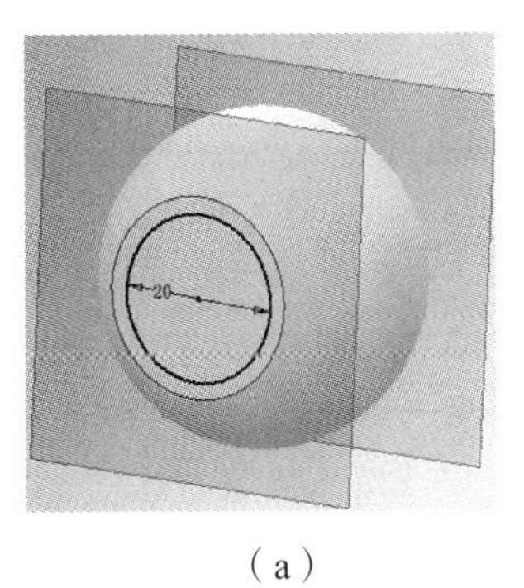
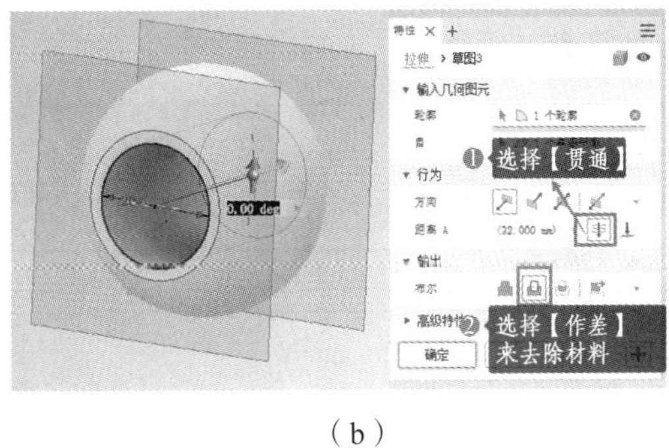

（a）　　（b）

图 2-4-13　制作通孔

（7）制作顶部凹槽：点击【原始坐标系】中的 *YZ* 平面，并完成如图 2-4-14（a）所示的草图绘制。使用拉伸特性对材料进行去除，设置如图 2-4-14（b）所示，最后通过对材质和外观进行设置，最终完成效果如图 2-4-14（c）所示。

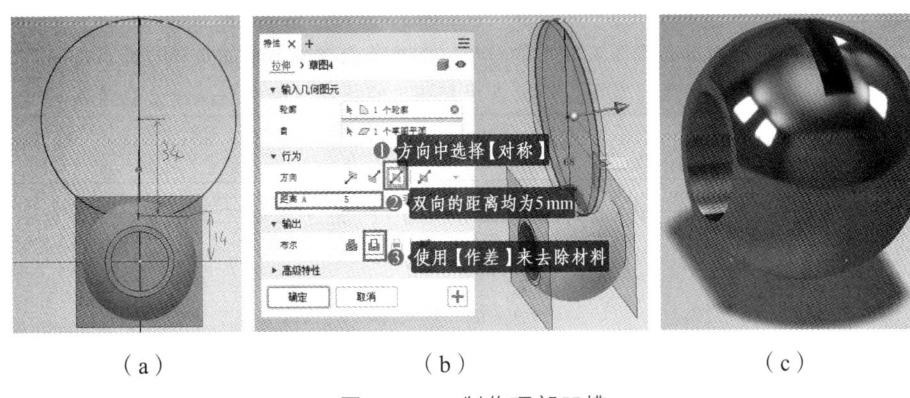

（a）　　（b）　　（c）

图 2-4-14　制作顶部凹槽

任务评价

任务评价单见表 2-4-4。

表 2-4-4　任务评价单

<table>
<tr><td>任务</td><td colspan="7">绘制球阀阀芯的三视图并建立其三维模型</td></tr>
<tr><td>班级</td><td></td><td>姓名</td><td></td><td>学号</td><td></td><td>日期</td><td></td></tr>
<tr><td rowspan="5">任务评价</td><td>考评指标</td><td>考评标准</td><td>分值</td><td>自评（20%）</td><td>小组评价（40%）</td><td>教师评价（40%）</td><td>实际得分</td></tr>
<tr><td rowspan="2">任务实施</td><td>相关知识点掌握程度</td><td>40</td><td></td><td></td><td></td><td></td></tr>
<tr><td>完成任务的准确性</td><td>40</td><td></td><td></td><td></td><td></td></tr>
<tr><td rowspan="2">职业素养</td><td>出勤、道德、纪律、责任心</td><td>10</td><td></td><td></td><td></td><td></td></tr>
<tr><td>学习态度、团队分工合作</td><td>10</td><td></td><td></td><td></td><td></td></tr>
<tr><td colspan="3">合计</td><td></td><td></td><td></td><td></td><td></td></tr>
<tr><td>收获与体会</td><td colspan="7"></td></tr>
<tr><td>本组之星</td><td colspan="3"></td><td>亮点</td><td colspan="3"></td></tr>
<tr><td>组间互评</td><td colspan="7"></td></tr>
<tr><td>填表说明</td><td colspan="7">① 实际得分=自评×20%+小组评价×40%+教师评价×40%。
② 考评满分为 100 分，60 分以下为不及格，60～74 分为及格，75～84 分为良好，85 分及以上为优秀。
③“本组之星”可以是本次实训活动中的突出贡献者，也可以是进步最大者，还可以是其他某一方面表现突出者。
④“组间互评”由评审团讨论后为各组给予的最终评价。评审团由各组组长组成，当各组完成实训活动后，各组长先组织本组组员进行商议，然后各组长将意见带至评审团，评价各组整体工作情况，将各组互评分数填入其中</td></tr>
</table>

任务五　绘制支架的三视图并建立其三维模型

任务描述

支架是起支撑作用的构架，能承受较大的力，也具有定位作用，如照相机的三脚架。本任务通过认识支架的机械图样并绘制其三维模型来掌握组合体的形体分析方法，并能正确绘制组合体的三视图。

任务目标

（1）掌握组合体形体分析法。
（2）熟悉组合体三视图的表达方法。
（3）能用 AutoCAD 绘制支架三视图。
（4）能对支架进行三维建模。

相关理论知识点

知识点一　组合体的画图方法

组合体的概念：任何复杂的机件，都可以认为是由一些基本体按一定的方式组合而成的，由两个或两个以上的基本体组成类似机件的形体称为组合体。

1. 组合体的组合方式

常见的组合方式有 3 种：叠加、切割和综合，如图 2-5-1 所示。

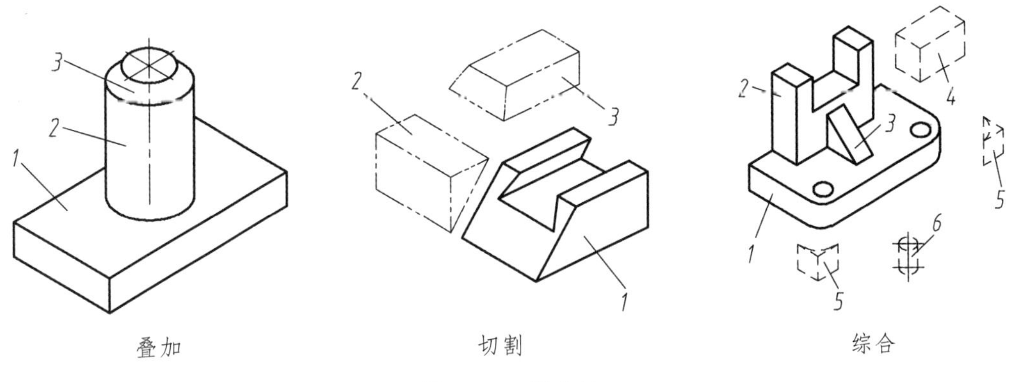

图 2-5-1　组合体

2. 形体之间的表面连接关系

简单形体组合在一起，表面就会有连接关系。形体之间的表面连接关系一般可分为 4 种：共面、不共面、相切、相交，如图 2-5-2 所示。

3. 形体分析法

形体分析法和线面分析法是绘制组合体视图、识读组合体视图和标注组合体视图尺寸的基本方法。

所谓形体分析法就是假想把组合体分解为若干个基本体，弄清楚它们的形状；确定它们的组成方式和相对位置；分析它们的表面连接关系及投影特性，以便进行画图和看图。

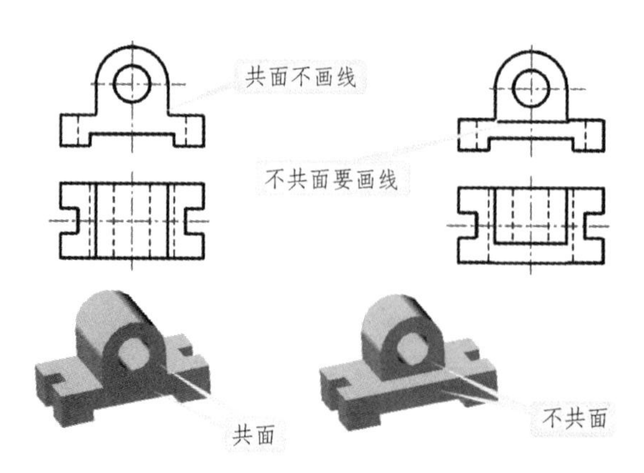

注：两形体表面相切时，在相切处不应画线。

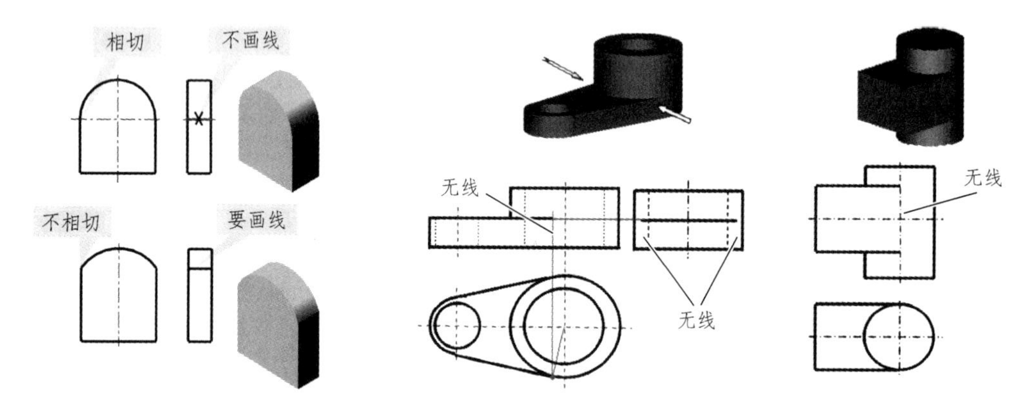

图 2-5-2　形体之间的表面连接关系

运用形体分析法应注意两点：一是会把复杂的机件形状合理分解为若干个简单的基本体，把问题简单化；二是会分析基本体之间的表面过渡关系，正确绘制其投影。

4. 组合体的画图方法

在绘制组合体视图前，首先要对组合体作形体分析，即将组合体分解成若干个基本形体，并找出其中的一个形体作为基础形体，其他形体是在该基础形体的基础上叠加或切割，然后作线面分析，即分析这些形体在叠加、切割时邻接表面的连接形式。

1）利用形体分析法绘制组合体视图

按形体分析法画组合体的三视图时，要注意以下两个顺序：

一是组成组合体的各基本几何体的画图顺序。一般按组合体的形成过程先画基础形体的三视图，再画其他叠加或切割的几何体的三视图。

二是同一形体三个视图的画图顺序。一般先画形状特征最明显的那个视图，或有积聚性的视图，再画其他两个视图。

（1）叠加。

例 2.5.1　对如图 2-5-3（a）所示的组合体作形体分析，然后绘制其三视图。

形体分析：该组合体是由长方体、圆柱体和两个梯形肋板叠加而成的。基础形体是长方体，在该长方体上先叠加一个圆柱体，再叠加两个肋板。圆柱体的轴线通过长方体顶面的中心，整个物体前后对称。在叠加肋板时，肋板的前、后侧面和柱面产生的交线为直线，肋板的顶面和柱面的轴线垂直，产生的交线为圆弧，如图 2-5-3（b）所示。

画图步骤（见图 2-5-4）：

① 画基础形体长方体的三视图。

② 画圆柱体的三视图。先画俯视图，后画主视图和左视图。

③ 画梯形肋板的三视图。画肋板的三视图时，要特别注意三个视图的画图顺序。虽然主视图最能反映肋板的形状，但肋板的前、后侧面与柱面产生的交线的位置只能通过俯视图来确定，因此应先画俯视图，再画左视图，最后根据“长对正、高平齐”画主视图。

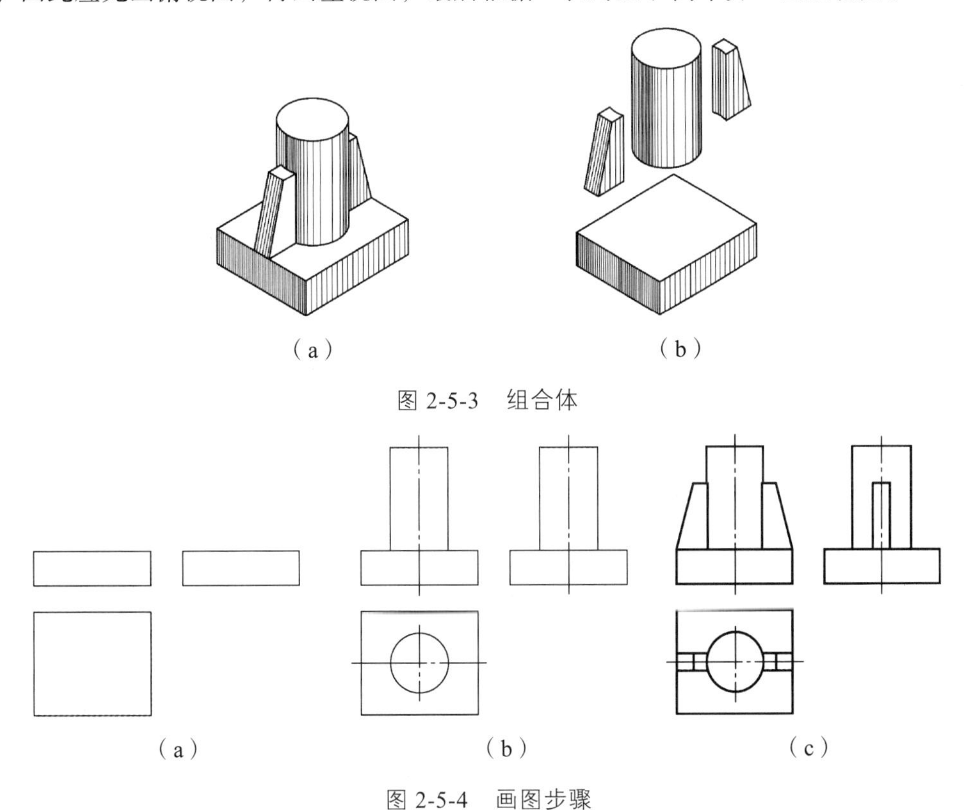

图 2-5-3　组合体

图 2-5-4　画图步骤

（2）切割。

例 2.5.2　对如图 2-5-5 所示的组合体作形体分析，然后绘制其三视图。

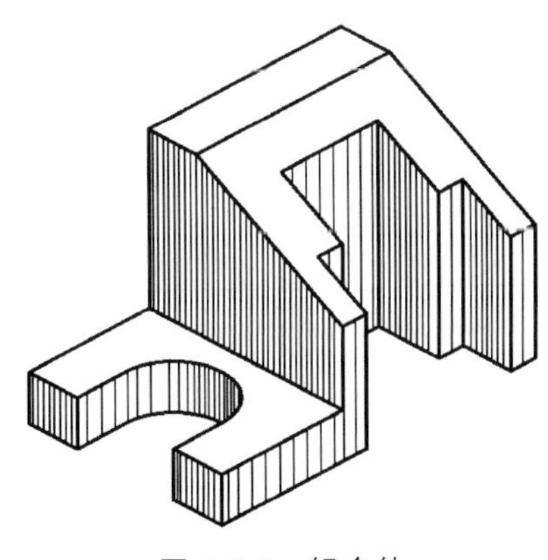

图 2-5-5　组合体

形体分析：该组合体的基础形体是由两个长方体组成的“L”形立体，然后用侧垂面切去一个角，接着切去一个“凸”字形槽，再用圆柱铣刀铣一个槽，槽的右端是半圆柱面，如图 2-5-6 所示。

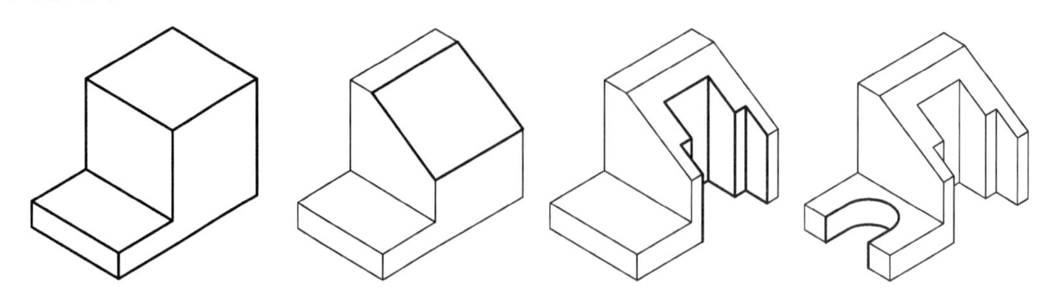

图 2-5-6　形体分析

画图步骤：

① 画基础形体的三视图。先画主视图，后画俯视图和左视图，如图 2-5-7（a）所示。

② 画侧垂面切去的角。先画左视图中的积聚直线，然后根据“高平齐、宽相等”依次画主视图和俯视图，如图 2-5-7（b）所示。

③ 画切去的“凸”字形槽。先画有积聚性的俯视图，再根据“宽相等”画左视图，最后由俯视图和左视图画出主视图，如图 2-5-7（c）所示。

④ 画左侧半圆形槽。因为俯视图上有积聚性，所以先画俯视图，然后画主视图和左视图。在左视图中，当虚线和粗实线重合时，应画成粗实线，如图 2-5-7（d）所示。

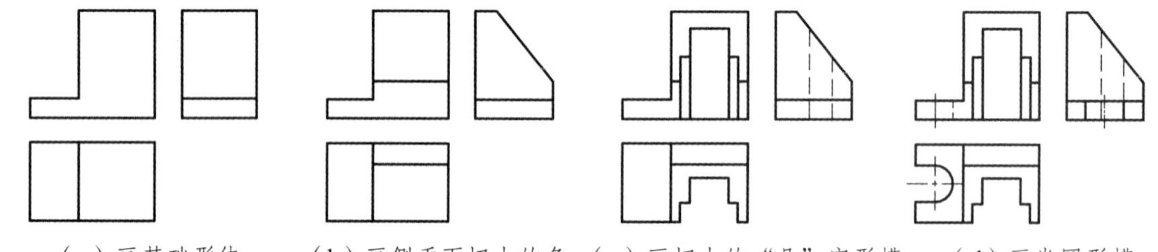

（a）画基础形体　（b）画侧垂面切去的角　（c）画切去的“凸”字形槽　（d）画半圆形槽

图 2-5-7　画图步骤

2）利用线面分析法绘制组合体的三视图

例 2.5.3　对如图 2-5-8 所示的组合体作形体分析和线面分析，然后绘制其三视图。

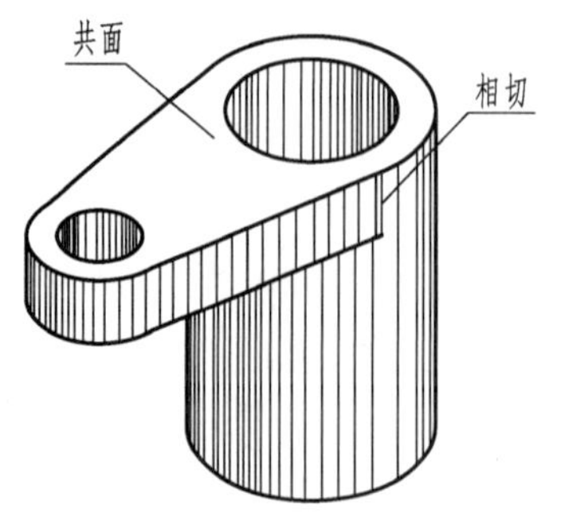

图 2-5-8　组合体

形体分析和线面分析：该组合体的基础形体是一个圆柱体，在该基础形体上方叠加一个板，然后钻两个通孔。大孔和基础圆柱体同轴，小孔和板左侧的圆柱面同轴。在基础形体上叠加板时，板的上表面和圆柱体的上表面共面，所以不产生交线，板的侧面和外圆柱面相切，面的交接处是光滑的，没有明显的棱线，但存在几何上的切线，切线是两个形体的分界线。

画图步骤：

① 画基础形体的三视图，如图 2-5-9（a）所示。

② 画叠加板。先画最能反映其形状的俯视图，然后画主视图和左视图。板的侧面和外柱面相切，表现在俯视图上为直线和圆相切，因此俯视图中，先画叠加板的左侧圆弧，再画相切线。在主视图和左视图上，相切处不画线，但叠加板的下表面的 V 面和 W 面投影要画到切点处，如图 2-5-9（b）所示。

③ 画两个通孔。先画俯视图，然后画主视图和俯视图，如图 2-5-9（c）所示。

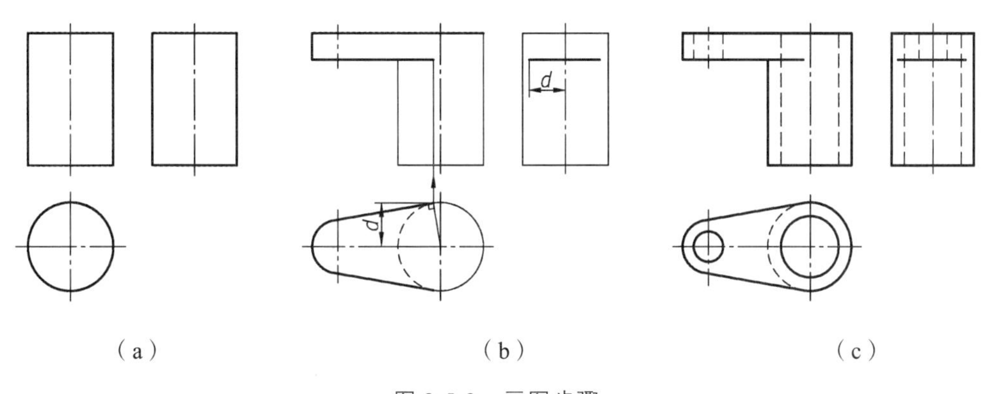

图 2-5-9　画图步骤

知识点二　组合体的读图方法

读图是画图的逆向思维过程。画图是由物生图，读图是由图生物，二者是相互联系的两个过程。读图能力可通过多画图来提高，画图时也应当总结读图的基本规律。读图过程中要综合运用形体分析法和线面分析法，从而分析并想象出物体的形状。

读图的基本方法是形体分析法。简单来说就是：分部分想形状，合起来想整体，由整体到局部，由局部到整体。

读图时，应先将视图分成几个部分，然后想象出每部分的形状，最后将各部分结合起来想象出物体的整体形状。每部分的形状，应先从形状特征最明显的视图读起，然后在其他视图中按投影规律找出与之对应的线框，最后综合起来想象这部分的形状。

想象每一部分的形状时，要先想象其大致的外形，然后再深入到局部想象细节。在想象整体形状时，要注意各部分形体之间的相互位置关系。

例 2.5.4　如图 2-5-10 所示，根据组合体的三视图想象出物体的形状。

形体分析：

首先从主视图读起，将其分为 1′、2′、3′三部分，然后按“长对正、高平齐”分别找出俯视图和左视图上的对应形体，分别想象出这三部分的形状，接着分析这三部分间的位置关系，最后将这三个形体合起来想象出物体的整体形状，如图 2-5-11 所示。

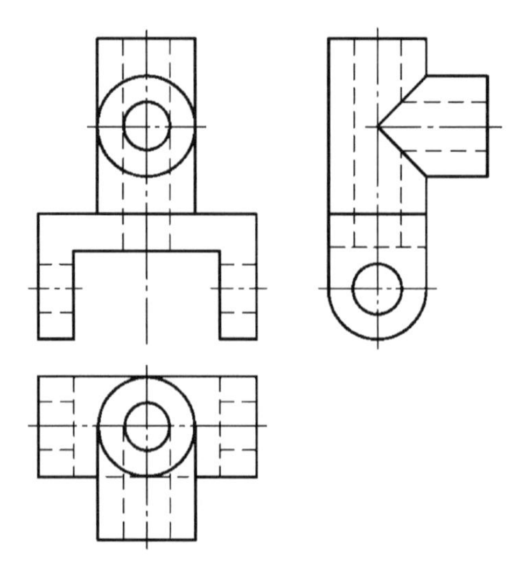

图 2-5-10　例 2.5.4

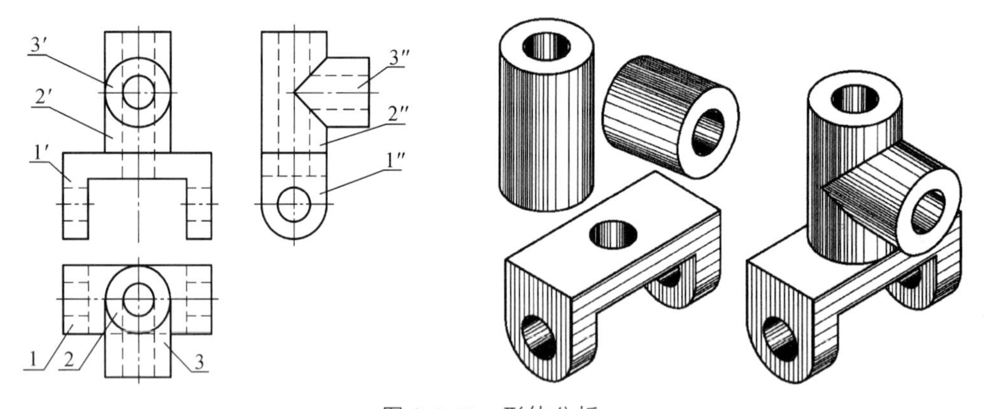

图 2-5-11　形体分析

例 2.5.5　如图 2-5-12 所示，已知主视图和俯视图，想象出物体的形状并补画左视图。

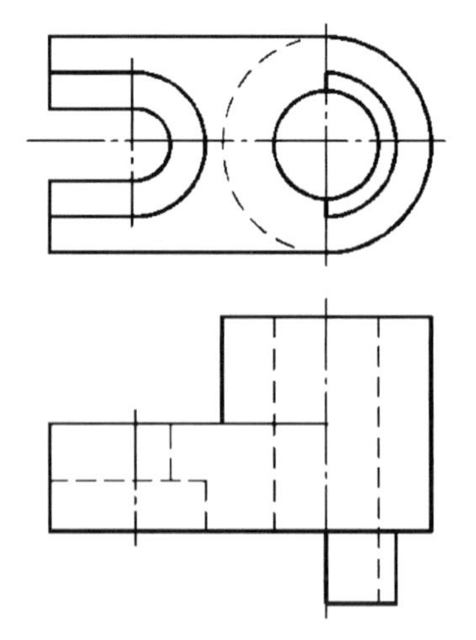

图 2-5-12　例 2.5.5

形体分析：

（1）想象基础形体。首先从俯视图读起，将俯视图分成 1、2、3 三部分，然后找出主视图上与之对应的 1′、2′、3′三部分。其中，Ⅰ的基本形体是圆柱体，Ⅱ的基本形体是长方体，Ⅲ的基本形体是半圆柱体，这三者的位置关系如图 2-5-13（a）所示。想象出各部分的基础形体后，画出其左视图。

（2）想象细节。想象出物体的基础形体后，再想象细节。由主视图和俯视图可以看出，形体Ⅰ和形体Ⅲ的圆柱体上钻了一个通孔，形体Ⅱ上切了一个阶梯环形槽，如图 2-5-13（b）所示。根据分析结果补画左视图中的细节，要注意图线的可见性。

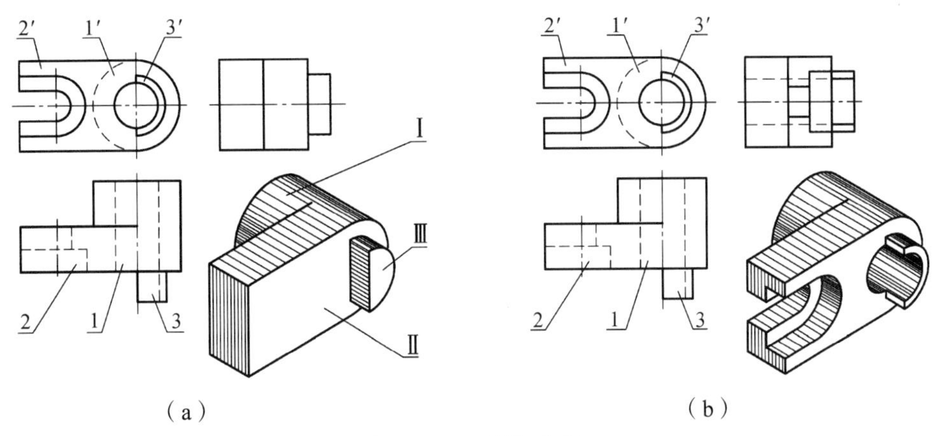

图 2-5-13　形体分析

任务实施

绘制如图 2-5-14 所示的支架的三视图。

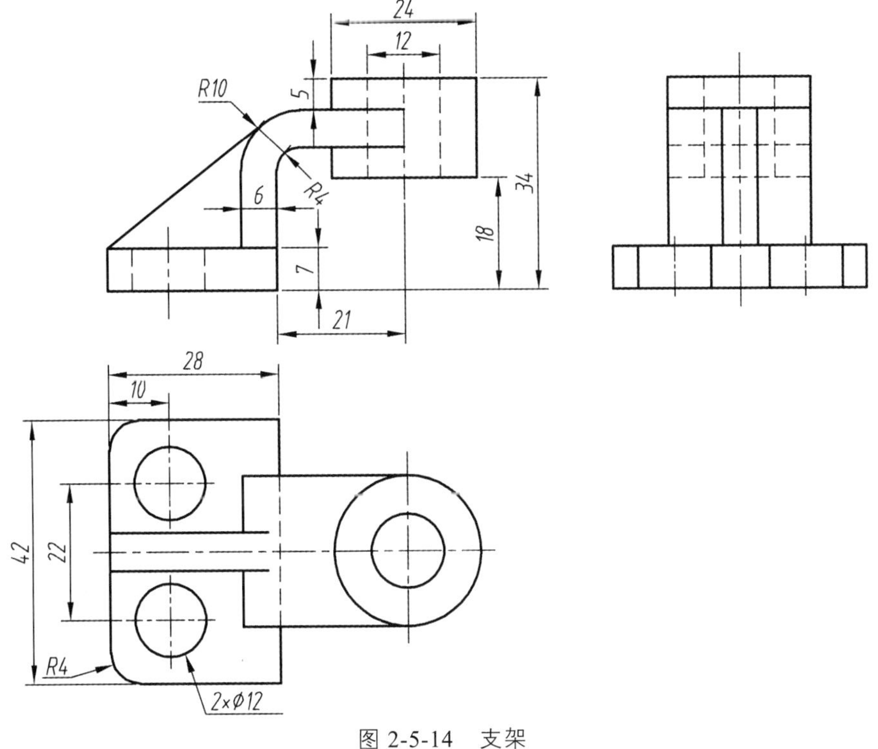

图 2-5-14　支架

对如图 2-5-14 所示的支架进行三维建模。

（1）模型的创建和保存：打开 Inventor 软件，在如图 2-5-15 所示的窗口中点击【零件】开始创建三维模型。

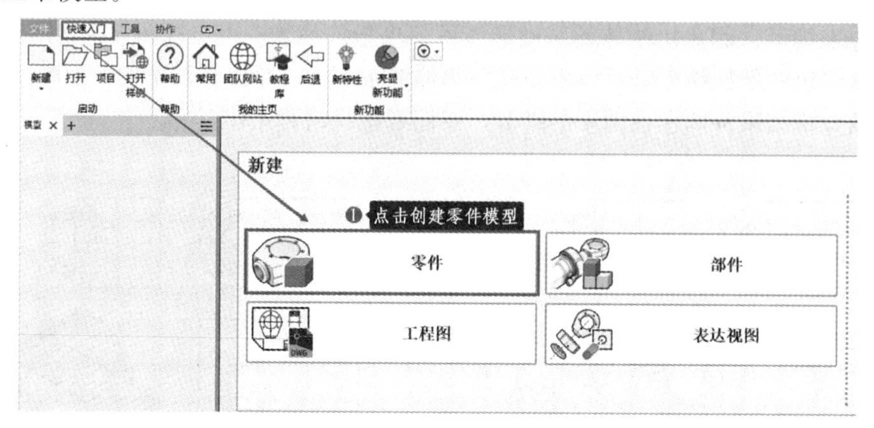

图 2-5-15　创建零件模型

点击窗口左上角【文件】，在如图 2-5-16（a）所示的菜单中，点击【保存】按钮将弹出如图 2-4-16（b）所示的对话框，设置完成后点击【保存】按钮，完成模型的保存。

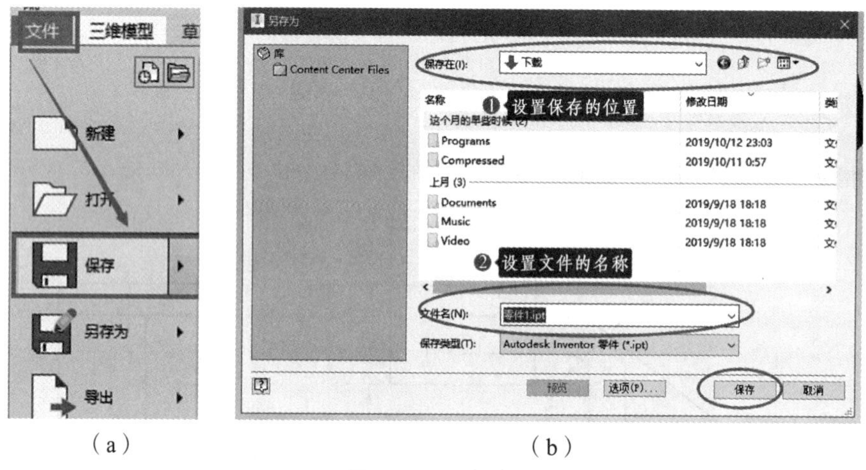

（a）　（b）

图 2-5-16　保存

（2）绘制底部草图并拉伸：点击【三维模型】菜单下的开始创建二维草图，在如图 2-5-17（a）中的坐标系中，选择水平的 *XZ* 平面作为草图平面，绘制关于 *X* 轴对称的矩形，如图 2-5-17（b）所示。拉伸后如图 2-5-15（c）所示。

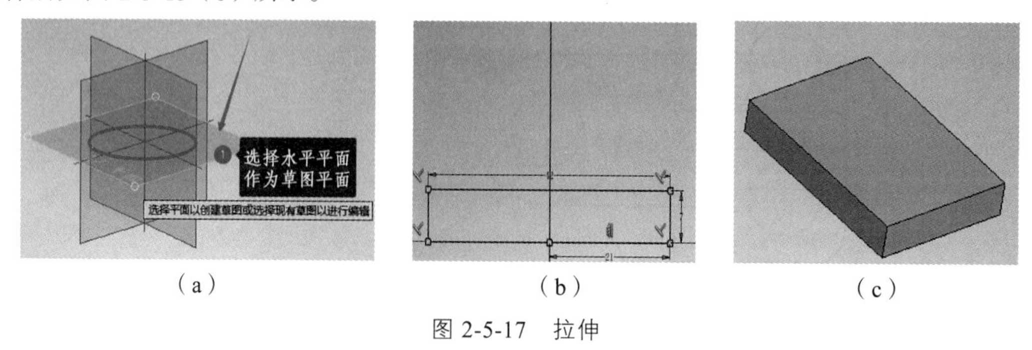

（a）　（b）　（c）

图 2-5-17　拉伸

（3）创建支架其余部分的拉伸特性：点击【原始坐标系】中的 *XY* 平面，点击创建草图如图 2-5-18（a）所示，拉伸完成后效果如图 2-5-18（b）所示。以同样的方法在 *XY* 平面绘制肋板的草图，完成拉伸，如图 2-5-18（c）所示。

在如图 2-5-18（d）所示的平面上建立草图并拉伸，得到的结果如图 2-5-18（e）所示。

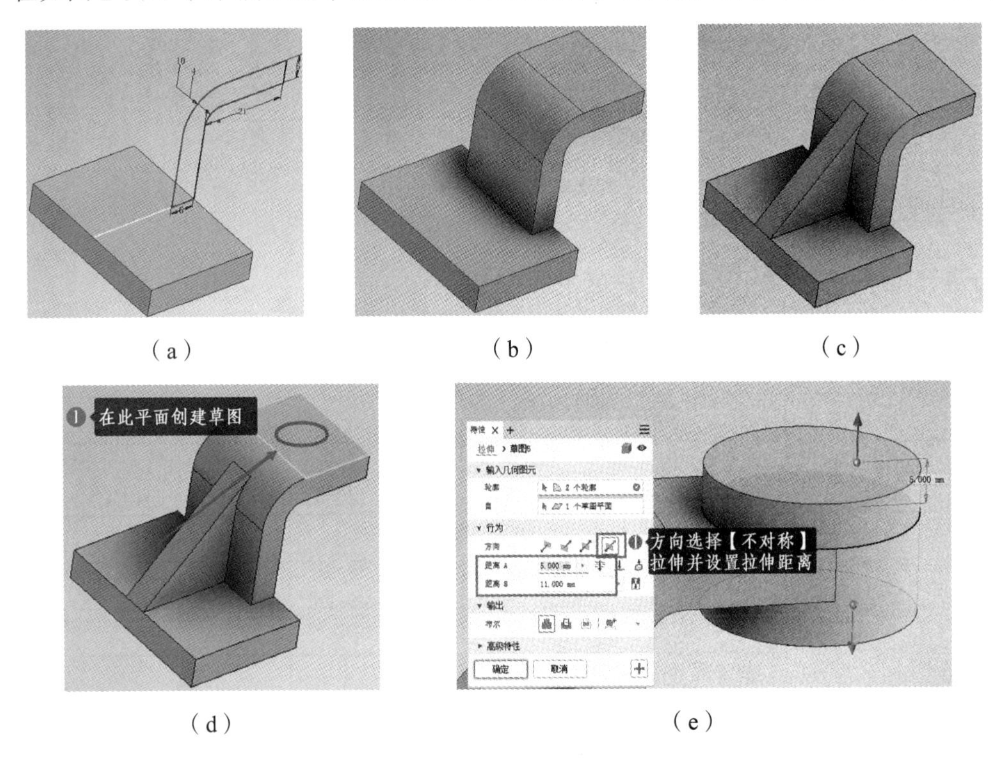

（a）　（b）　（c）

（d）　（e）

图 2-5-18　拉伸

（4）使用拉伸特性中的求差方式进行打孔：分别在需要打孔的表面建立草图并进行拉伸，结果如图 2-5-19 所示。

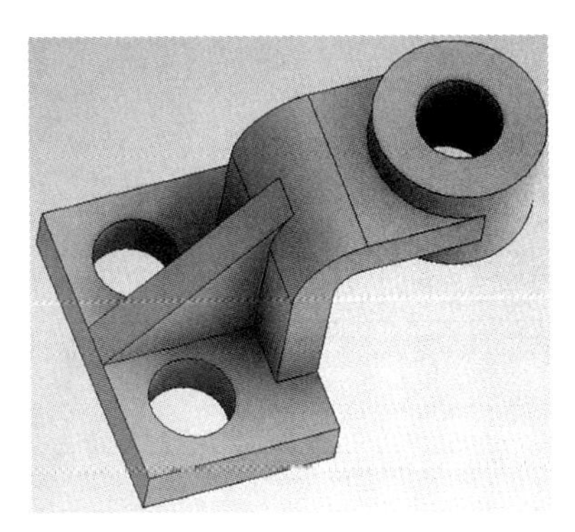

图 2-5-19　打孔

（5）对建立的模型倒圆角并设置材质和外观：点击【三维模型】菜单中的倒圆按钮，按照图 2-4-20 设置，点击【确定】完成倒角。

在窗口顶部 常规 默认 对所建立模型的材质和外观进行设置，在【视图】菜单中选择适当的视觉样式，最终效果如图 2-4-21 所示。

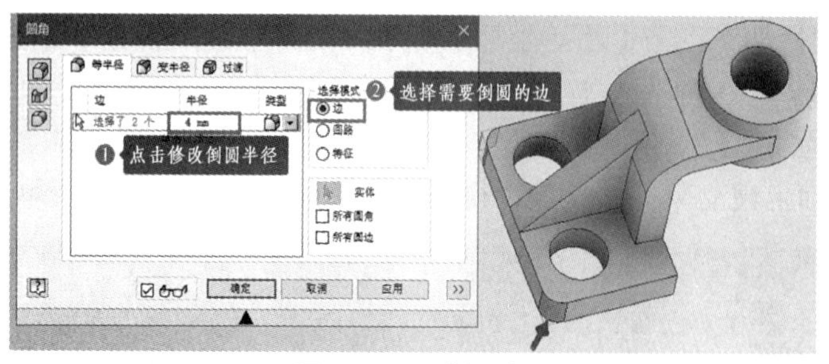

图 2-5-20　倒圆角

图 2-4-21　最终效果

任务评价

任务评价单见表 2-5-1。

表 2-5-1　任务评价单

<table>
<tr><td>任务</td><td colspan="7">绘制支架的三视图并建立其三维模型</td></tr>
<tr><td>班级</td><td></td><td>姓名</td><td>学号</td><td colspan="2"></td><td>日期</td><td></td></tr>
<tr><td rowspan="5">任务
评价</td><td>考评指标</td><td>考评标准</td><td>分值</td><td>自评
（20%）</td><td>小组评价
（40%）</td><td>教师评价
（40%）</td><td>实际
得分</td></tr>
<tr><td rowspan="2">任务实施</td><td>相关知识点掌握程度</td><td>40</td><td></td><td></td><td></td><td></td></tr>
<tr><td>完成任务的准确性</td><td>40</td><td></td><td></td><td></td><td></td></tr>
<tr><td rowspan="2">职业素养</td><td>出勤、道德、纪律、责任心</td><td>10</td><td></td><td></td><td></td><td></td></tr>
<tr><td>学习态度、团队分工合作</td><td>10</td><td></td><td></td><td></td><td></td></tr>
<tr><td colspan="3">合计</td><td></td><td></td><td></td><td></td><td></td></tr>
<tr><td>收获与体会</td><td colspan="7"></td></tr>
<tr><td>本组之星</td><td colspan="2"></td><td>亮点</td><td colspan="4"></td></tr>
<tr><td>组间互评</td><td colspan="7"></td></tr>
<tr><td>填表说明</td><td colspan="7">① 实际得分=自评×20%+小组评价×40%+教师评价×40%。
② 考评满分为 100 分，60 分以下为不及格，60～74 分为及格，75～84 分为良好，85 分及以上为优秀。
③“本组之星”可以是本次实训活动中的突出贡献者，也可以是进步最大者，同样可以是其他某一方面表现突出者。
④“组间互评”由评审团讨论后为各组给予的最终评价。评审团由各组组长组成，当各组完成实训活动后，各组长先组织本组组员进行商议，然后各组长将意见带至评审团，评价各组整体工作情况，将各组互评分数填入其中</td></tr>
</table>

任务六　绘制滑动轴承座的三视图并建立其三维模型

任务描述

轴承的主要功能是支撑机械旋转体，降低其运动过程中的摩擦系数，并保证其回转精度。轴承座是用来支撑轴承的。本任务将通过认识滑动轴承座机械图样并绘制其三维模型来掌握组合体的表达和尺寸标注方法。

任务目标

（1）熟悉组合体形体分析法。

（2）熟悉组合体三视图的表达方法和尺寸标注。

（3）能用 AutoCAD 绘制滑动轴承座的三视图。

（4）能对滑动轴承座进行三维建模。

相关理论知识点

知识点　组合体的尺寸标注

1. 基本几何体的尺寸标注

1）基本平面立体的尺寸标注

常见的基本平面立体的尺寸标注如图 2-6-1 所示。对于基本平面立体，其大小一般由长、宽、高三个方向的尺寸来确定。此外，对于常见的正六棱柱等正多边形，如果已知其两对边的距离，就可以计算出其外接圆的直径。因此，外接圆的直径是理论值，若要作为参考尺寸标注时，应将其放在括号内，如图 2-6-1（b）所示。

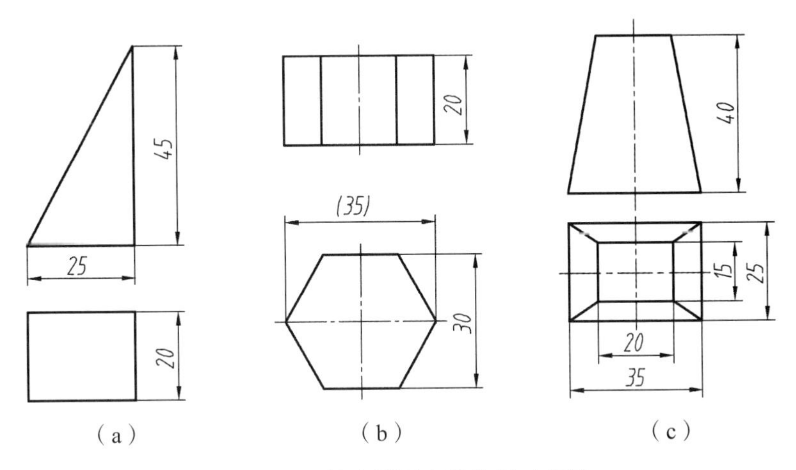

图 2-6-1　基本平面立体的尺寸标注

2）基本曲面立体的尺寸标注

常见的基本回转体的尺寸标注如图 2-6-2 所示。其中，圆柱体和圆锥体应标出径向和轴向两个方向尺寸，即标出高度和直径尺寸；球体只有一个方向的尺寸。对于其他回转体，除了径向和轴向的尺寸外，还应标出母线的定形尺寸。

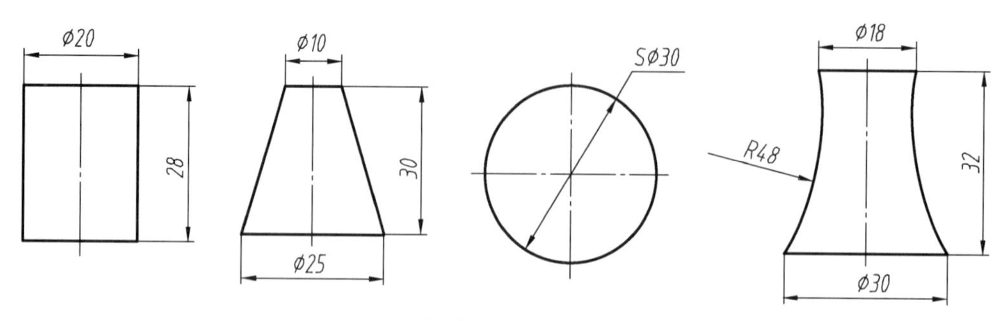

图 2-6-2　基本曲面立体的尺寸标注

2. 尺寸标注的基本要求

标注尺寸时除了要遵守国家标准的有关规定外，还要满足完整、正确、清晰、合理等要求。

1）完　整

完整，就是尺寸必须齐全，不允许有遗漏或重复标注的尺寸。如果遗漏尺寸，将使机件无法加工；重复标注同一个尺寸时，若尺寸互相矛盾，同样使零件无法加工，若尺寸互相不矛盾，也将使尺寸标注混乱，检验标准不统一，不利于看图。

此外，对于能通过已注尺寸计算出的尺寸为多余尺寸，不允许标注。但若必须标注时，应将尺寸数字放在括号内以供参考，如图 2-6-3 所示。

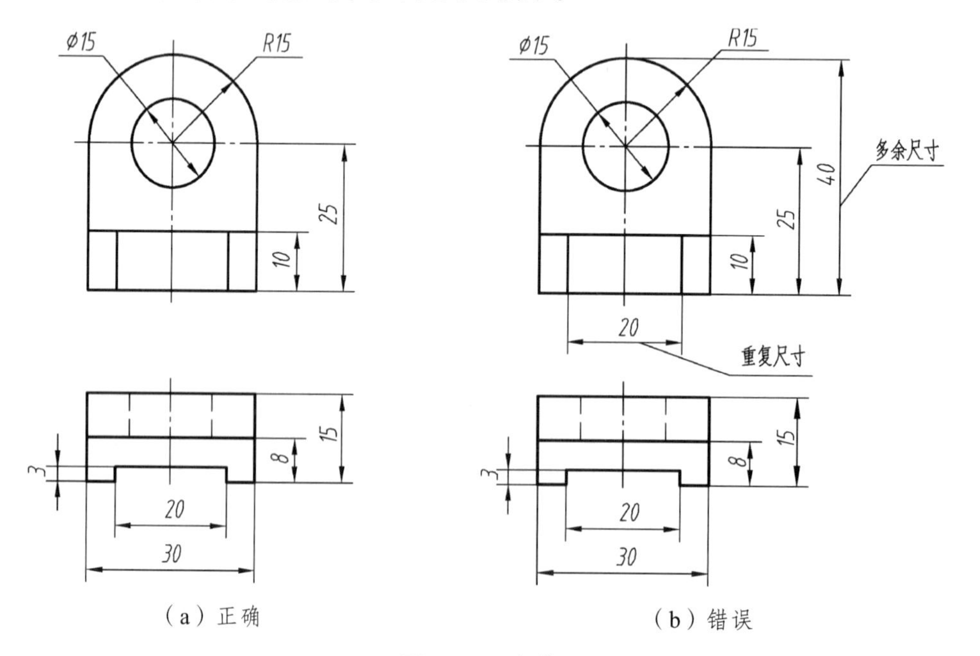

图 2-6-3　完整

2）正　确

正确，是指所标注尺寸的数值正确，标注方法符合国家标准的有关规定。

3）清　晰

所谓清晰，是指尺寸的布置要整齐、清晰，这不仅便于检查图形，也可以防止误读尺寸，在实际生产中有重要的意义。标注尺寸时应注意以下几点：

（1）尽可能把尺寸标注在视图的外面。

（2）应按“小尺寸在内，大尺寸在外”的原则布置尺寸，且尽量避免尺寸线和尺寸界线相互交叉，如图 2-6-4 所示。

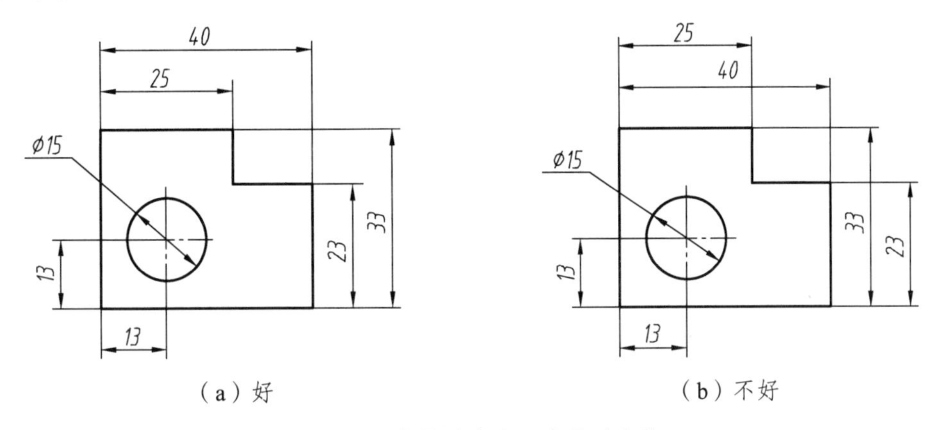

图 2-6-4　小尺寸在内，大尺寸在外

（3）与两个视图有关的尺寸尽量标注在两个视图之间。

（4）物体上同一形体的尺寸应尽可能集中标注在反映该形体特征最明显的视图上，并尽量避免在虚线上标注尺寸，如图 2-6-5 所示。

（5）圆弧的尺寸必须标注在投影为圆的视图上，如图 2-6-5 所示的尺寸 *R*9。

（6）同轴线柱面的直径尺寸最好标注在非圆视图上，如图 2-6-5 所示的尺寸 *ϕ* 30 和 *ϕ* 40。

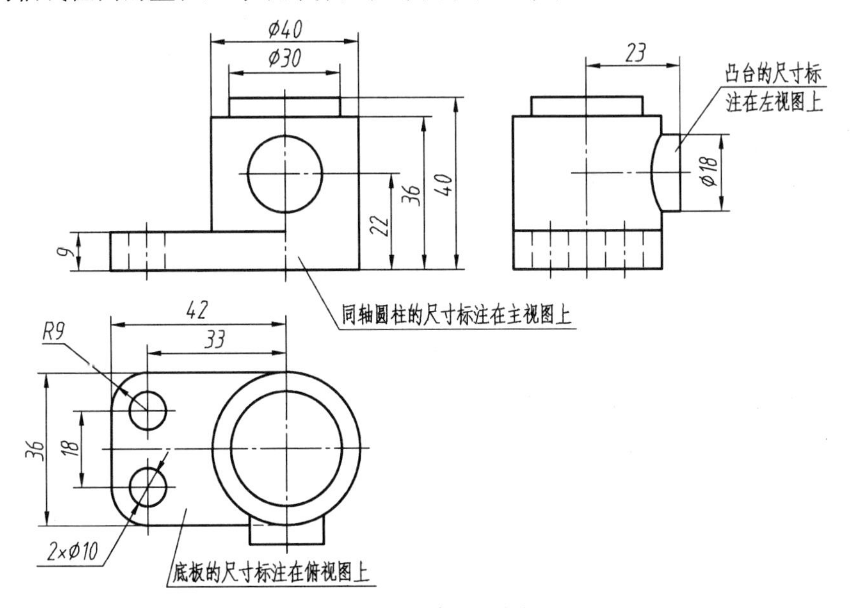

图 2-6-5　标注尺寸

4）合　理

合理，是指所标注的尺寸要符合加工和测量的要求。如图 2-6-6（b）所示的轴套，其轴向尺寸 5 则不方便测量。

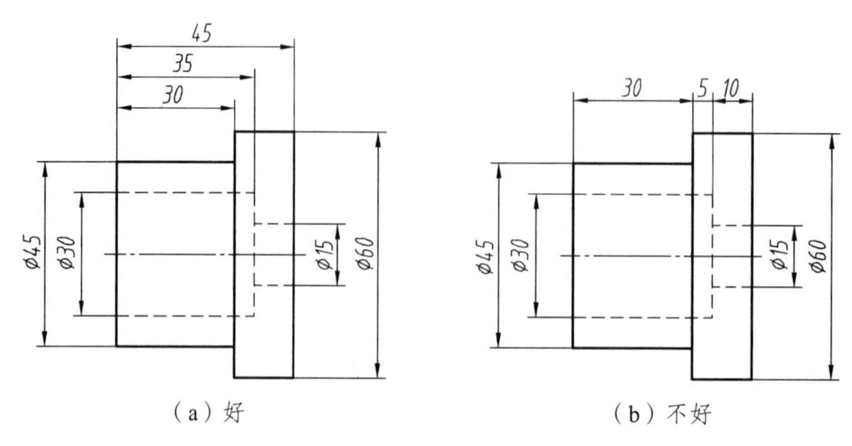

（a）好　　（b）不好

图 2-6-6　标注尺寸

3. 尺寸分类和尺寸基准

1）尺寸分类

按尺寸所起的作用，可将其分为 3 类：定形尺寸、定位尺寸和总体尺寸。其中，确定基本形体形状和大小的尺寸称为定形尺寸；确定基本形体之间相互位置的尺寸称为定位尺寸；确定物体的总长、总宽、总高的尺寸称为总体尺寸。

标注尺寸时，应先按形体分析法标注出各基本形体的定形尺寸，再标注确定各基本形体间相互位置的定位尺寸，最后根据组合体的结构特点标注出总体尺寸。

2）尺寸基准

标注基本形体的定位尺寸时所依据的几何要素称为尺寸基准。组合体长、宽、高三个方向上至少各有一个基准。标注定位尺寸时，首先要考虑基准问题，通常将对称平面、回转曲面的轴线或物体上较大的底面、端面等作为尺寸基准，同一方向上的尺寸基准应尽量统一，这一原则称为“基准统一原则”。

如图 2-6-7 所示，该图形是由底板、立板和三棱柱肋板 3 部分组成，各部分尺寸分析如下：

（1）底板的定形尺寸是 55、34、10 和 $R10$，底板的底面和后面是高度和宽度方向的基准，对称轴是长度方向的基准。底板上两个孔的定形尺寸是 ϕ 10，定位尺寸是 24 和 35，确定孔的位置所依据的基准是后面和对称轴。

（2）立板的定形尺寸是 $R16$、ϕ 14，立板的后面是宽度尺寸基准，对称轴是长度尺寸基准。主视图中的尺寸 34 既是立板的高度定位尺寸，也是 ϕ 14 孔的高度定位尺寸。

（3）三棱柱肋板的定形尺寸是 12、13、10，不需要定位尺寸。

需要注意的是，底板上的尺寸 $R10$ 虽然可以由 55 和 35 计算得出，但前提是 $R10$ 的圆弧和 ϕ 10 的孔同心，所以 $R10$ 必须标注出来，并且按国家标准规定不标注圆角的数目。

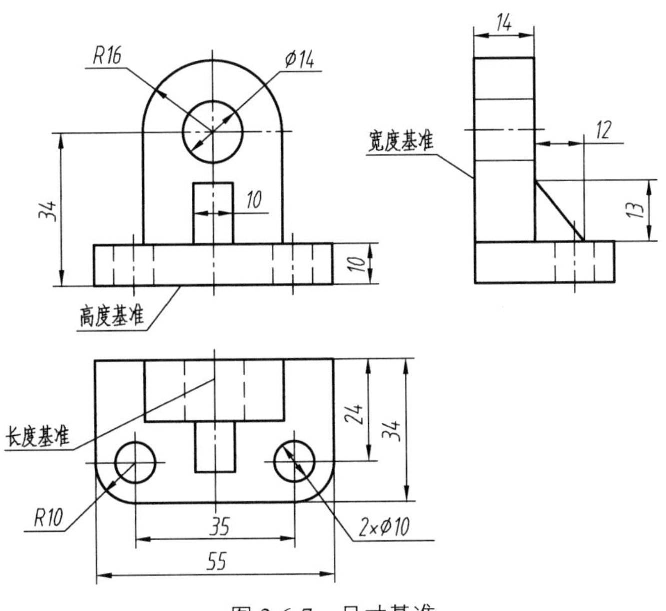

图 2-6-7　尺寸基准

4. 具有截交线和相贯线的组合体的尺寸标注

当组合体上有交线时，特别注意不要直接在交线上注尺寸，而应该标注形成交线的基本形体的定形尺寸和定位尺寸。具有截交线的组合体，除了要标注基本体的尺寸外，还需要标出截平面的定位尺寸。当截平面与组合体的相对位置确定后，截交线的形状和尺寸已完全确定，因此截交线上不需要标注尺寸。

如图 2-6-8（a）所示，尺寸 20、33 和 6 是确定截平面位置的尺寸。图 2-6-8（b）所示为最常见的错误标注，希望引起读者注意。

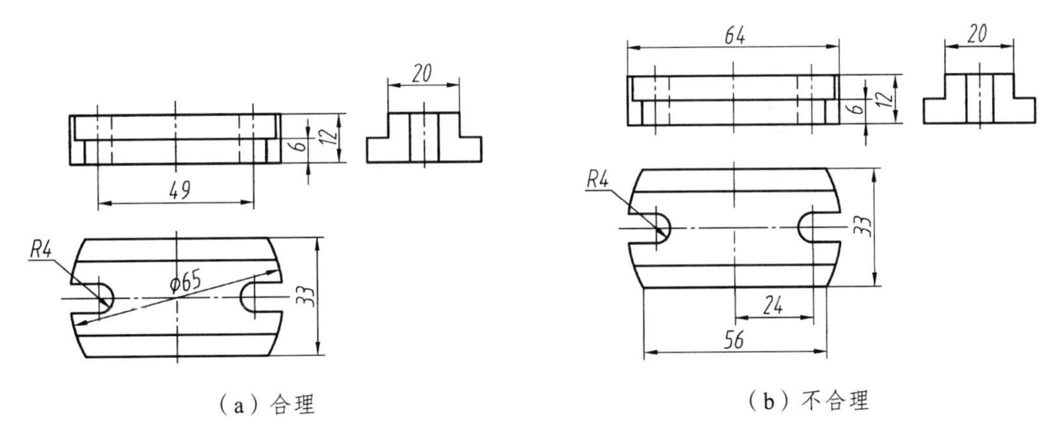

图 2-6-8　尺寸标注

相贯线是由两立体相交后自然形成的，对于具有相贯线的组合体，只需标注出参与相贯的回转体的定形尺寸和确定它们间相互位置的定位尺寸即可，不应标注相贯线的定形尺寸。

此外，为了确保装配的可靠性，图 2-6-9（a）中 ϕ 40 的半圆需标注直径尺寸，因为这个孔在加工时要和一个机件固定在一起加工，另一机件上也有一个 ϕ 40 的半圆孔。

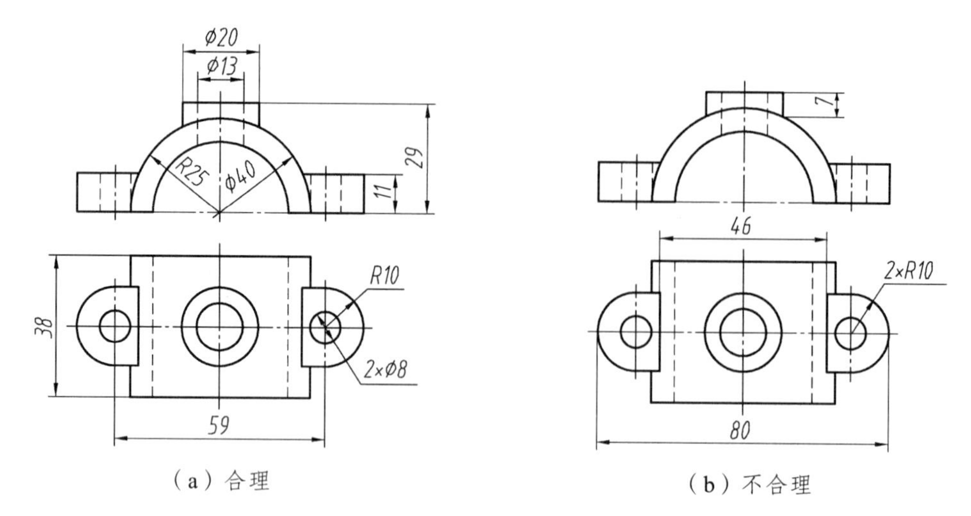

图 2-6-9　尺寸标注

任务实施

正确、完整地绘制如图 2-6-10 所示的滑动轴承座的机械图样。

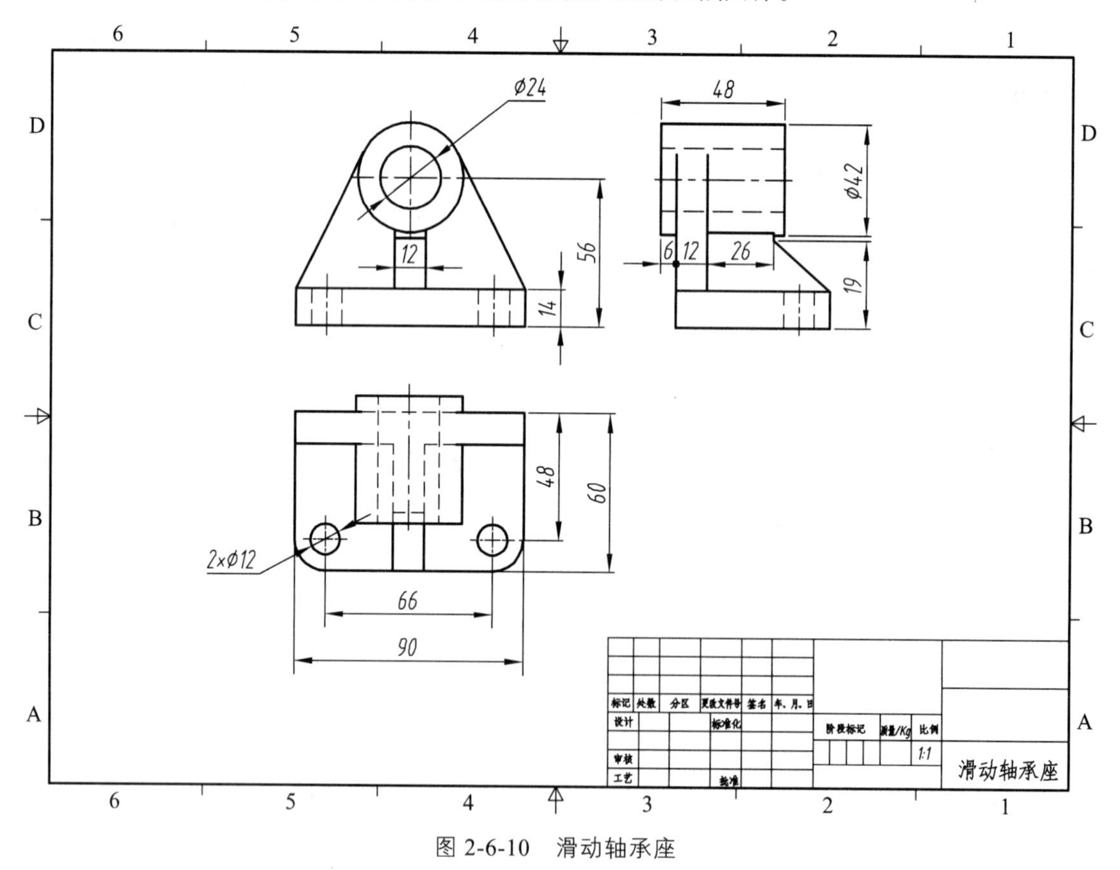

图 2-6-10　滑动轴承座

对如图 2-6-10 所示的滑动轴承座进行三维建模。

（1）双击 Inventor 软件，进入主界面后，单击【新建】按钮，如图 2-6-11 所示。

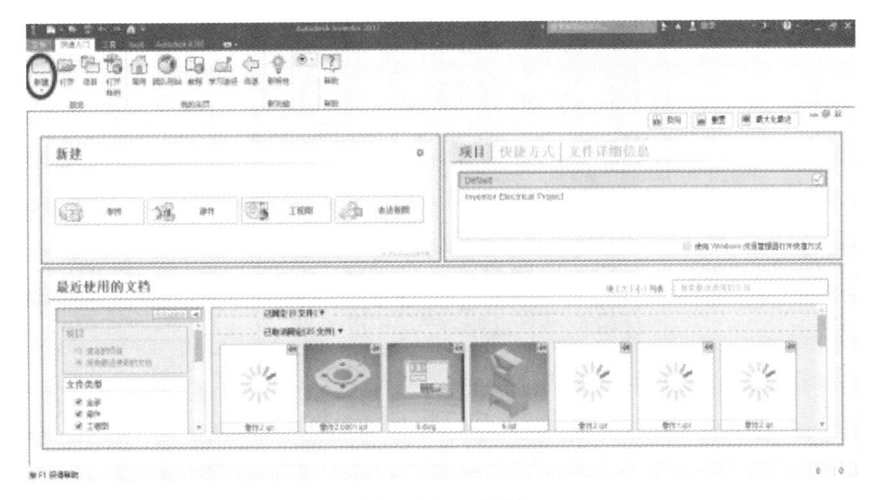

图 2-6-11　新建

（2）单击 Standard.ipt，当图标变为灰底时单击创建，如图 2-6-12 所示。

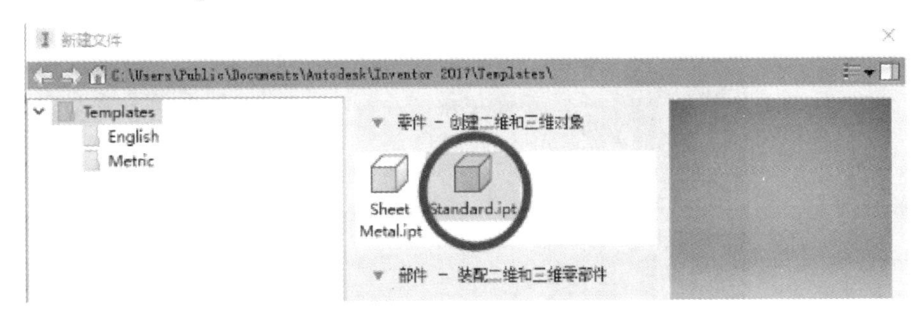

图 2 6 12　第（2）步

（3）进入主界面后，单击【开始创建二维草图】，如图 2-6-13 所示。

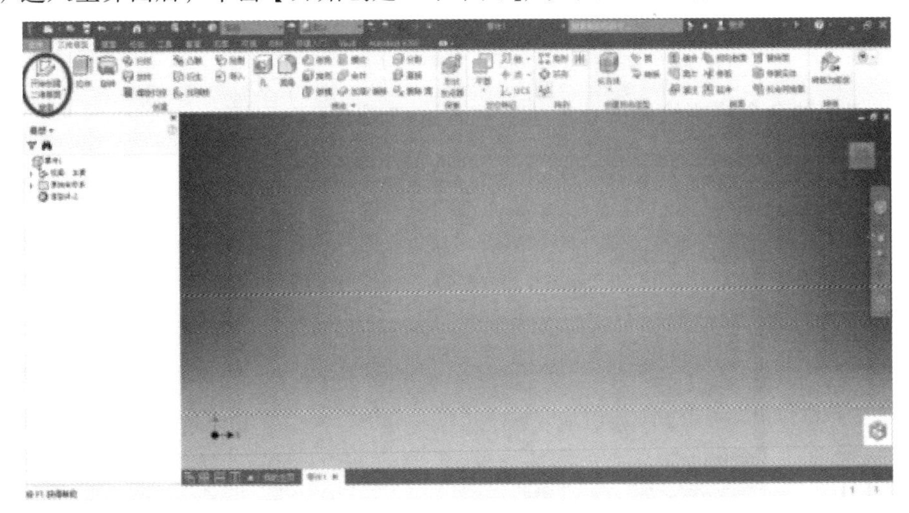

图 2-6-13　第（3）步

（4）进入界面后选择任意平面并单击，开始绘制二维草图。这里选择的是 *XZ* 平面，如图 2-6-14 所示。

图 2-6-14　第（4）步

（5）根据已经学习过的命令，按照尺寸要求绘制并完成草图。图中可能会使用倒圆命令，如图 2-6-15 所示。

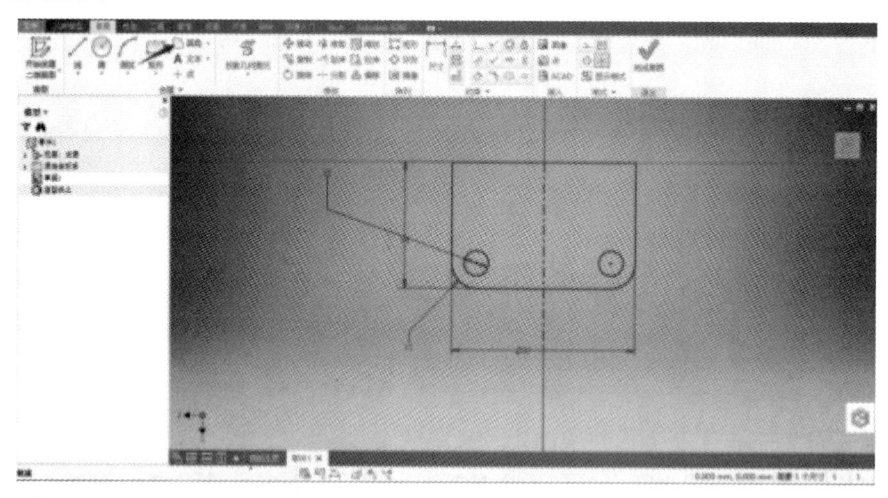

图 2-6-15　第（5）步

（6）使用拉伸命令将刚绘制的草图进行拉伸，如图 2-6-16 所示。

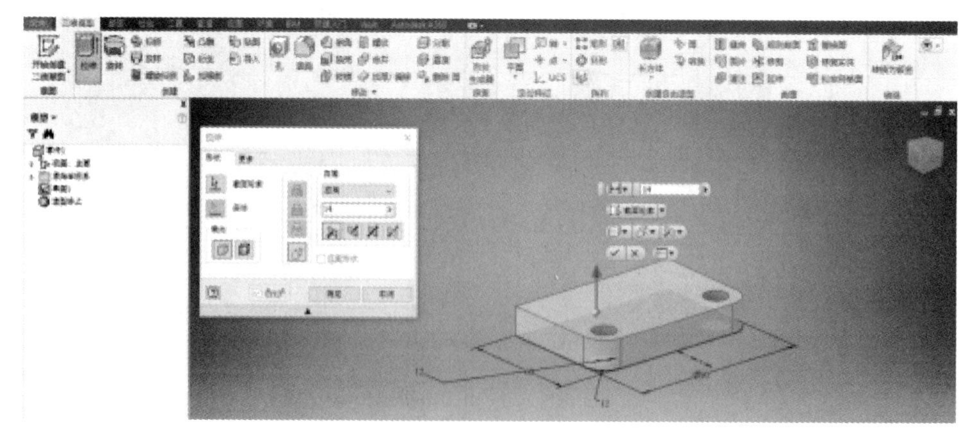

图 2-6-16　拉伸

（7）在图中箭头所指面新建草图，如图 2-6-17 所示。

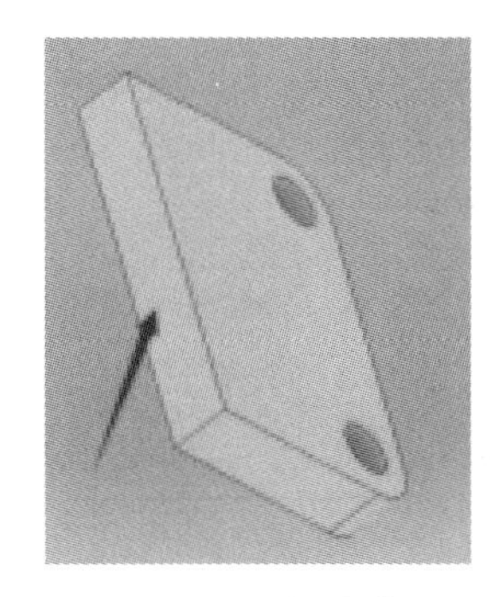

图 2-6-17　新建草图

（8）根据已经学习过的命令，按照尺寸要求绘制并完成草图，如图 2-6-18 所示。

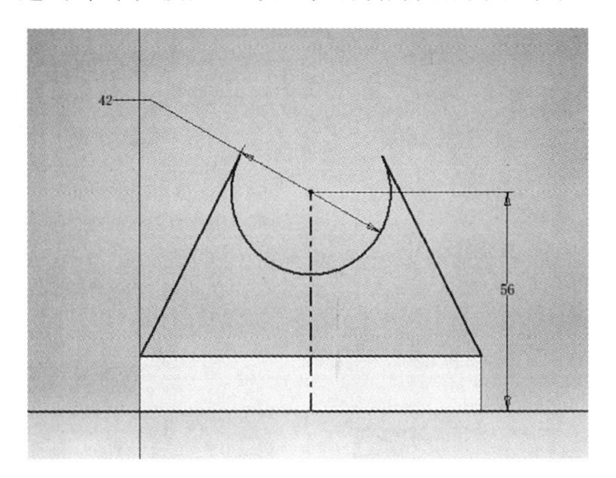

图 2-6-18　完成草图

（9）使用拉伸命令将刚绘制的草图进行拉伸，如图 2-6-19 所示。

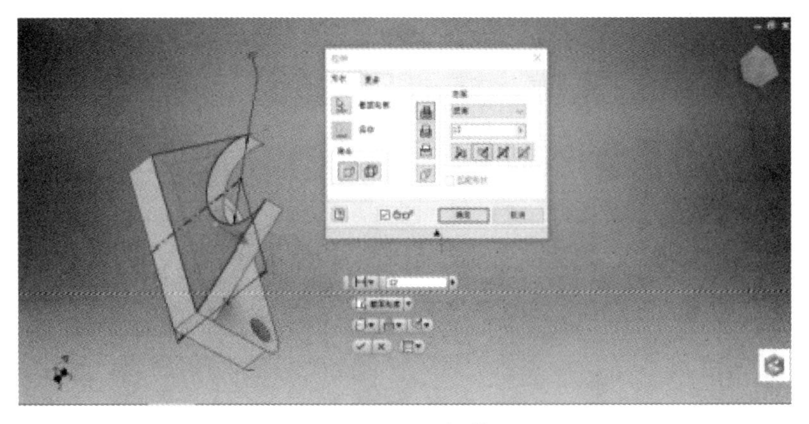

图 2-6-19　拉伸

（10）在刚才新建平面的地方再次新建平面，并完成草图绘制，如图 2-6-20 所示。

（11）使用拉伸命令，此时在拉伸方向中选择不对称方向（箭头所指位置）。输入合适的尺寸后确定，如图 2-6-21 所示。

（12）如图 2-6-22 所示，新建平面，按照尺寸要求绘制并完成草图。

（13）使用拉伸命令将刚绘制的草图进行拉伸，如图 2-6-23 所示。

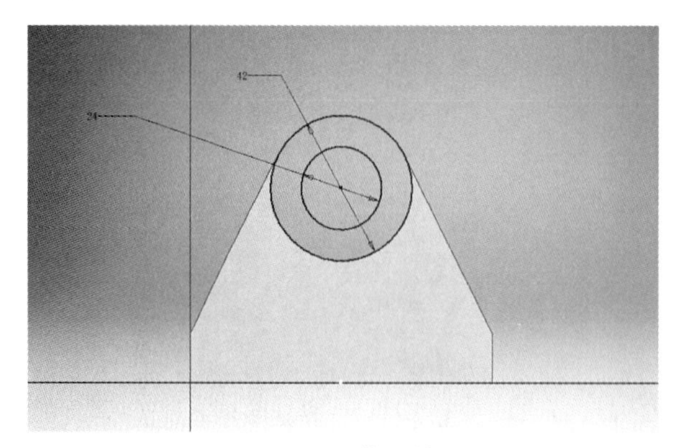

图 2-6-20　草图绘制

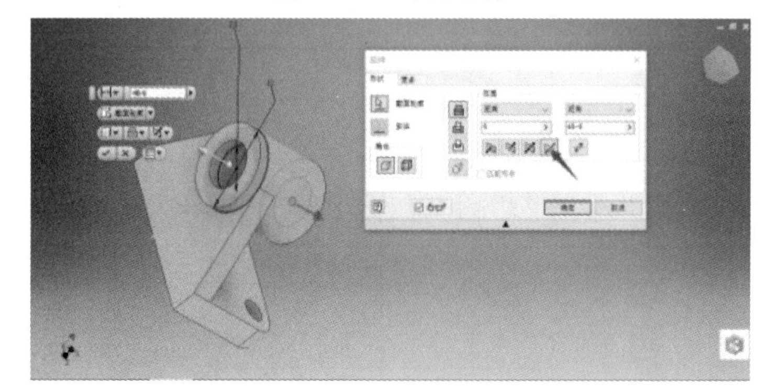

图 2-6-21　拉伸

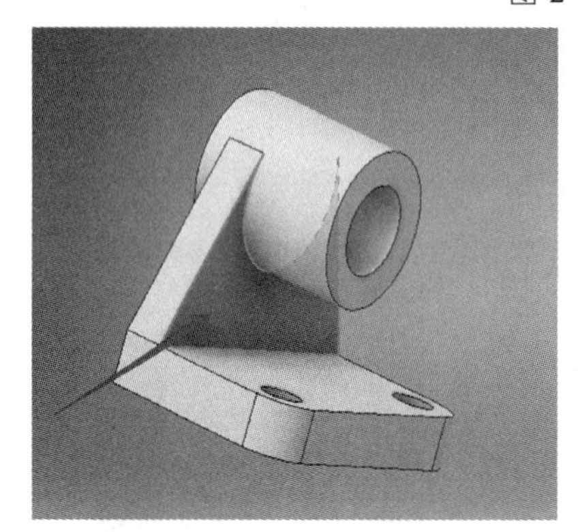

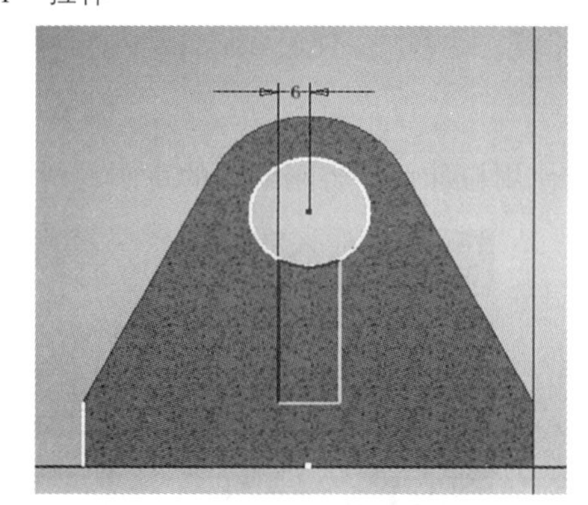

图 2-6-22　草图绘制

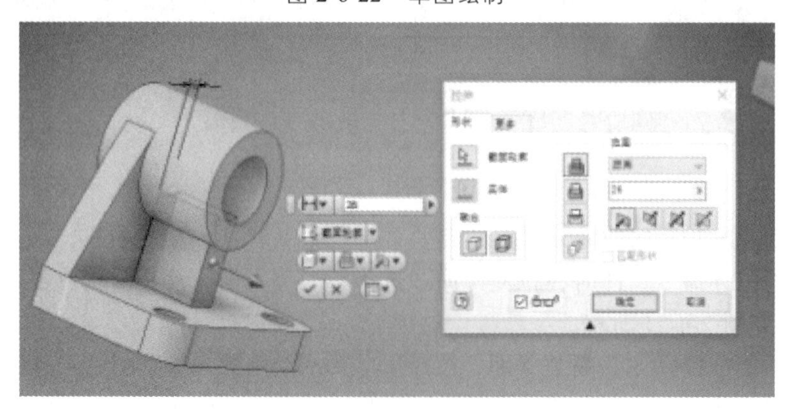

图 2-6-23　拉伸

（14）如图 2-6-24 所示，新建平面，按照尺寸要求绘制并完成草图。

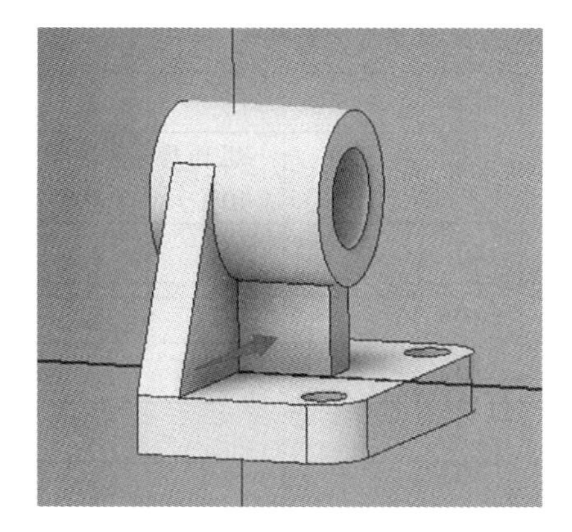
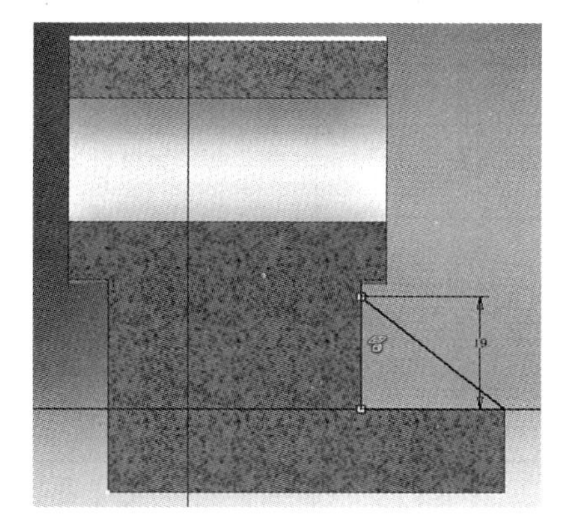

图 2-6-24　草图绘制

（15）使用拉伸命令将刚绘制的草图进行拉伸，如图 2-6-25 所示。

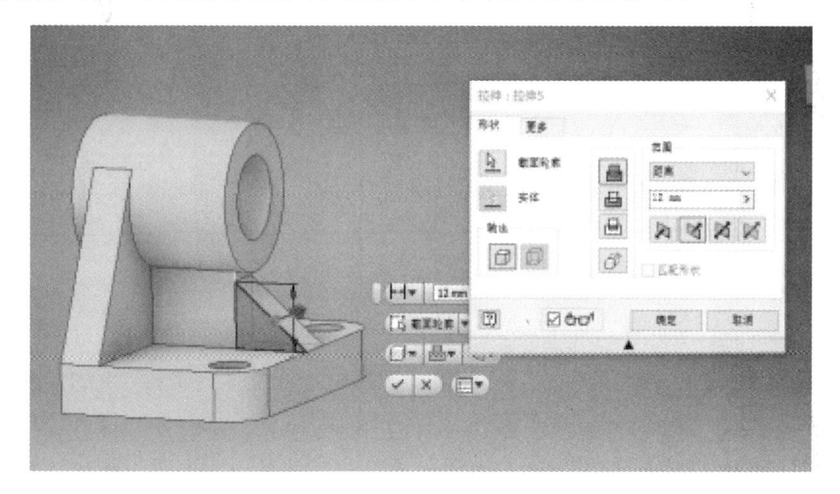

图 2-6-25　拉伸

（16）检查细节，完成后的滑动轴承轴承座三维模型如图 2-6-26 所示。

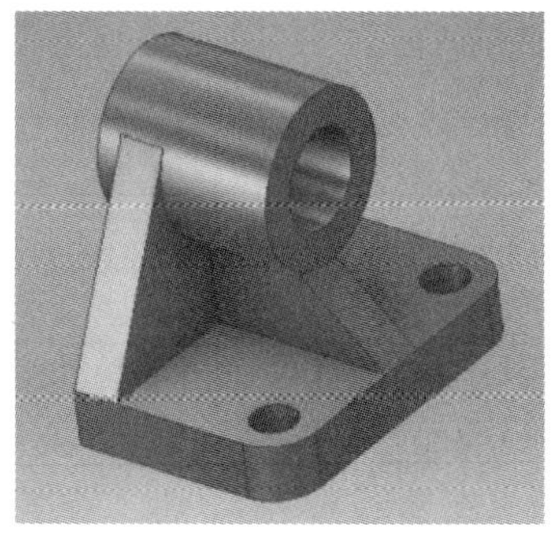

图 2-6-26　三维模型

任务评价

任务评价单见表 2-6-1。

表 2-6-1　任务评价单

<table>
<tr><td>任务</td><td colspan="9">绘制滑动轴承座的三视图并建立其三维模型</td></tr>
<tr><td>班级</td><td></td><td>姓名</td><td></td><td>学号</td><td colspan="2"></td><td>日期</td><td colspan="2"></td></tr>
<tr><td rowspan="5">任务评价</td><td colspan="2">考评指标</td><td>考评标准</td><td>分值</td><td>自评（20%）</td><td>小组评价（40%）</td><td colspan="2">教师评价（40%）</td><td>实际得分</td></tr>
<tr><td colspan="2" rowspan="2">任务实施</td><td>相关知识点掌握程度</td><td>40</td><td></td><td></td><td colspan="2"></td><td></td></tr>
<tr><td>完成任务的准确性</td><td>40</td><td></td><td></td><td colspan="2"></td><td></td></tr>
<tr><td colspan="2" rowspan="2">职业素养</td><td>出勤、道德、纪律、责任心</td><td>10</td><td></td><td></td><td colspan="2"></td><td></td></tr>
<tr><td>学习态度、团队分工合作</td><td>10</td><td></td><td></td><td colspan="2"></td><td></td></tr>
<tr><td colspan="4">合计</td><td></td><td></td><td></td><td colspan="2"></td><td></td></tr>
<tr><td colspan="2">收获与体会</td><td colspan="8"></td></tr>
<tr><td colspan="2">本组之星</td><td colspan="2"></td><td>亮点</td><td colspan="5"></td></tr>
<tr><td colspan="2">组间互评</td><td colspan="8"></td></tr>
<tr><td colspan="2">填表说明</td><td colspan="8">①实际得分=自评×20%+小组评价×40%+教师评价×40%。
②考评满分为100分，60分以下为不及格，60～74分为及格，75～84分为良好，85分及以上为优秀。
③“本组之星”可以是本次实训活动中的突出贡献者，也可以是进步最大者，同样可以是其他某一方面表现突出者。
④“组间互评”由评审团讨论后为各组给予的最终评价。评审团由各组组长组成，当各组完成实训活动后，各组长先组织本组组员进行商议，然后各组长将意见带至评审团，评价各组整体工作情况，将各组互评分数填入其中</td></tr>
</table>

项目三　机械零件的表达

【项目概述】

机械零件的表达是为机器零件的详细结构形状、尺寸大小和技术要求提供直观的、规范的参考依据，从而应用于加工、检验和生产机器零件。本项目将围绕轴套、支座、减速器从动轴、齿轮泵主动轴的 CAD 三维建模和生成二维图纸的操作，重点介绍剖视图、断面图、局部放大图、螺纹及齿轮的相关知识和绘图方法。

【学习目标】

1. 知识目标

（1）掌握机件视图的概念及画法。
（2）掌握剖视图画法及标注方法，能选用适当的剖视图形状表达物体形状。
（3）掌握断面图、局部放大视图画法及标注方法。
（4）掌握螺纹的结构特点和规定的画法，能完成齿轮的规定画法。

2. 能力目标

（1）培养学生根据机件的结构特点，能正确、灵活使用适当的视图表达物体形状的能力。
（2）培养学生的空间想象能力，掌握机械图样转化为三维模型的能力。
（3）培养学生的观察能力、分析问题和解决问题的能力。

3. 职业素养

（1）培养学生细致、严谨、一丝不苟的科学态度。
（2）培养学生能注重工作效率、积极主动发现问题和解决问题的能力。
（3）培养学生独立思考和团队协作的习惯。

【项目实施】

任务一　绘制轴套图样并建立其三维模型

任务描述

轴套是套在转轴上，在机器中可起支承、定位、导向或保护轴作用的机件。本任务将通过完成对轴套工程图样的绘制和三维建模，认识轴套零件的结构和作用，加深对剖视图相关知识的理解。

任务目标

（1）掌握剖视图的概念及特点。
（2）能对零件进行正确的剖视表达和标注。
（3）能正确进行轴套的图样绘制和三维建模。

相关理论知识点

知识点一　视图的概念及分类

1. 基本视图

用正投影法绘制的物体的图形称为视图，零件向基本投影面投射得到的视图称为基本视图。它是在三视图（主视图、俯视图、左视图）的基础上增加所得，如图 3-1-1 所示。

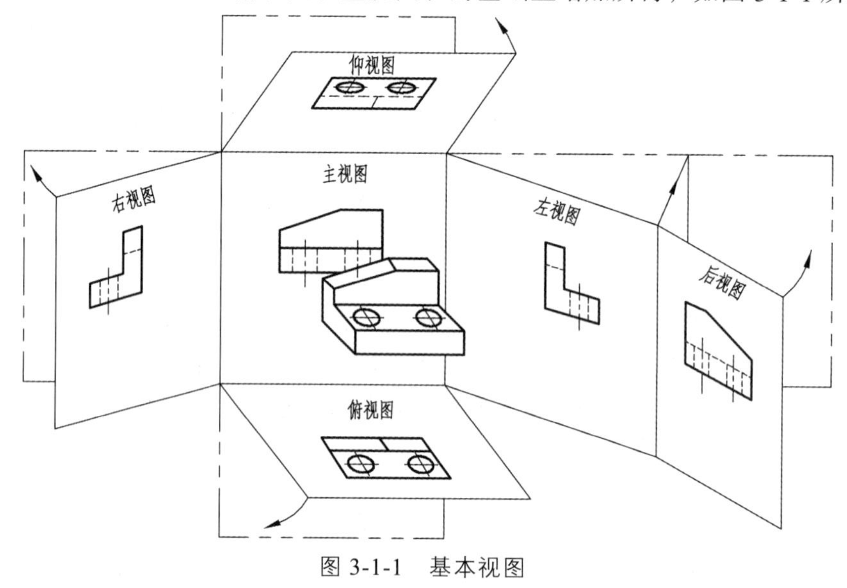

图 3-1-1　基本视图

2. 向视图

可自由配置的基本视图称为向视图。画向视图时，应在视图上方标出视图的名称“×”，同时在相应的视图附近用箭头指明投射方向，并注上相同的字母，如图 3-1-2 所示。

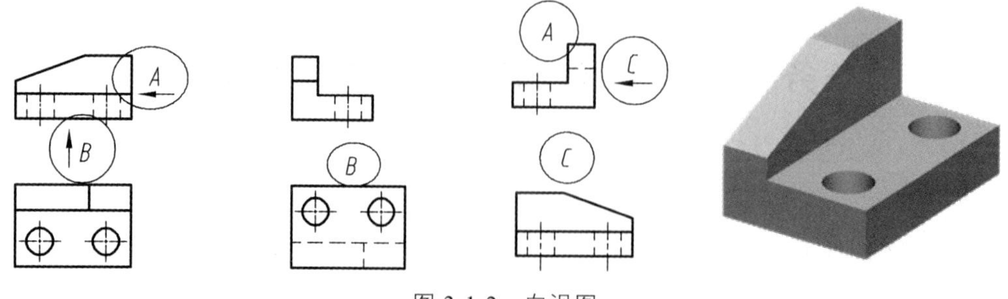

图 3-1-2　向视图

3. 局部视图

将物体的某一部分向基本投影面投射所得的视图称为局部视图。局部视图中应用带字母的箭头指明要表达的部位和投射方向，并注明视图名称；局部视图的范围用波浪线表示；当表示的局部结构是完整的且外轮廓封闭时，波浪线可省略，如图 3-1-3 所示；局部视图可按基本视图的配置形式配置，也可按向视图的配置形式配置。

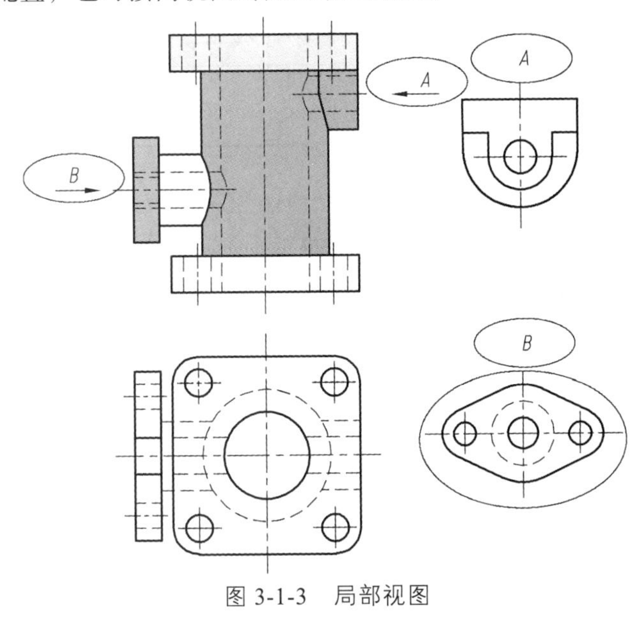

图 3-1-3　局部视图

4. 斜视图

物体向不平行于基本投影面的平面投射所得的视图称为斜视图。当物体的表面与投影面成倾斜位置时，其投影不反映实形。这时候增设一个与倾斜表面平行的辅助投影面（该投影面应垂直于一基本投影面），将倾斜部分向辅助投影面投射，如图 3-1-4 所示。

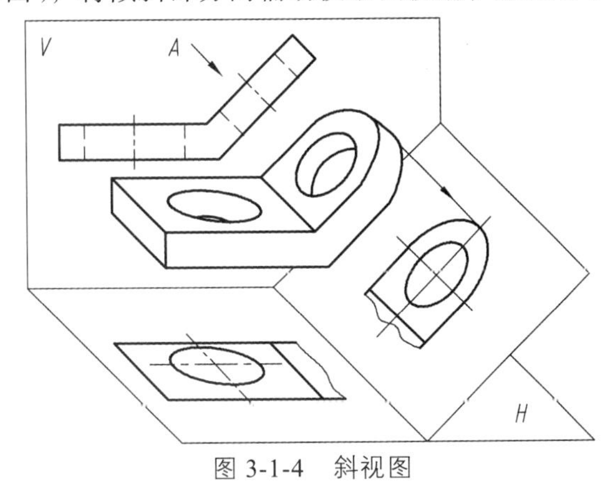

图 3-1-4　斜视图

知识点二　剖视图的概念及画法

1. 剖视图的概念

若机件的内部形状比较复杂时，图上的虚线较多，可能和外形轮廓线重叠，这既不利于读图，也不便于标注尺寸。假想用剖切平面剖开机件，将处于观察者和剖切平面之间的部分移去，而将剩余部分向投影面投影，所得到的图形，称为剖视图，如图 3-1-5 所示。

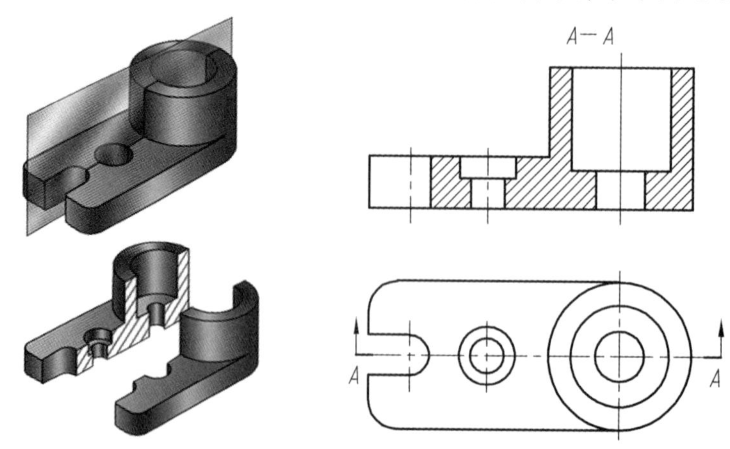

图 3-1-5　剖视图

2. 剖视图的画法

（1）确定剖切平面的位置：剖切平面一般应通过物体内部孔、槽等对称面或轴线，且使其平行或垂直于某一投影面，以使剖切后孔、槽的投影反映实形。

（2）画剖视图的投影：必须对剖切后余下的全部形体进行投影，特别要注意不能漏线。

假想剖切：物体是假想被剖切面剖开的，剖切后的状态仅反映在相应的剖视图上，并不影响其他视图的绘制。

虚线处理：剖视图中，零件后部的不可见轮廓线（虚线）一般省略不画，只有对尚未表达清楚的结构，才用虚线画出。

（3）剖面符号的画法及规定：剖视图中，剖面区域一般应画出剖面符号，以区分机件上被剖切到的实体部分和未剖切到的空心部分。根据各种机件所使用的不同材料，制图标准规定了各种材料的剖面符号。部分材料的剖面符号见表 3-1-1。

表 3-1-1　剖面符号

<table>
<tr><th colspan="2">材料</th><th>剖面符号</th><th>材料</th><th>剖面符号</th><th>材料</th><th>剖面符号</th></tr>
<tr><td colspan="2">金属材料（已有规定剖面符号者除外）</td><td></td><td>线圈绕组元件</td><td></td><td>砖</td><td></td></tr>
<tr><td colspan="2">非金属材料（已有规定剖面符号者除外）</td><td></td><td>转子、电枢、变压器和电抗器等的叠钢片</td><td></td><td>混凝土</td><td></td></tr>
<tr><td rowspan="2">木材</td><td>纵剖面</td><td></td><td>型砂、填沙、砂轮、陶瓷及硬质合金刀基础片、粉末冶金等</td><td></td><td>钢筋混凝土</td><td></td></tr>
<tr><td>横剖面</td><td></td><td>液体</td><td></td><td>基础周围的泥土</td><td></td></tr>
<tr><td colspan="2">玻璃及供观察用的其他透明材料</td><td></td><td>木质胶合板（不分层数）</td><td></td><td>格网（筛网、过滤网等）</td><td></td></tr>
</table>

不需要在剖面区域中表示材料的类别时，可采用通用剖面线表示。通用剖面线应以适当角度的细实线绘制，最好与主要轮廓线或剖面区域的对称线成45°角。若需要在剖面区域中表示材料的类别时，则应采用国家标准规定的剖面符号。对同一机件，在它的各个剖视图和断面图中，所有剖面线的倾斜方向应一致，间隔要相同，如图3-1-6所示。

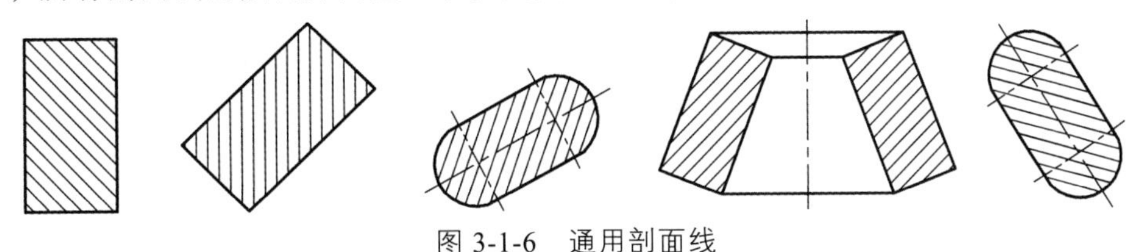

图 3-1-6　通用剖面线

一般在剖视图的上方标注剖视图的名称为“*A—A*”“*B—B*”“*C—C*”等，在相应的视图上用剖切符号（长5~10 mm的粗实线）表示，在剖切符号的起、迄及转折处用箭头表示，并注上同样的字母，如图3-1-7所示。

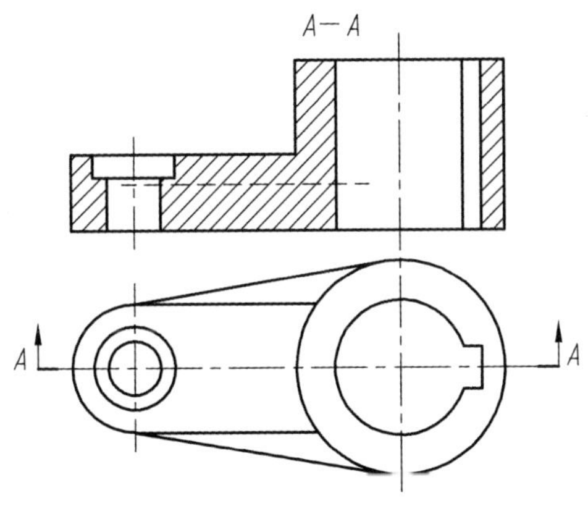

图 3-1-7　剖视图的标注

当剖视图按投影关系配置，中间又没有其他图形隔开时，可以省略箭头。当剖切平面与机件的对称面重合，剖视图按投影关系配置，中间又没有其他图形隔开时，可省略标注。

知识点三　剖视图的分类——全剖视图

剖视图分为全剖视图、半剖视图和局部剖视图，下面重点介绍全剖视图。

用剖切平面完全地剖开零件，所得到的剖视图就称为全剖视图。前面的各剖视图例均为全剖视图。全剖视图主要适用于外形简单或已有图形表达清楚、内部结构需要表达或较为复杂的零件。

如图3-1-8所示的零件，其内孔为阶梯孔。从立体图上看，剖开后的剖面处是断开的，但阶梯孔的后面还有半个环形柱面，因此剖视图中阶梯孔台阶面的投影是连续的。孔与孔的相贯线也是同样的道理，剖开后的相贯线为粗实线，如图3-1-8所示。

任务实施

（1）轴套的零件图绘制。

使用AutoCAD完成如图3-1-9所示的轴套的图样绘制。

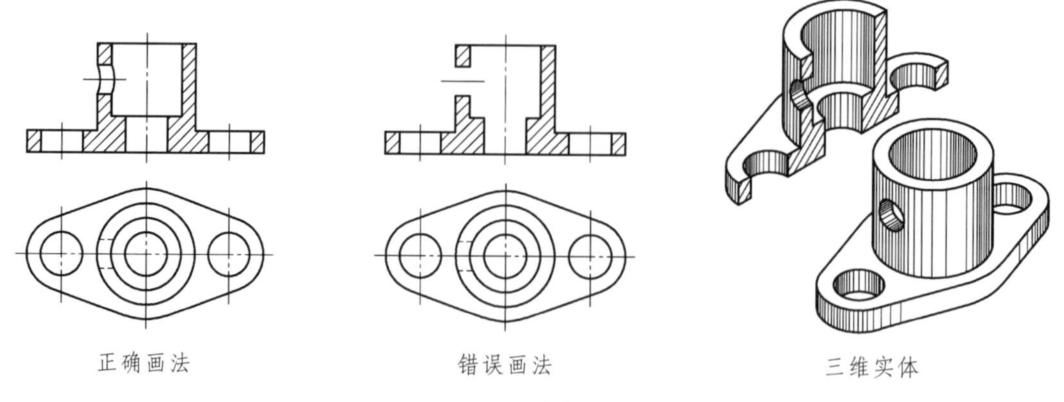

图 3-1-8　全剖视图

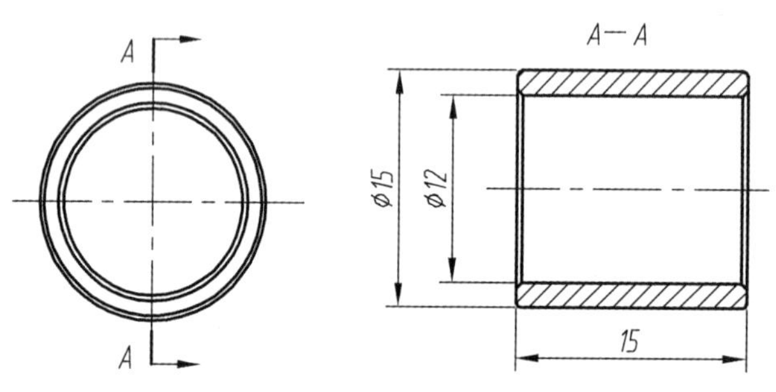

图 3-1-9　轴套

知识补充：图案的填充——利用图案填充的方式表示剖切面的操作方法。

① 点击【绘图】- 图案填充(H)... ，打开图案填充对话框，按照图 3-1-10 进行设置。

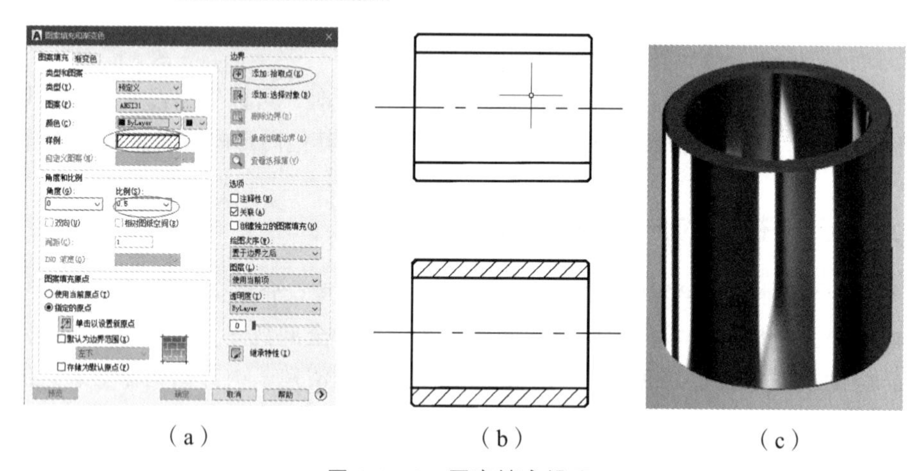

图 3-1-10　图案填充设置

② 在如图 3-1-10（a）所示的对话框中的【图案】或【样例】中选择合适的填充图案。

③ 在角度和比例中对比例进行适当设置。角度为填充图案旋转的度数，比例为图案密集程度，数值越小越密集。

④ 点击【添加：拾取点】选择需要填充的封闭区域，如图 3-1-10（b）所示。

⑤ 点击【确定】按钮即可完成填充，如图 3-1-10（b）所示。

（2）自行完成轴套的三维建模，完成效果如图 3-1-10（c）所示。

任务评价

任务评价单见表 3-1-2。

表 3-1-2　任务评价单

<table>
<tr><td>任务</td><td colspan="8">绘制轴套图样并建立其三维模型</td></tr>
<tr><td>班级</td><td></td><td>姓名</td><td></td><td>学号</td><td colspan="2"></td><td>日期</td><td></td></tr>
<tr><td rowspan="5">任务
评价</td><td colspan="2">考评指标</td><td>考评标准</td><td>分值</td><td>自评
（20%）</td><td>小组评价
（40%）</td><td>教师评价
（40%）</td><td>实际
得分</td></tr>
<tr><td colspan="2" rowspan="2">任务实施</td><td>相关知识点掌握程度</td><td>40</td><td></td><td></td><td></td><td></td></tr>
<tr><td>完成任务的准确性</td><td>40</td><td></td><td></td><td></td><td></td></tr>
<tr><td colspan="2" rowspan="2">职业素养</td><td>出勤、道德、纪律、责任心</td><td>10</td><td></td><td></td><td></td><td></td></tr>
<tr><td>学习态度、团队分工合作</td><td>10</td><td></td><td></td><td></td><td></td></tr>
<tr><td colspan="4">合计</td><td></td><td></td><td></td><td></td><td></td></tr>
<tr><td colspan="2">收获与体会</td><td colspan="7"></td></tr>
<tr><td colspan="2">本组之星</td><td colspan="2"></td><td>亮点</td><td colspan="4"></td></tr>
<tr><td colspan="2">组间互评</td><td colspan="7"></td></tr>
<tr><td colspan="2">填表说明</td><td colspan="7">① 实际得分=自评×20%+小组评价×40%+教师评价×40%。
② 考评满分为 100 分，60 分以下为不及格，60～74 分为及格，75～84 分为良好，85 分及以上为优秀。
③“本组之星”可以是本次实训活动中的突出贡献者，也可以是进步最大者，还可以是其他某一方面表现突出者。
④“组间互评”由评审团讨论后为各组给予的最终评价。评审团由各组组长组成，当各组完成实训活动后，各组长先组织本组组员进行商议，然后各组长将意见带至评审团，评价各组整体工作情况，将各组互评分数填入其中</td></tr>
</table>

任务二　绘制支座图样并建立其三维模型

任务描述

支座是用以支承和固定设备的部件，主要承受设备、附件和物料的重力，当设备安装在室外时还要承受风载荷和地震载荷。本任务将通过对支座图样的绘制和三维模型的建立，灵活运用半剖视图和局部剖视图正确表达机械零件，通过“以练促学”的方式掌握相关知识。

任务目标

（1）掌握半剖视图的概念及应用。

（2）掌握局部剖视图的概念及应用。

（3）能正确、灵活地使用剖视图表达机械零件。

（4）能正确对支座进行三维建模。

相关理论知识点

知识点一　半剖视图

1. 半剖视图的概念

当零件具有对称平面（或基本对称）时，在垂直于对称平面的投影面上，以对称中心线为界，一半画成剖视，另一半画成视图，称为半剖视图。

半剖视图适用于内、外形状都需要表达，并且具有对称平面的机件。当机件形状接近对称且不对称部分已经有图形表达清楚时，也可以采用半剖视图。

2. 半剖视图的应用案例（肋板的画法）

零件上的三棱柱肋板起加强零件强度和刚度的作用。当剖切平面平行于肋板时，肋板的投影不画剖面线，但需用粗实线将肋板与其相邻部分分开，如图 3-2-1 所示。需要注意的是，剖开部分的肋板轮廓线应是圆柱体的转向轮廓线。

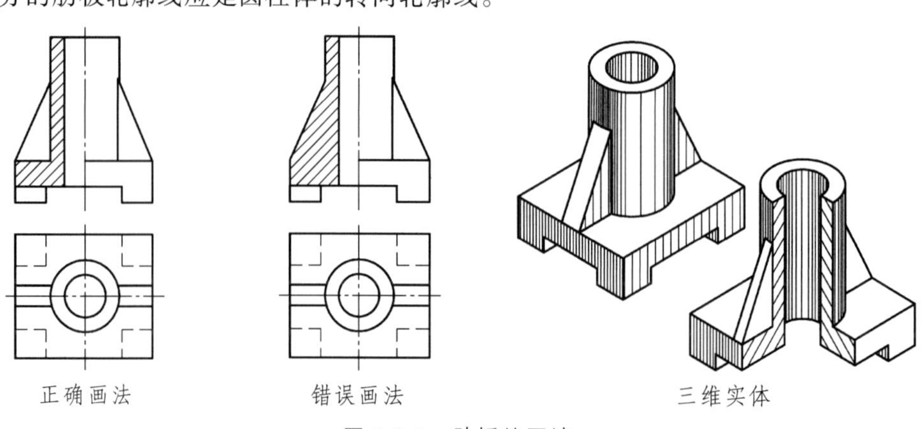

图 3-2-1　肋板的画法

知识点二　局部剖视图

用剖切平面剖开机件局部所得的剖视图，称为局部剖视图。局部剖视图主要用于表达不宜采用全剖视图和半剖视图的零件，如图 3-2-2 所示。

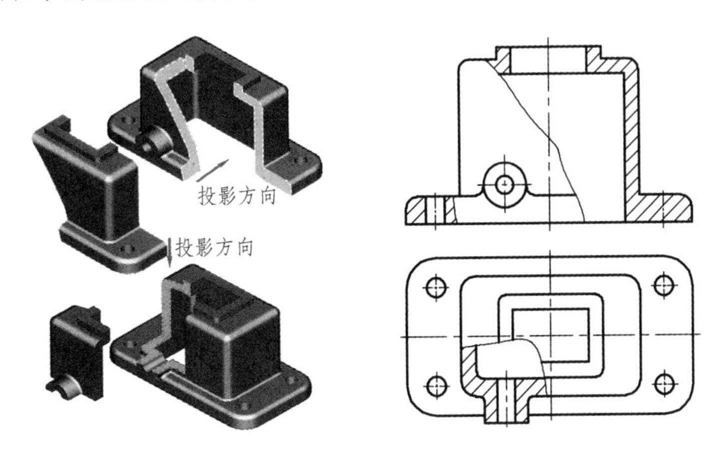

图 3-2-2　局部剖视图

局部剖视图中内、外形之间分界线使用细波浪线，波浪线不能与图形中其他图线重合，也不能画在其他图线的延长线上；波浪线只能画在机件表面的实体部分，不得穿越孔或槽（应断开），也不超出图形之外。当被剖结构为回转体时，可将该结构的中心线作为局部剖视与视图的分界线。具体画法如图 3-2-3 所示。

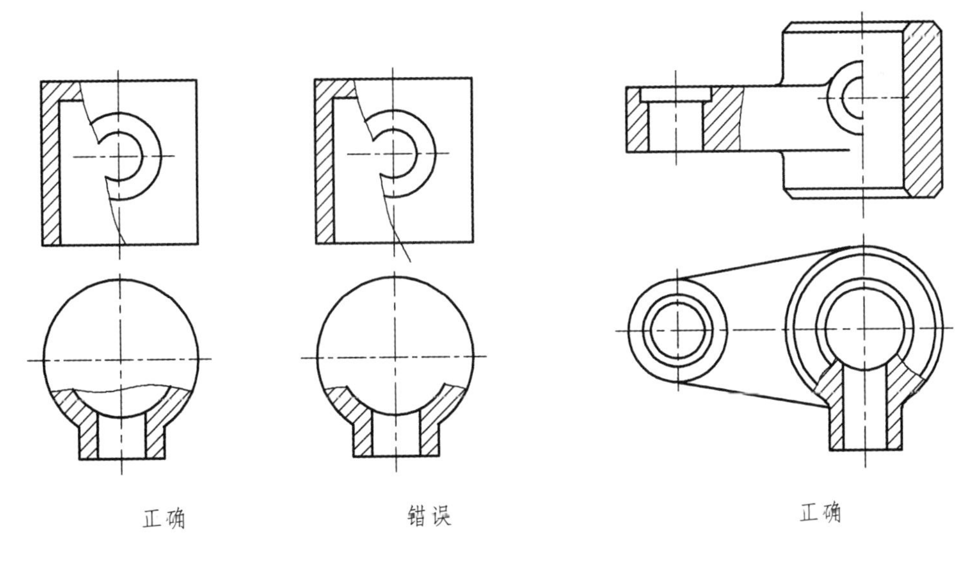

图 3-2-3　局部剖视图

任务实施

（1）支座图样绘制：在 AutoCAD 中，根据图 3-2-4 中相关数据正确绘制出支座的图样。

（2）根据图 3-2-4 中相关数据，正确进行支座的三维建模，结果如图 3-2-5 所示。

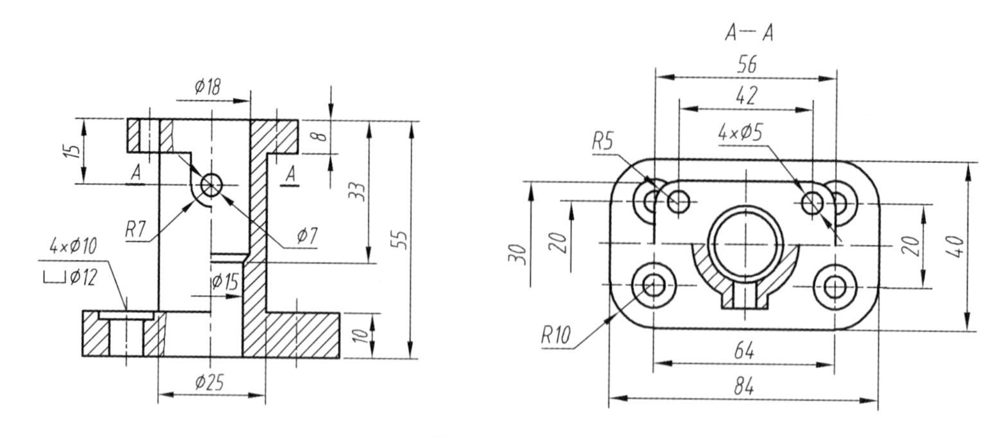

图 3-2-4　支座

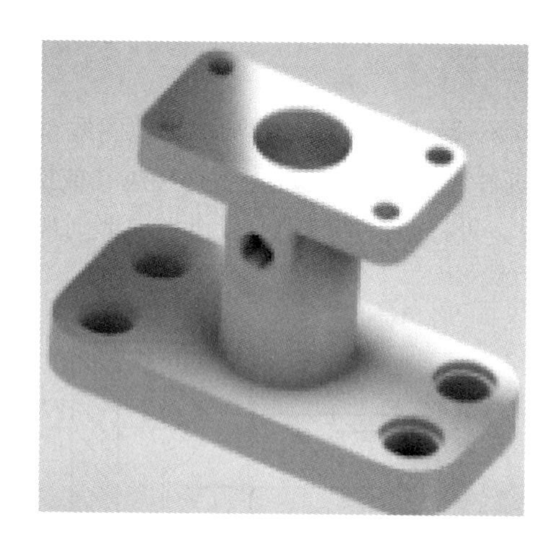

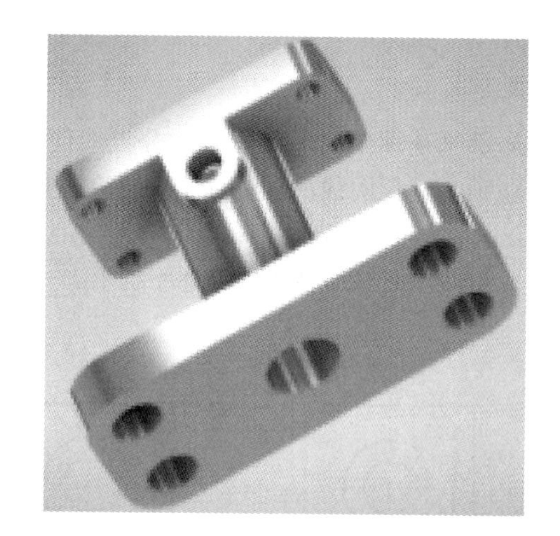

图 3-2-5　三维模型

任务评价

任务评价单见表 3-2-1。

表 3-2-1　任务评价单

<table>
<tr><td>任务</td><td colspan="7">绘制支座图样并建立其三维模型</td></tr>
<tr><td>班级</td><td></td><td>姓名</td><td></td><td>学号</td><td></td><td>日期</td><td></td></tr>
<tr><td rowspan="5">任务评价</td><td>考评指标</td><td>考评标准</td><td>分值</td><td>自评（20%）</td><td>小组评价（40%）</td><td>教师评价（40%）</td><td>实际得分</td></tr>
<tr><td rowspan="2">任务实施</td><td>相关知识点掌握程度</td><td>40</td><td></td><td></td><td></td><td></td></tr>
<tr><td>完成任务的准确性</td><td>40</td><td></td><td></td><td></td><td></td></tr>
<tr><td rowspan="2">职业素养</td><td>出勤、道德、纪律、责任心</td><td>10</td><td></td><td></td><td></td><td></td></tr>
<tr><td>学习态度、团队分工合作</td><td>10</td><td></td><td></td><td></td><td></td></tr>
<tr><td colspan="3">合计</td><td></td><td></td><td></td><td></td><td></td></tr>
<tr><td colspan="2">收获与体会</td><td colspan="6"></td></tr>
<tr><td colspan="2">本组之星</td><td colspan="2"></td><td>亮点</td><td colspan="3"></td></tr>
<tr><td colspan="2">组间互评</td><td colspan="6"></td></tr>
<tr><td colspan="2">填表说明</td><td colspan="6">①实际得分=自评×20%+小组评价×40%+教师评价×40%。
②考评满分为 100 分，60 分以下为不及格，60～74 分为及格，75～84 分为良好，85 分及以上为优秀。
③“本组之星”可以是本次实训活动中的突出贡献者，也可以是进步最大者，还可以是其他某一方面表现突出者。
④“组间互评”由评审团讨论后为各组给予的最终评价。评审团由各组组长组成，当各组完成实训活动后，各组长先组织本组组员进行商议，然后各组长将意见带至评审团，评价各组整体工作情况，将各组互评分数填入其中</td></tr>
</table>

任务三　绘制减速器从动轴图样并建立其三维模型

任务描述

减速器从动轴承担着力矩传输的重要任务，也是轴系类零件的典型代表，使用断面图和局部放大图能对轴系类零件进行很好的表达。本任务将通过对断面图、局部放大图等相关知识的学习，完成减速器从动轴图样绘制并进行三维建模，以更好掌握和运用相关理论知识点。

任务目标

（1）理解断面图的概念及分类。
（2）掌握断面图的画法和标注方法。
（3）掌握局部放大图的应用。
（4）能正确进行轴的三维建模并绘制零件图。

相关理论知识点

知识点一　断面图

1. 断面图的概念

假想用剖切面将零件某处切断，仅画出剖切面与零件接触部分的图形，称为断面图。断面图和剖视图的区别在于断面图仅画出断面的形状，而剖视图除要画出断面的形状外，还要画出剖切面后面的其他可见部分的投影，如图 3-3-1 所示。

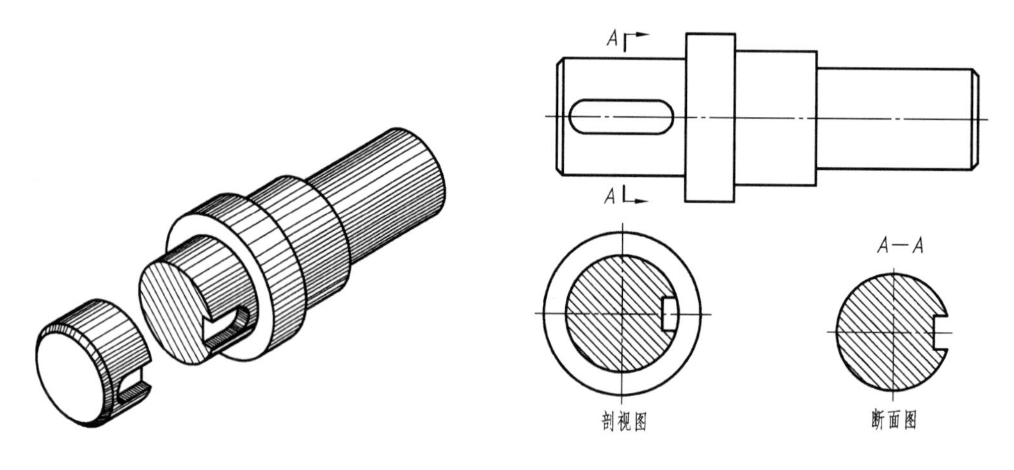

图 3-3-1　断面图

2. 断面图的分类

1）移出断面图

画在视图之外的断面图，称为移出断面图。移出断面图应尽量配置在剖切符号或剖切线的延长线上，必要时也可以配置在其他位置。当移出断面图是对称图形时，也可以配置在视图的中断处，如图 3-3-2 所示。

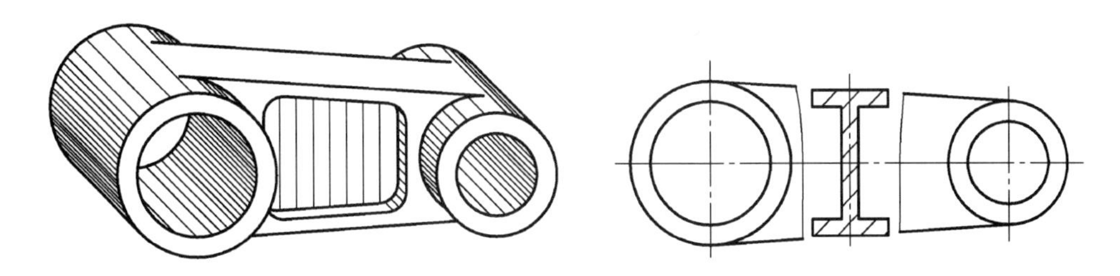

图 3-3-2 移出断面图

移出断面图的标注方法和剖视图相同，粗短线表示剖切面位置，箭头表示投射方向，拉丁字母表示断面图名称。

其标注可以根据具体情况简化或省略（见图 3-3-3），具体如下：

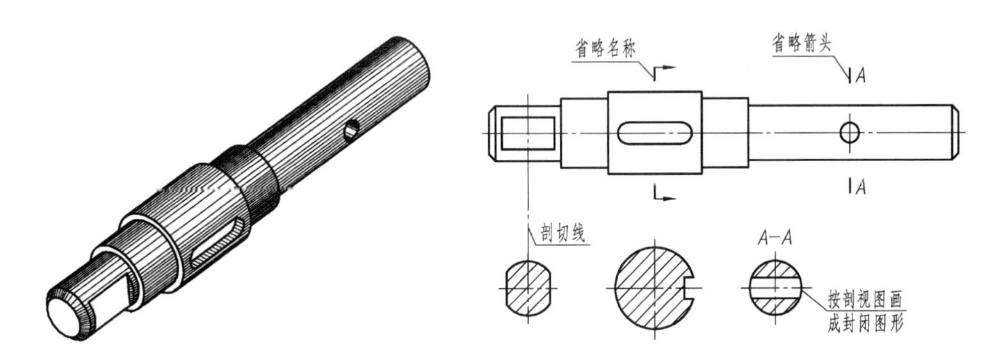

图 3-3-3 移出断面图的画法

（1）当移出断面图配置在剖切线的延长线上，且图形对称时，表示剖切位置的剖切符号用细点画线绘制（剖切线），表示投射方向的箭头和表示断面图名称的字母可以省略。

（2）当将移出断面图配置在剖切位置的延长线上，但图形不对称时，剖切符号和表示投射方向的箭头必须标出，但表示断面图名称的字母可以省略。

（3）当移出断面图没有配置在剖切位置的延长线上，且图形对称时，剖切符号和表示断面图名称的字母必须标出，但表示投射方向的箭头可以省略。

值得注意的是：当移出断面图没有配置在剖切位置的延长线上，且图形不对称时，必须采用完整的标注方法。

绘制移出断面图时的特殊画法：图 3-3-4 所示为带有孔和凹坑的断面图画法。

图 3-3-5 所示为带有非圆孔槽的断面图画法，图 3-3-6 所示为两个相交的剖切平面得到的断面。

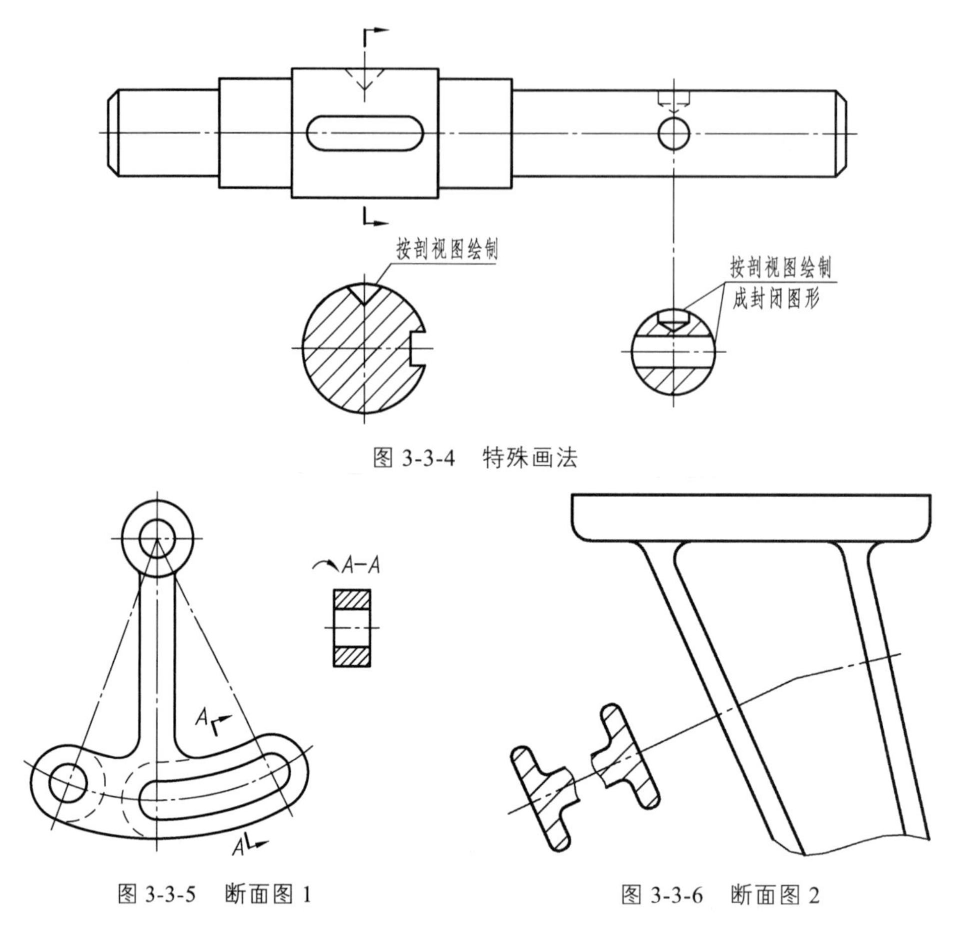

图 3-3-4　特殊画法

图 3-3-5　断面图 1

图 3-3-6　断面图 2

2）重合断面图

将断面图直接绘制在视图的剖切位置处，这样得到的断面图称为重合断面图。重合断面图的轮廓线要用细实线绘制。当断面图的轮廓线和视图的轮廓线重合时，视图的轮廓线应连续画出，不应间断。

当重合断面图对称时，不需要标注，如图 3-3-7 所示；当重合断面图不对称时，要标注箭头和剖切符号，如图 3-3-8 所示。

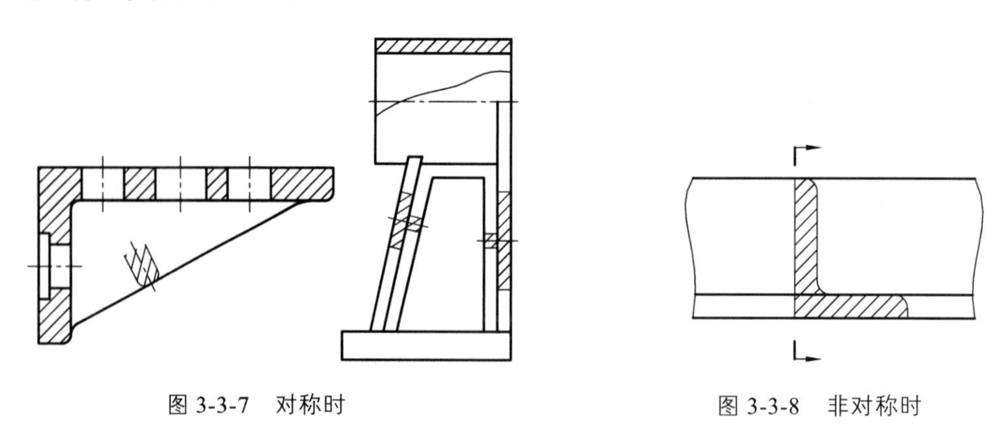

图 3-3-7　对称时

图 3-3-8　非对称时

知识点二　局部放大图

1. 局部放大图的概念

将机件的局部结构，用大于原图形所采用的比例画出的图形，称为局部放大图。局部放大图可采用原图形所采用的表达方法，也可采用与原图形不同的表达方法。例如，原图形为视图，局部放大图可为剖视图。

2. 局部放大图的画法和标注方法

绘制局部放大图时，应用细实线圈出被放大的部位。当同一机件上有多个放大图时，必须用罗马数字依次为被放大的部位编号，并在局部放大图的上方注出相应的罗马数字和所采用的比例，如图 3-3-9 所示。

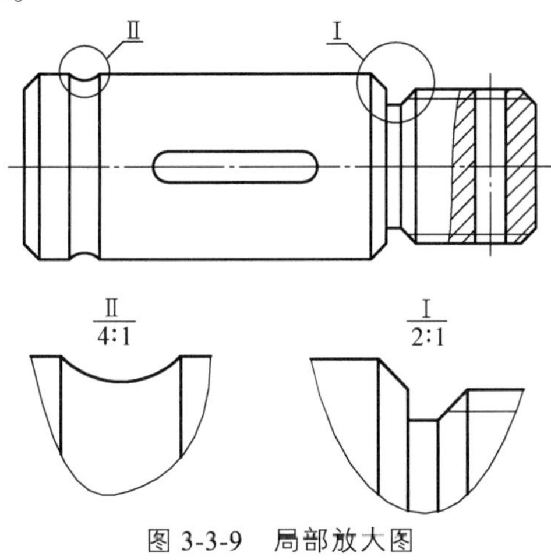

图 3-3-9　局部放大图

任务实施

减速器从动轴的零件图绘制和三维建模：

（1）使用 AutoCAD 完成如图 3-1-10 所示的轴套的工程图样绘制。

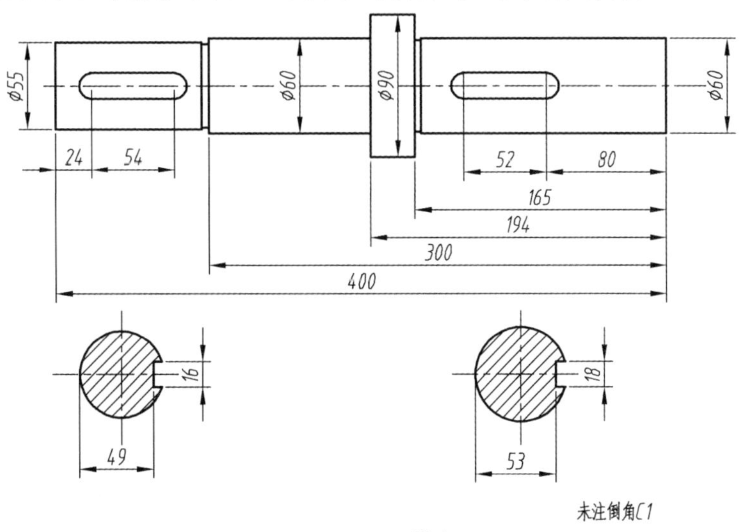

图 3-3-10　轴套

（2）自行完成减速器从动轴的三维建模，完成效果如图 3-1-11 所示。

图 3-3-11　三维模型

三维建模中键槽的制作方法（以第一个键槽为例）：

在绘图界面左侧【模型】导航窗口中的【原始坐标系】中选中草图绘制的平面（本次绘图使用的 *XZ* 平面），如图 3-1-12 所示。

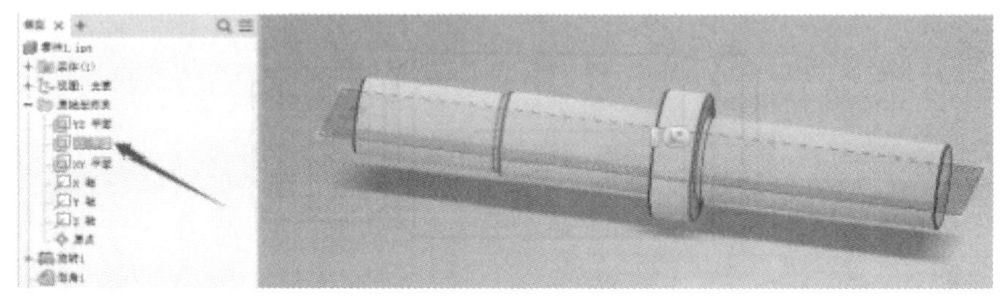

图 3-3-12　草图绘制平面

在【三维模型】菜单中，点击【平面】→【从平面偏移】，如图 3-1-13（a）所示，输入平面要偏移的距离得到需要的工作平面（本次偏移距离为 21.5 mm），结果如图 3-1-13（b）所示。

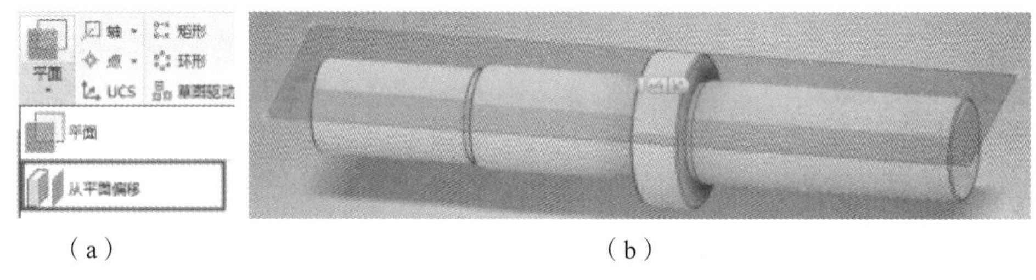

（a）　　　　　　　　（b）

图 3-3-13　偏移

在工作平面上绘制键槽形状，完成草图后点击拉伸按钮，选择【输出】中的布尔【求差】选项（拉伸距离为 6 mm）。拉伸结果如图 3-1-14 所示。

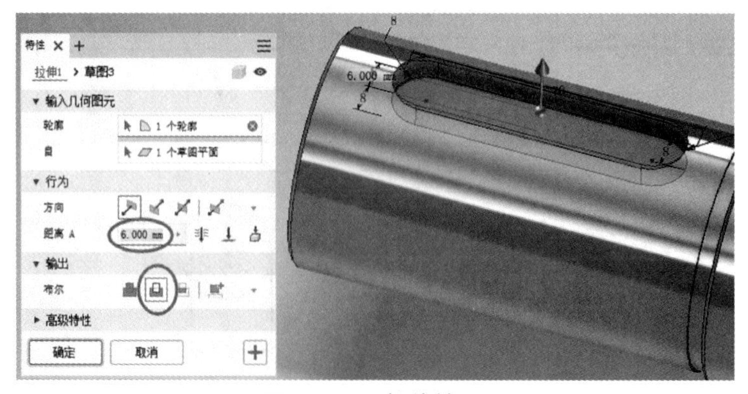

图 3-3-14　拉伸结果

任务评价

任务评价单见表 3-3-1。

表 3-3-1　任务评价单

<table>
<tr><td>任务</td><td colspan="8">绘制减速器从动轴图样并建立其三维模型</td></tr>
<tr><td>班级</td><td></td><td>姓名</td><td></td><td>学号</td><td colspan="2"></td><td>日期</td><td></td></tr>
<tr><td rowspan="5">任务评价</td><td colspan="2">考评指标</td><td>考评标准</td><td>分值</td><td>自评（20%）</td><td>小组评价（40%）</td><td>教师评价（40%）</td><td>实际得分</td></tr>
<tr><td colspan="2" rowspan="2">任务实施</td><td>相关知识点掌握程度</td><td>40</td><td></td><td></td><td></td><td></td></tr>
<tr><td>完成任务的准确性</td><td>40</td><td></td><td></td><td></td><td></td></tr>
<tr><td colspan="2" rowspan="2">职业素养</td><td>出勤、道德、纪律、责任心</td><td>10</td><td></td><td></td><td></td><td></td></tr>
<tr><td>学习态度、团队分工合作</td><td>10</td><td></td><td></td><td></td><td></td></tr>
<tr><td colspan="4">合计</td><td></td><td></td><td></td><td></td><td></td></tr>
<tr><td colspan="2">收获与体会</td><td colspan="7"></td></tr>
<tr><td colspan="2">本组之星</td><td colspan="2"></td><td>亮点</td><td colspan="4"></td></tr>
<tr><td colspan="2">组间互评</td><td colspan="7"></td></tr>
<tr><td colspan="2">填表说明</td><td colspan="7">① 实际得分=自评×20%+小组评价×40%+教师评价×40%。
② 考评满分为 100 分，60 分以下为不及格，60～74 分为及格，75～84 分为良好，85 分及以上为优秀。
③“本组之星”可以是本次实训活动中的突出贡献者，也可以是进步最大者，还可以是其他某一方面表现突出者。
④“组间互评”由评审团讨论后为各组给予的最终评价。评审团由各组组长组成，当各组完成实训活动后，各组长先组织本组组员进行商议，然后各组长将意见带至评审团，评价各组整体工作情况，将各组互评分数填入其中</td></tr>
</table>

任务四　绘制齿轮泵主动轴图样并建立其三维模型

任务描述

齿轮泵主动轴是具有螺纹和齿轮特征的典型零件之一。本任务结合螺纹和齿轮的规定画法，利用 AutoCAD 正确绘制其零件图样，以巩固螺纹和齿轮相关知识点，掌握螺纹、齿轮零件图的绘制方法。

任务目标

（1）掌握螺纹的规定画法。
（2）掌握齿轮的规定画法。
（3）能正确进行零件图样绘制和三维建模。

相关理论知识点

知识点一　螺纹的规定画法

1. 外螺纹的画法

外螺纹的牙顶用粗实线表示，牙底用细实线表示。在非圆视图中，牙底的细实线应画入倒角内，螺纹终止线用粗实线表示，螺尾部分一般不必画出。但当需要表示螺尾时，可用与轴线成 30°的细实线画出，如图 3-4-1 所示。在投影为圆的视图中，螺纹的小径用大约 3/4 圈的细实线圆弧表示，倒角圆不画。

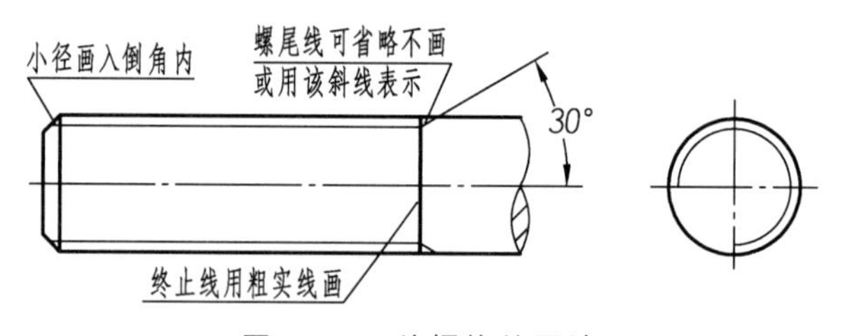

图 3-4-1　外螺纹的画法

此外，在比例画法中，螺纹小径可按大径的 0.85 倍近似画出。螺纹局部剖视图的画法如图 3-4-2 所示。

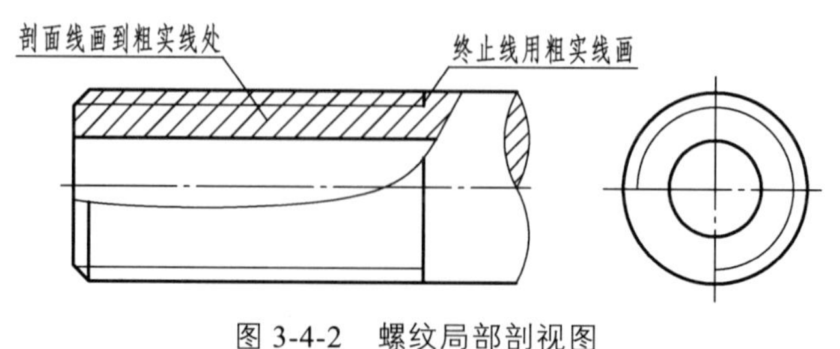

图 3-4-2　螺纹局部剖视图

2. 内螺纹的画法

在非圆视图中，当采用剖视图时，内螺纹的牙顶用粗实线表示，牙底用细实线表示，螺纹终止线用粗实线绘制，剖面线应画到粗实线处。在投影为圆的视图中，螺纹大径用约 3/4 圈的细实线圆弧绘制，小径用粗实线圆绘制，倒角圆不画。采用比例画法时，小径可按大径的 0.85 倍绘制。

当螺纹孔为盲孔（非通孔）时，应将钻孔深度和螺纹的深度分别画出，且螺纹终止线到孔的末端的距离按大径的 0.5 倍绘制，钻孔时在末端形成的锥角按 120°绘制。当螺纹的投影不可见时，所有图线均为细虚线。相关螺纹孔的正确画法如图 3-4-3 所示。

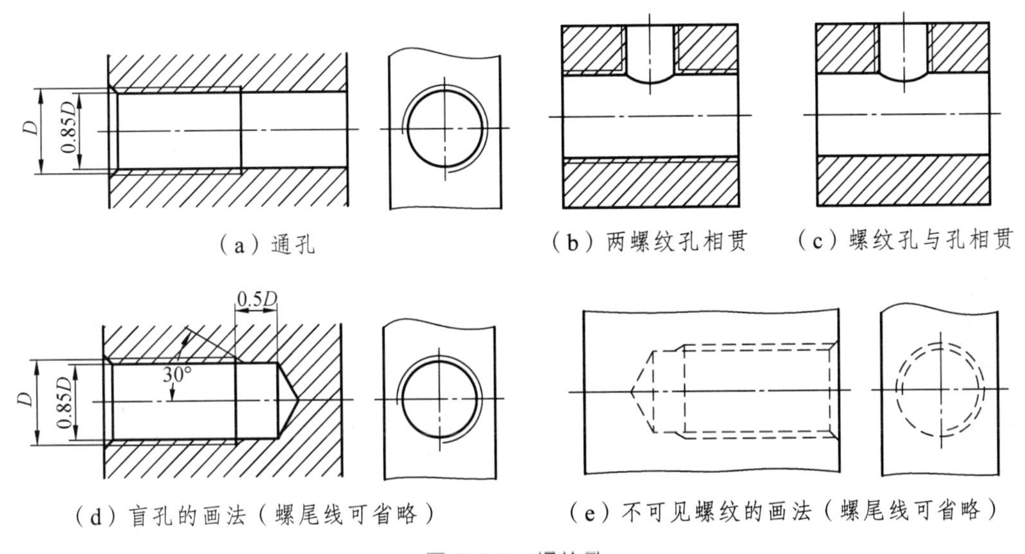

图 3-4-3 螺纹孔

3. 内、外螺纹旋合的画法

在剖视图中，内、外螺纹的旋合部分应按外螺纹的画法绘制，其余不旋合部分按各自的规定画法绘制。必须注意的是，表示内、外螺纹大径的细实线和粗实线，以及表示内、外螺纹小径的粗实线和细实线应分别对齐。此外，在剖切平面通过螺纹轴线的剖视图中，实心螺杆按不剖绘制，如图 3-4-4 所示。

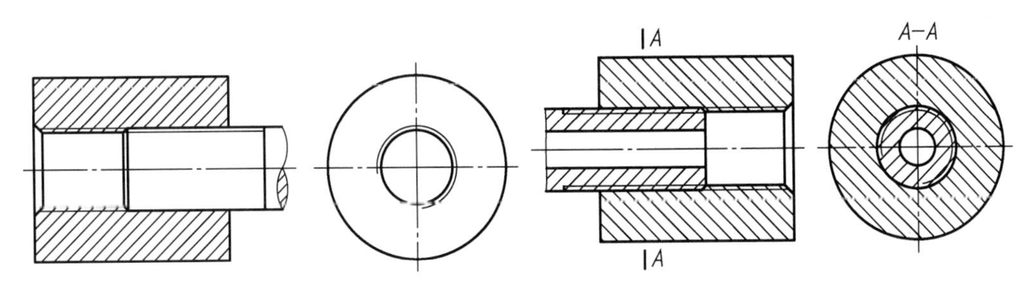

图 3-4-4 内、外螺纹旋合的画法

4. 螺纹牙型的表示方法

螺纹牙型一般不在图形中表示，当需要表示螺纹牙型时，可按图 3-4-5 的形式绘制。

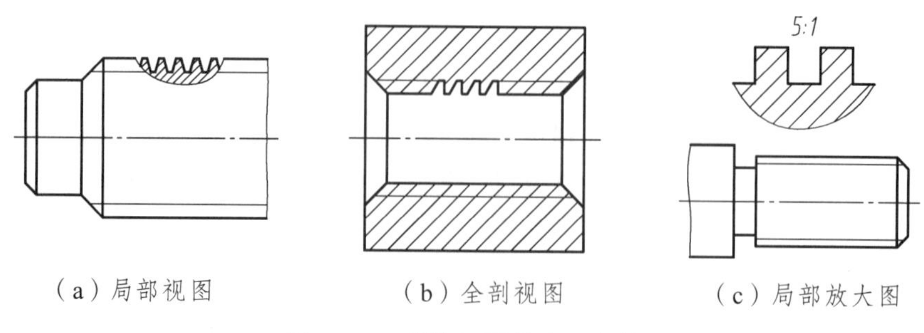

（a）局部视图　　（b）全剖视图　　（c）局部放大图

图 3-4-5　螺纹牙型的表示方法

知识点二　齿轮的规定画法

常见的传动齿轮有：圆柱齿轮——适用于两平行轴的传动；圆锥齿轮——适用于两相交轴（一般成 90°相交）的传动；蜗轮蜗杆——适用于空间两交叉轴的传动；齿轮齿条如图 3-4-6 所示。

（a）圆柱齿轮

（b）圆锥齿轮

（c）蜗轮蜗杆

（d）齿轮齿条

图 3-4-6　常见的传动齿轮

齿轮按轮齿方向和形状不同分为直齿、斜齿、人字齿等。齿形轮廓曲线有渐开线、摆线、圆弧等形状，一般采用渐开线齿廓。

1. 单个齿轮的画法

单个齿轮一般用两个视图来表达，且在平行于齿轮轴线的投影面上的视图可以画成全剖视图或半剖视图，其画法如图 3-4-7 所示。

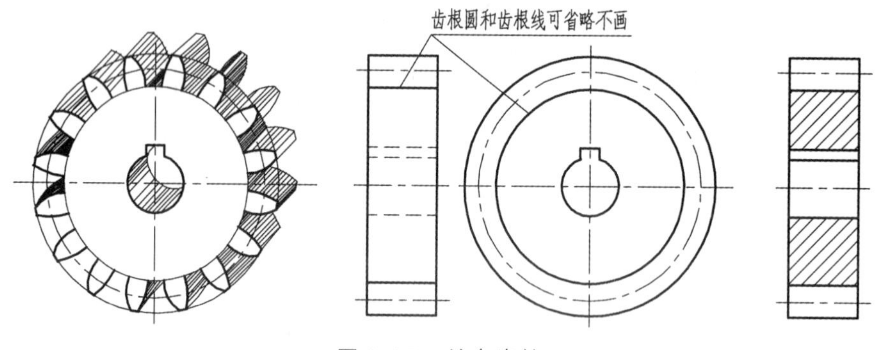

图 3-4-7　单个齿轮

（1）在视图中，齿顶圆和齿顶线用粗实线绘制，分度圆和分度线用细点画线表示，齿根圆和齿根线用细实线绘制，也可省略不画。

（2）在剖视图中，齿根线用粗实线绘制，且无论剖切平面是否通过轮齿，轮齿一律按不剖绘制。除轮齿部分外，齿轮的其他部分均按真实投影画出。

2. 齿轮零件图的画法

在零件图中，轮齿部分的径向尺寸仅标注出分度圆直径和齿顶圆直径即可；轮齿部分的轴向尺寸仅标注齿宽和倒角；其他参数如模数、齿数等，可在位于图纸右上角的参数表中给出，如图 3-4-8 所示。

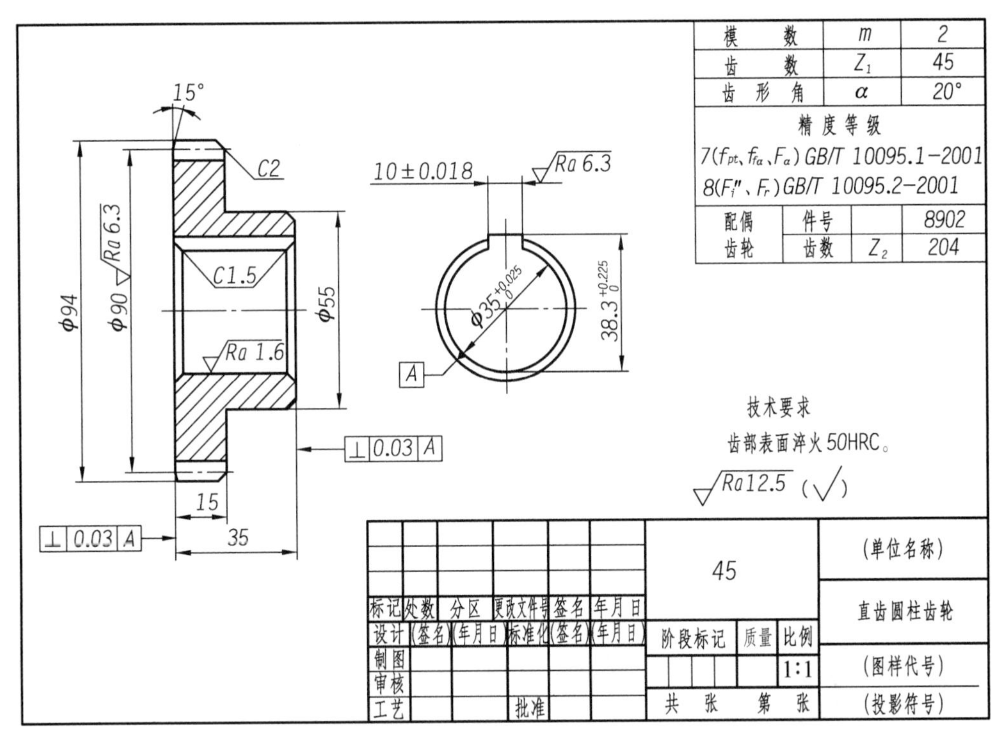

图 3-4-8　齿轮零件图

3. 一对齿轮啮合的画法

一对齿轮啮合的画法如图 3-4-9 所示。在投影为圆的视图上，齿顶圆用粗实线绘制，两齿轮的分度圆相切并用细点画线绘制，齿根圆省略不画；若投影为非圆的视图采用剖视图时，啮合区域内一个齿轮的轮齿用粗实线绘制，另一个齿轮的轮齿按被遮挡处理，即齿顶线用细虚线绘出，齿顶线和齿根线之间的缝隙为 0.25*m*（*m* 为模数），如图 3-4-9（a）所示。

当投影为非圆的视图不采用剖视绘制时，可采用图 3-4-9（b）所示的表达方法，即啮合区域内，分度线用粗实线绘制，齿顶线和齿根线均不画。

任务实施

（1）绘制如图 3-4-9 所示的齿轮泵主动轴零件图样。

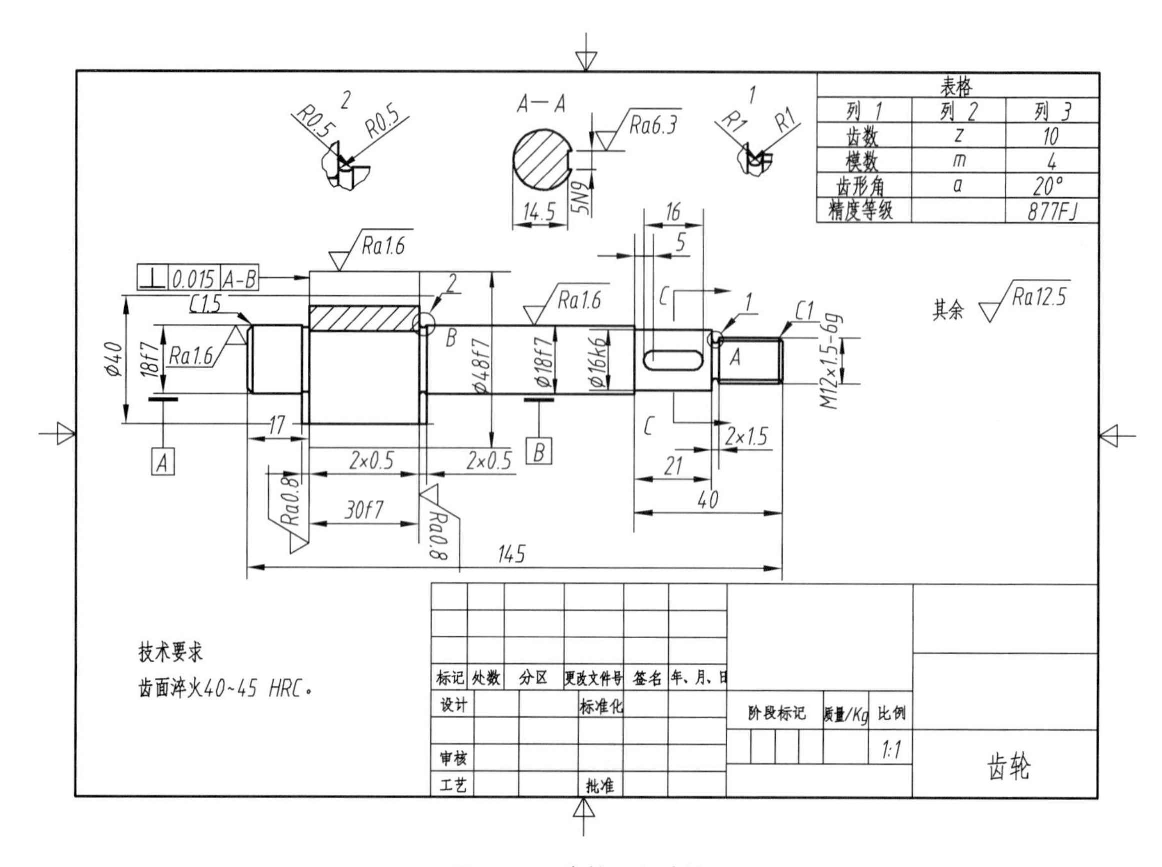

图 3-4-9　齿轮泵主动轴

（2）根据图 3-4-9 所示的相关尺寸自行建立三维模型，结果如图 3-4-10 所示。

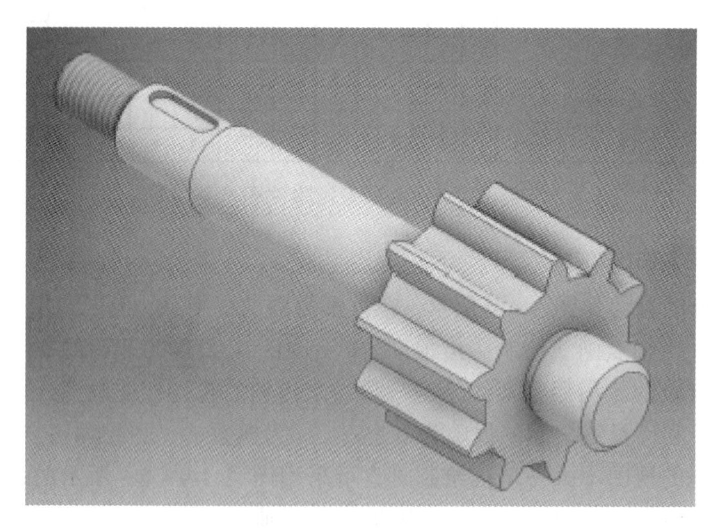

图 3-4-10　绘图结果

任务评价

任务评价单见表 3-4-1。

表 3-4-1　任务评价单

<table>
<tr><td>任务</td><td colspan="8">绘制齿轮泵主动轴图样并建立其三维模型</td></tr>
<tr><td>班级</td><td></td><td>姓名</td><td></td><td>学号</td><td colspan="2"></td><td>日期</td><td></td></tr>
<tr><td rowspan="5">任务评价</td><td colspan="2">考评指标</td><td>考评标准</td><td>分值</td><td>自评（20%）</td><td>小组评价（40%）</td><td>教师评价（40%）</td><td>实际得分</td></tr>
<tr><td colspan="2" rowspan="2">任务实施</td><td>相关知识点掌握程度</td><td>40</td><td></td><td></td><td></td><td></td></tr>
<tr><td>完成任务的准确性</td><td>40</td><td></td><td></td><td></td><td></td></tr>
<tr><td colspan="2" rowspan="2">职业素养</td><td>出勤、道德、纪律、责任心</td><td>10</td><td></td><td></td><td></td><td></td></tr>
<tr><td>学习态度、团队分工合作</td><td>10</td><td></td><td></td><td></td><td></td></tr>
<tr><td colspan="4">合计</td><td></td><td></td><td></td><td></td><td></td></tr>
<tr><td colspan="2">收获与体会</td><td colspan="7"></td></tr>
<tr><td colspan="2">本组之星</td><td colspan="2"></td><td>亮点</td><td colspan="4"></td></tr>
<tr><td colspan="2">组间互评</td><td colspan="7"></td></tr>
<tr><td colspan="2">填表说明</td><td colspan="7">① 实际得分=自评×20%+小组评价×40%+教师评价×40%。
② 考评满分为 100 分，60 分以下为不及格，60～74 分为及格，75～84 分为良好，85 分及以上为优秀。
③“本组之星”可以是本次实训活动中的突出贡献者，也可以是进步最大者，还可以是其他某一方面表现突出者。
④“组间互评”由评审团讨论后为各组给予的最终评价。评审团由各组组长组成，当各组完成实训活动后，各组长先组织本组组员进行商议，然后各组长将意见带至评审团，评价各组整体工作情况，将各组互评分数填入其中</td></tr>
</table>

项目四　典型机械零件图

【项目概述】

任何机器或部件都是由若干个零件按一定的方式装配而成的，零件是组成机器或部件中不可再拆分的基本单元。表示零件的结构形状、尺寸大小及技术要求的图样称为零件图。

零件图准确地表达了设计者的设计意图，包括制造和检验零件的所有信息，如零件结构形状、大小、精度及表面粗糙度等。所以说零件图是设计部门提交给生产部门，用以指定该零件生产的重要技术文件，生产部门在生产过程中必须严格按照零件图上的要求组织生产。

【学习目标】

1. 知识目标

（1）了解零件图的作用、内容和常见工艺结构。
（2）掌握典型零件的表达方案和尺寸标注方法。
（3）掌握绘制和识读零件图的方法。

2. 能力目标

（1）能识读并绘制中等难度的零件图。
（2）能正确地标注和识读零件图上的尺寸公差、形位公差和表面粗糙度等技术要求。
（3）培养学生分析问题、解决问题的能力。

3. 职业素养

（1）具备良好的职业道德修养，能遵守职业道德规范。
（2）具有自主学习能力和责任心，同时具有一定的分析能力，善于总结经验和创新。
（3）具有工作责任感、良好的心理素质和协作精神。

【项目实施】

任务一　盘类零件

任务描述

盘类零件是机械加工中常见的典型零件之一。它的应用范围很广，如支撑传动轴的各种形式的轴承、夹具上的导向套和气缸套等。盘类零件通常起支撑和导向作用。不同的盘类零件也有很多的相同点，如主要表面基本上都是圆柱形的，它们有较高的尺寸精度、形状精度和表面粗糙度要求，而且有高的同轴度要求等诸多共同之处。

本任务主要通过识读法兰盘零件图，建立法兰盘三维模型，让理论知识与三维建模相结合，对盘类零件的表达方法、尺寸标注及技术要求等进行学习。

任务目标

（1）了解盘类零件的结构特点和表达方法。

（2）掌握盘类零件的尺寸标注及技术要求。

（3）对法兰盘进行三维建模并生成零件图。

相关理论知识点

知识点一　盘类零件的结构特点和表达方法

图 4-1-1 和图 4-1-2 所示分别为法兰盘的立体图和零件图。通过分析法兰盘的零件图，可以了解盘类零件的结构特点和表达方法。

1. 盘类零件的结构特点

（1）直径大，厚度小。

（2）常有肋、轮辐、孔、键槽等结构。

（3）为了减少加工面，设计有凸缘、凸台、凹坑等。

（4）有用于安装的沉孔、螺孔、光孔、定位销孔等。

2. 盘类零件的表达方法

（1）由于盘类零件主要在车床或磨床上加工，为了加工时读图方便，此类零件的主视图一般选择其加工位置，即轴线应水平放置。

（2）盘类零件一般为中空件，因此主视图一般选全剖或半剖视图表达，如图 4-1-2 中的主视图便选择全剖视图。

（3）盘类零件一般不画俯视图，但必须绘制视图为圆的左视图，用以表达零件上孔、槽等结构的分布情况。如图 4-2-2 中，左视图表达了孔的分布情况和缺槽的位置和形状。

（4）当零件上的局部结构需要进一步表达时，可采用局部视图、局部剖视图、局部放大图、断面图来表达尚未表达清楚的结构。

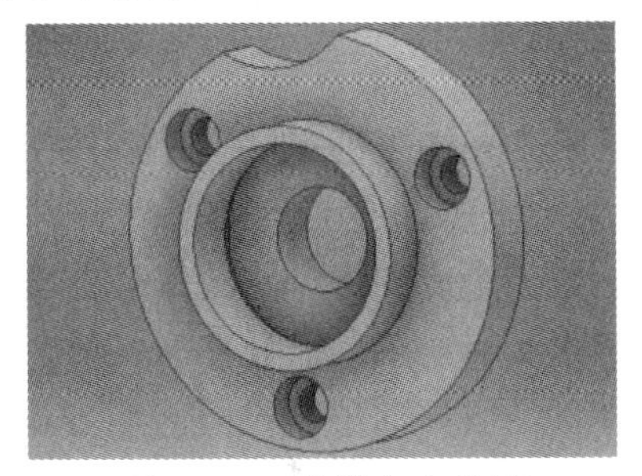

图 4-1-1　法兰盘立体图

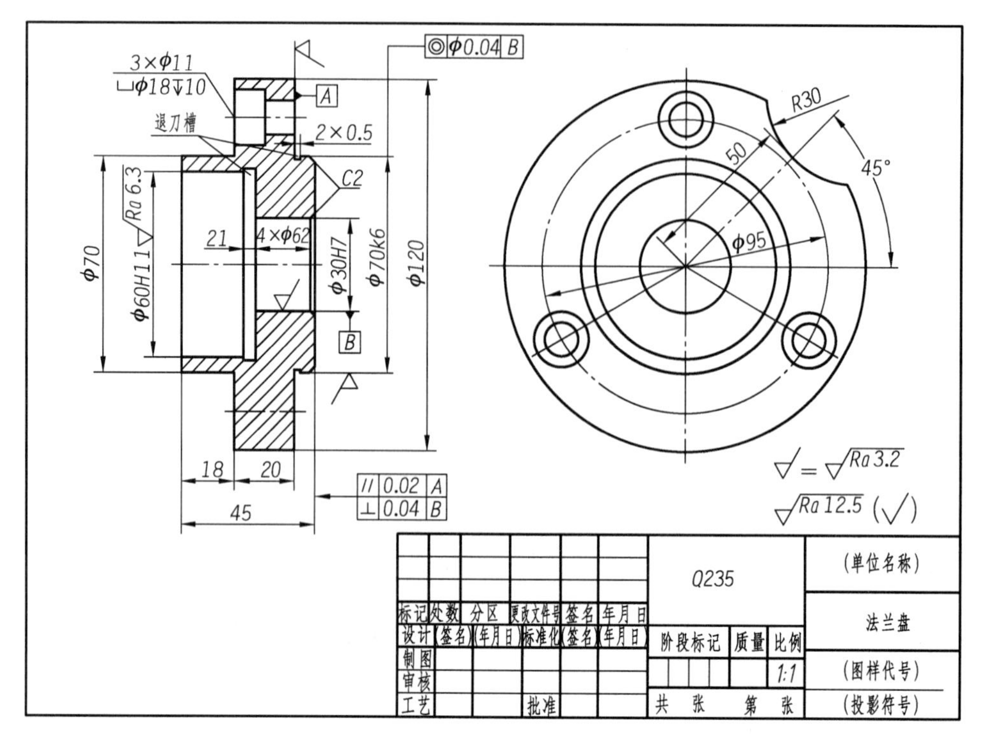

图 4-1-2 法兰盘零件图

知识点二 零件的尺寸标注

1. 尺寸基准

（1）尺寸基准分类。

标注和度量尺寸的起点称为尺寸基准（简称基准）。尺寸基准的选择既要考虑零件在机器中的作用和装配关系，又要考虑零件在设计、加工和测量等方面的要求。根据尺寸基准的作用不同，一般将其分为设计基准和工艺基准。

设计基准：是指在设计零件时，根据该零件在机器中的位置和几何关系所选定的一些面、线、点。

常见的设计基准有：

① 零件上主要回转结构的轴线；

② 零件的对称中心面；

③ 零件的重要支承面、装配面及两零件间的重要结合面；

④ 零件的主要加工面。

工艺基准：是指零件在加工制造、测量和检验等过程中要求选定的一些面、线、点。

（2）合理选择尺寸基准。

任何一个零件都有长、宽、高三个方向的尺寸，每个方向上至少要有一个尺寸基准。当同一个方向上有多个基准时，其中必有一个是设计基准，其余为工艺基准。从设计基准标注的尺寸可以满足设计要求，且能保证零件的功能，而从工艺基准标注的尺寸则便于零件的加工和测量。

在选择零件的尺寸基准时，应尽量使设计基准与工艺基准重合，以减少尺寸误差，使所标注的尺寸既能满足设计要求，又能满足工艺要求，从而保证产品质量。

2. 标注尺寸应注意的几个问题

（1）功能尺寸要直接标注。

零件上凡是影响产品性能、工作精度和互换性的尺寸都是功能尺寸。零件上的功能尺寸必须直接注出，以保证设计精度要求。如反映零件所属机器（或部件）规格性能的尺寸、零件间的配合尺寸、有装配要求的尺寸及保证机器（或部件）正确安装的尺寸等，都应直接注出，不能通过其他尺寸计算得出，如图 4-1-3 所示的尺寸 A。

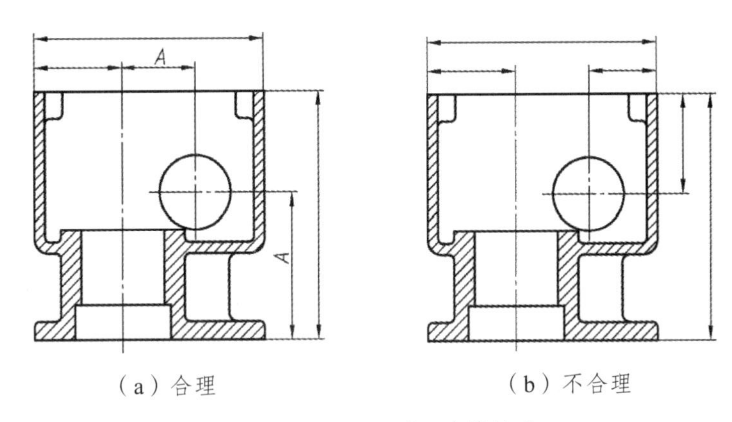

（a）合理　　（b）不合理

图 4-1-3　重要尺寸要直接注出

（2）毛坯表面的尺寸标注。

在铸造或锻造零件上标注尺寸时，若在同一个方向上有若干个毛坯表面，一般只能有一个毛坯面与加工面有联系尺寸，而其他毛坯面则要以该毛坯面为基准进行标注。因为毛坯面制造误差较大，如果多个毛坯面以统一的基准进行标注，则往往不能同时保证这些尺寸要求。如图 4-1-4 所示，A 为联系尺寸。这样标注虽不好直接测量，但通过间接测量也容易保证尺寸要求。

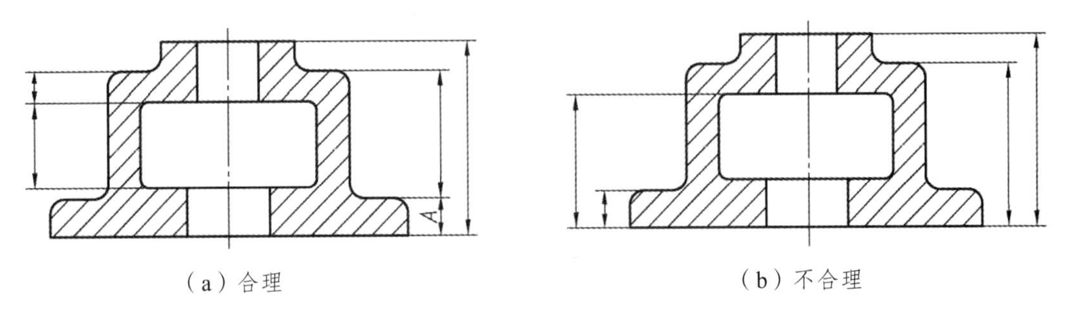

（a）合理　　（b）不合理

图 4-1-4　毛坯面的尺寸标注

（3）尺寸标注要考虑测量的方便与可能。

在零件图上进行尺寸标注时，不但要考虑设计要求，还要考虑加工和测量的方便性。如图 4-1-5（a）套筒中的尺寸 A 不便于测量，应按图 4-1-5（b）所示标注尺寸。

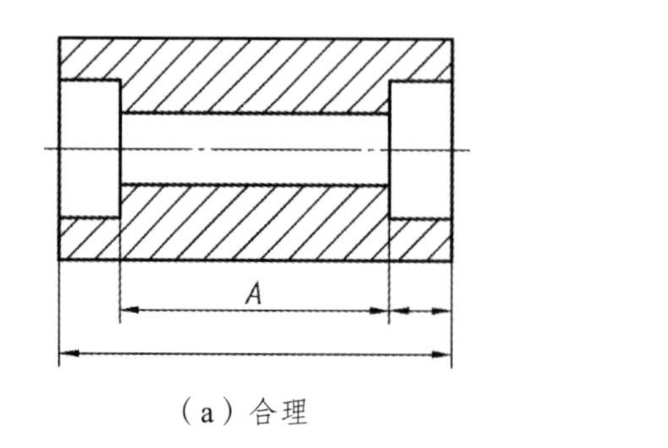

（a）合理

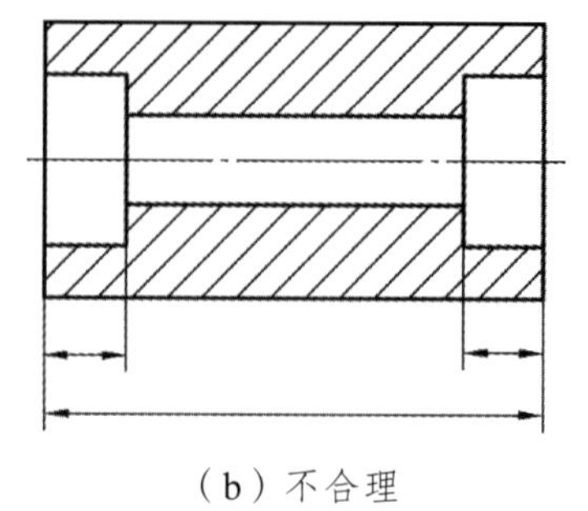

（b）不合理

图 4-1-5　按测量的方便与可能标注尺寸

（4）尺寸标注应避免形成封闭的尺寸链。

封闭的尺寸链是指同一个方向上，首尾相接形成的一个封闭圈的一组尺寸。如图 4-1-6（a）中的尺寸标注形成了封闭尺寸链，尺寸链中任一环的尺寸误差等于其他各环尺寸误差之和，无法同时满足各尺寸的加工要求。因此，在标注尺寸时，应选择一个不重要的尺寸（如尺寸 B）空出不标，如图 4-1-6（b）所示，这样尺寸 A、C 互不影响。

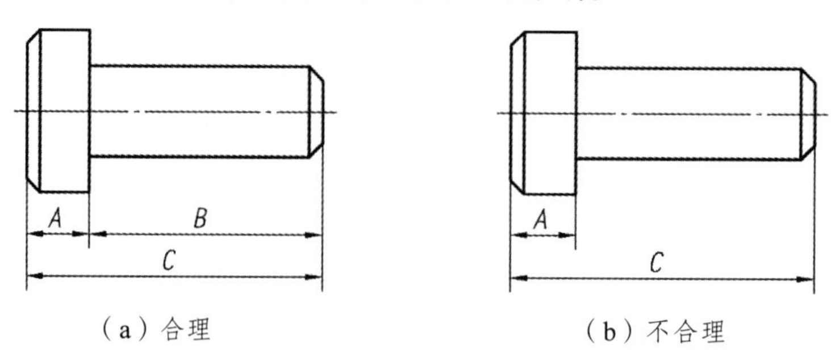

（a）合理　　（b）不合理

图 4-1-6　避免封闭的尺寸链

（5）尺寸标注的工艺要求。

尺寸标注要尽可能符合工艺要求。如图 4-1-7（a）所示，轴承盖的半圆孔是和轴承座配合在一起加工而成的，所以要标注直径。此外，标注轴的长度尺寸时要考虑加工顺序，如图 4-1-7（b）所示；半圆键的键槽也要标注直径，以便选择铣刀，键槽的深度要以素线为基准标注，这样有利于铣键槽时定位和测量，如图 4-1-7（c）所示。

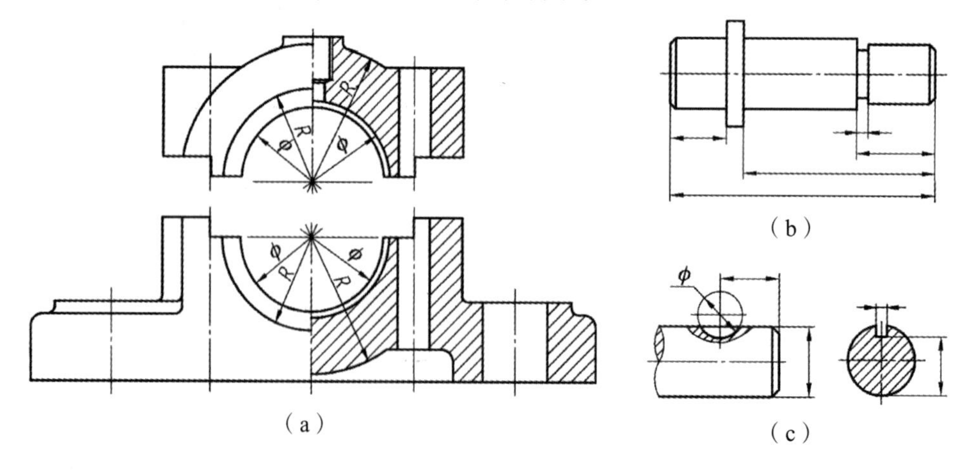

（a）　（b）　（c）

图 4-1-7　尺寸标注的工艺要求

3. 零件上常见孔的尺寸标注（见表 4-1-1）

表 4-1-1　常见孔的尺寸标注

结构类型		简化前	简化后		说　明
光孔	一般孔	4×ϕ12 14	4×ϕ12↧14	4×ϕ12↧14	“↧”为深度符号（下同），表示 4 个 ϕ12 mm 的孔，孔深为 14 mm
	锥销孔	无普通注法	锥销孔ϕ4 配作	锥销孔ϕ4 配作	“配作”是指和另一零件的同位锥销孔一起加工；4 是与孔相配的圆锥销的公称直径（小端直径）
沉孔	锥形沉孔	90° ϕ15 3×ϕ9	3×ϕ9 ⌵ϕ15×90°	3×ϕ9 ⌵ϕ15×90°	“⌵”为锥形沉孔符号，表示 3 个 ϕ9 mm 的孔，其 90°锥形沉孔的最大直径为 ϕ15 mm
	柱形沉孔	ϕ11 3 4×ϕ6.6	4×ϕ6.6 ⌴ϕ11↧3	4×ϕ6.6 ⌴ϕ11↧3	“⌴”为柱形沉孔（或锪平孔）符号，表示 4 个直径为 ϕ 6.6 mm 的孔，柱形沉孔的直径为 ϕ 11 mm，深为 3 mm
	锪平孔	ϕ15 4×ϕ7	4×ϕ7 ⌴ϕ15	4×ϕ7 ⌴ϕ15	表示 4 个直径为 ϕ7 mm 的孔，其锪平直径为 15 mm，深度不必标出（锪平通常只需锪出平面即可）
螺纹孔	通孔	3×M10-6H EQS	3×M10-6H EQS	3×M10-6H EQS	表示 3 个公称直径为 10 mm 的螺纹孔，中径、顶径的公差代号为 6H
	盲孔	3×M10-6H EQS 15 10	3×M10-6H↧10 ↧15EQS	3×M10-6H↧10 ↧15EQS	表示 3 个均匀分布的公称直径为 10 mm 的螺纹孔，钻孔深度为 15 mm，螺孔深度为 10 mm，中径、顶径的公差代号为 6H

知识点三　零件图的技术要求

1. 表面结构的图样表示法

表面结构是表面粗糙度、表面波纹度、表面缺陷、表面纹理和几何形状的总称。表面结构的各项要求在图样上的表示法在 GB/T 131—2006《产品几何技术规范（GPS）技术产品文件中表面结构的表示法》中均有规定。这里主要介绍常用的表面粗糙度表示法。

（1）表面粗糙度的概念。

零件在经过机械加工后的表面会留有许多高低不平的凸峰和凹谷，零件加工表面上具有的较小间距和峰谷所组成的微观几何形状特征称为表面粗糙度。

表面粗糙度是评定零件表面质量的一项重要技术指标，对于零件的配合性、耐磨性、抗腐蚀性及密封性等都有显著影响，是零件图中必不可少的一项技术要求。

零件表面粗糙度的选用，既要能满足零件表面的功能要求，又要考虑经济合理。一般情况下，凡是零件上有配合要求或有相对运动的表面，粗糙度参数值要小，参数值越小，表面质量越高，但加工成本也越高。因此，在满足使用要求的前提下，应尽量选用较大的粗糙度参数值，以降低加工成本。

（2）评定表面结构常用的轮廓参数。

零件表面结构的状况可以由 3 个参数组加以评定：即轮廓参数（由 GB/T 3505—2000 定义）、图形参数（由 GB/T 18618—2002 定义）、支承率曲线参数（由 GB/T 18778.2—2003 和 GB/T 18778.3—2003 定义）。其中，轮廓参数是我国机械图样中目前最常用的评定参数。

这里仅介绍轮廓参数中评定粗糙度轮廓（*R* 轮廓）的两个高度参数 *Ra* 和 *Rz*。

轮廓的算数平均偏差 *Ra*：是指在一个取样长度内，零件表面上各点到轮廓中线的纵坐标 *Z*（*X*）绝对值的算数平均值，如图 4-1-8 所示。

轮廓的最大高度 *Rz*：是指在同一取样长度内，最大轮廓峰高与最大轮廓谷深之间的距离，如图 4-1-8 所示。

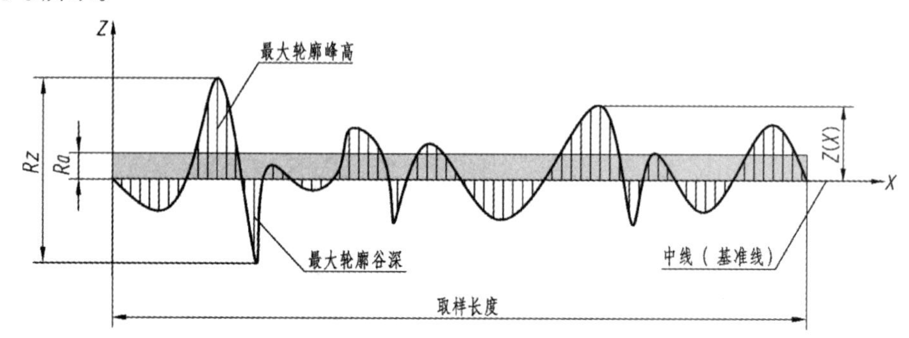

图 4-1-8　轮廓算术平均偏差 *Ra* 和轮廓最大高度 *Rz*

（3）标注表面结构的图形符号。

标注表面结构要素要求时的图形符号的名称、符号、含义及其尺寸如表 4-1-2 和表 4-1-3 所示。

表 4-1-2　表面结构符号的尺寸

数字与字母的高度 *h*	2.5	3.5	5	7	10	14	20
符号的线宽、数字与字母的笔画宽度 *d*	0.25	0.35	0.5	0.7	1	1.4	2
高度 H_1	3.5	5	7	10	14	20	28
高度 H_2	7.5	10.5	15	21	30	42	60

表 4-1-3　表面结构符号和画法

符号名称	符　号	含　义
基本符号	H_1　60°　60°　H_2 基本图形符号的线宽、H_1和H_2的高度，以及粗糙度值的高度见表4-1-2	基本符号是指未指定工艺方法的表面，仅用于简化代号的标注，没有补充说明时不能单独使用
扩展符号		用于表示用去除材料的方法获得的表面，仅当含义是“被加工表面”时可单独使用
		用于表示不去除材料的表面，也可用于表示保持原供应状况或上道工序形成的表面（不管是否已去除材料）
完整符号	允许任何工艺　去除材料　不去除材料	当需要标注表面结构特征的补充信息时，在上述三个符号的长边上可加一横线，用于标注有关参数或说明
		表示视图中封闭的轮廓线所表示的所有表面具有相同的表面粗糙度要求

（4）表面结构要求在图形符号中的注写位置。

为了明确表面结构要求，除了标注表面结构参数和数值外，必要时还应标注其他补充要求，如取样长度、加工工艺、表面纹理、加工余量等。这些要求在图形符号中的注写位置如图 4-1-9 所示。

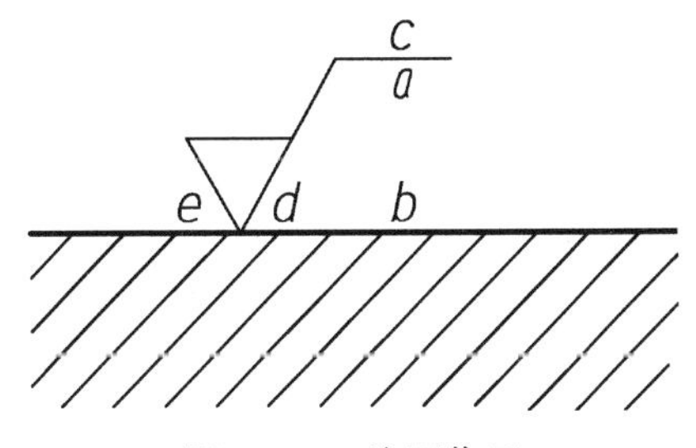

图 4-1-9　注写位置

位置 a：注写第一个表面结构要求，如结构参数代号、极限值、取样长度或传输带等。参数代号和极限值间应插入空格。

位置 b：注写第二个或多个表面结构要求。

位置 c：注写加工方法、表面处理或涂层等，如“车”“磨”等。

位置 d：注写表面纹理和纹理方向，如“=”“M”等。

位置 e：注写加工余量。

（5）表面结构要求在图样中的注法。

为避免误解，表面结构要求需在参数代号和极限值之间插入空格，如“*Ra*6.3”。标注表面结构要求时应注意以下几点：

① 每一个表面一般只标注一次表面结构要求，并尽可能标注在相应的尺寸及其公差的同一视图上。所标注的表面结构要求是对完工零件表面的最终要求，否则应另加说明。

② 表面结构要求的注写和读取方向与尺寸的注写与读取方向一致。表面结构要求可标注在轮廓线上，其符号应从材料外指向被接触表面，如图 4-1-10（a）所示。必要时，表面结构也可以用带箭头或黑点的指引线引出标注，如图 4-2-10（b）、（c）所示。

③ 在不致引起误解时，表面结构要求可以标注在给定的尺寸线上、尺寸界线上、轮廓的延长线上，也可以标注在几何公差框格的上方，如图 4-1-10（d）、（e）所示。

表面结构要求的注写方向：

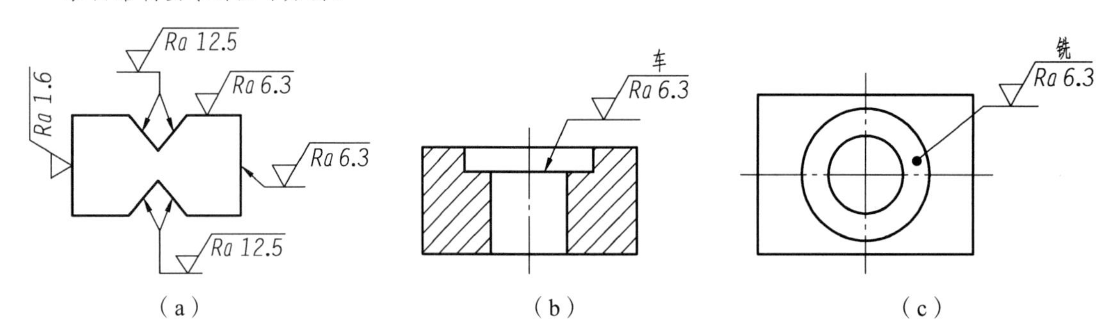

表面结构要求的标注位置：

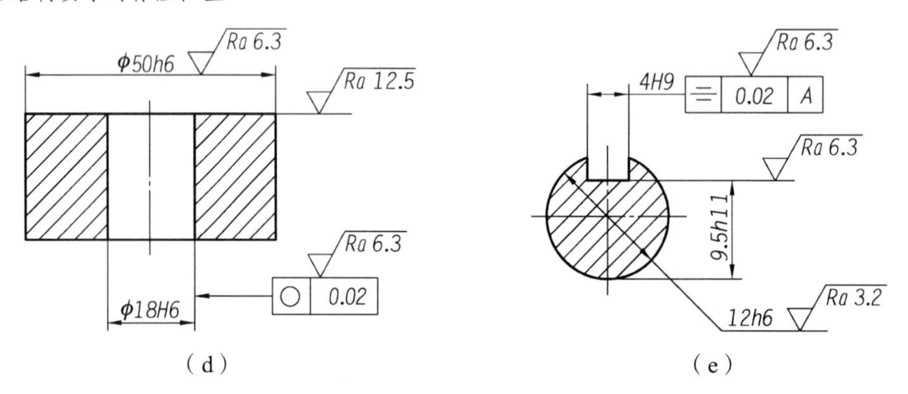

4-1-10 表面结构要求在图样中的注法

（6）表面结构要求的简化注法。

有相同表面结构要求的简化注法：如果工件的多数表面（不包括全部表面）具有相同的表面结构要求时，可以先将不同的表面结构要求直接标注在视图上，然后将相同的表面结构要求统一标注在标题栏附近。此时，该表面结构要求后面应加圆括号，且圆括号内应给出基本符号或标出不同的表面结构要求，具体的意义如下：

如果圆括号内给出基本符号，表示除了图上标出来的表面结构要求外，其余表面的表面结构要求均与标题栏附近的那个表面结构要求相同，如图 4-1-11（a）、（b）所示。

如果圆括号内给出不同的表面结构要求，表示与大多数表面的表面粗糙度要求不同的几个表面的表面粗糙度要求，则必须在图形的对应位置处注出括号内的表面粗糙度数值，如图4-1-11（c）所示。

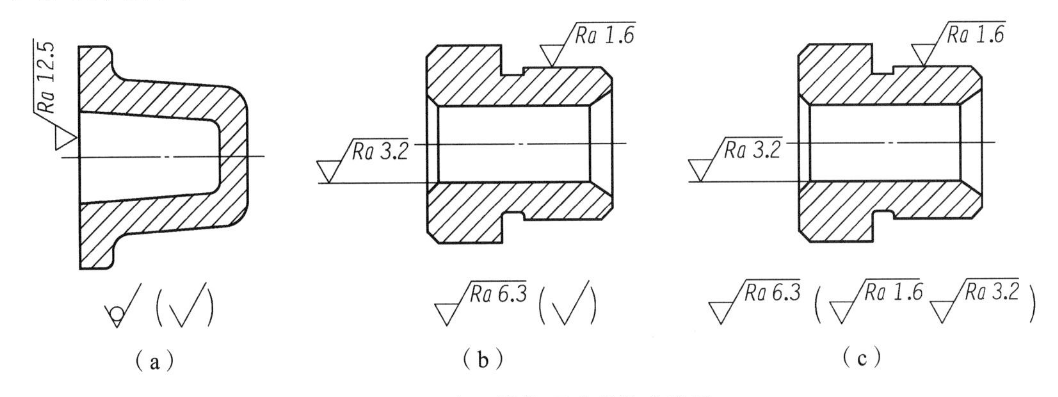

4-1-11　表面结构要求的简化注法

多个表面有共同要求的注法：当工件上多个表面有相同的表面结构要求，或图纸的标注空间较小时，可以采用图 4-1-12 所示的两种简化注法。即在视图上用带字母的完整符号标注，然后在标题栏附近以等式的形式对有相同表面结构要求的表面进行简化标注，如图 4-1-12（a）所示；也可以在视图中只用表面结构符号简化标注，然后在标题栏附近以等式的形式给出具体的表面粗糙度值，如图 4-1-12（b）所示。

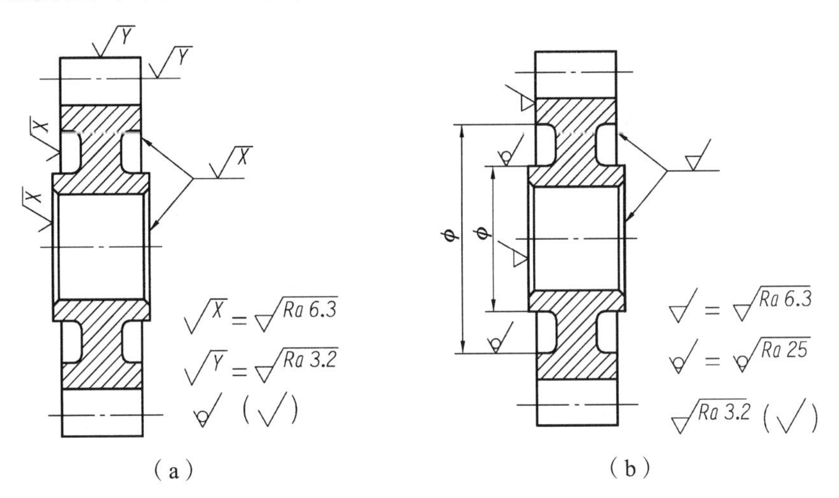

4-1-12　多个表面有共同要求的注法

2. 极限与配合

（1）尺寸公差和极限。

在成批或大量生产中，一批零件在装配前不经过挑选，在装配过程中不经过修配，其装配后就能满足设计和使用性能要求，零件的这种在尺寸与功能上可以互相替代的性质称为互换性。极限与配合是保证零件具有互换性重要标准。

零件在制造过程中，由于加工或测量等因素的影响，完工后的实际尺寸总存在一定程度的误差。为保证零件的互换性，必须将零件的实际尺寸控制在允许变动的范围内，这个允许的尺寸变动量称为尺寸公差，简称公差；允许变动的两个极端界限称为极限尺寸。

以图 4-1-13 为例，介绍与极限相关的基本术语。

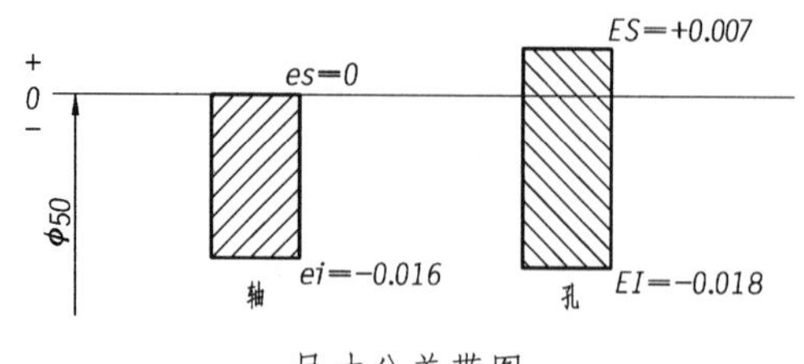

尺寸公差带图

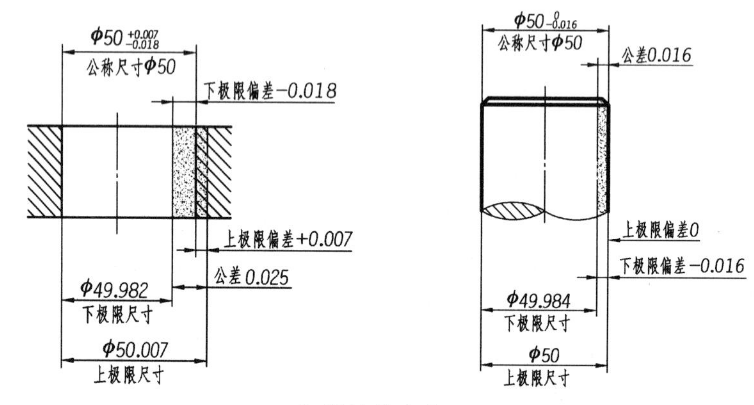

极限的基本术语

图 4-1-13　尺寸公差和极限

① 公称尺寸——设计时根据零件的使用要求给定的尺寸，如 ϕ 50。

② 极限尺寸——允许尺寸变化的两个极限值。加工尺寸的最大允许值称为上极限尺寸，最小允许值称为下极限尺寸。如 ϕ 50.007 为孔的上极限尺寸，ϕ 49.982 为孔的下极限尺寸。

③ 极限偏差——有上极限偏差和下极限偏差之分，上极限尺寸与公称尺寸的代数差称为上极限偏差；下极限尺寸与公称尺寸的代数差称为下极限偏差。孔的上极限偏差用 ES 表示，下极限偏差用 EI 表示；轴的上极限偏差用 es 表示，下极限偏差用 ei 表示。极限偏差可以是正、负或零值。

④ 尺寸公差（简称公差）——允许尺寸的变动量。尺寸公差等于上极限尺寸减去下极限尺寸，或上极限偏差减去下极限偏差。公差总是大于零的正数。如图 4-1-13 中孔的公差为 0.025。

⑤ 零线——在公差带图解中表示公称尺寸的一条直线，以该直线为基准确定偏差和公差。通常零线沿水平方向绘制，其上方为正，下方为负。

⑥ 公差带——代表上、下极限偏差的两条直线所限定的区域。如图 4-1-13 所示，图中矩形的上边代表上极限偏差，下边代表下极限偏差，矩形的长度无实际意义，高度代表公差。

（2）标准公差与基本偏差。

决定公差带的因素有两个，一个是公差带的大小（即矩形的高度），另一个是公差带距零线的位置。公差带的大小由标准公差确定，公差带距零线的位置由基本偏差确定。

① 标准公差的大小由两个因素决定，一个是公差等级，另一个是公称尺寸。国家标准 GB/T 1800.1—2009 将公差划分为 20 个等级，分别为 IT01、IT0、IT1、IT2、…、IT18。其中，IT01

级的精度最高，IT18 级的精度最低。公称尺寸相同时，公差等级越高（数值越小），标准公差越小；公差等级相同时，公称尺寸越大，标准公差越大。

② 基本偏差是用以确定公差带相对于零线位置的那个极限偏差，一般为靠近零线的那个偏差，如图 4-1-14 所示。当公差带在零线上方时，基本偏差为下极限偏差；当公差带在零线下方时，基本偏差为上极限偏差；当零线穿过公差带时，离零线近的偏差为基本偏差；当公差带关于零线对称时，基本偏差为上极限偏差或下极限偏差。基本偏差有正号和负号。

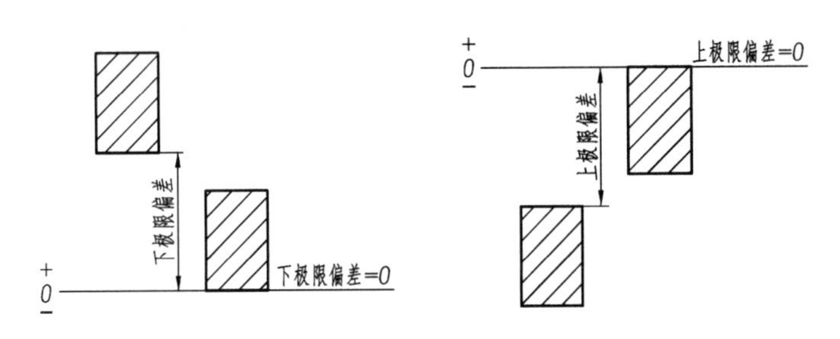

图 4-1-14　基本偏差

（3）配合。

公称尺寸相同的相互结合的轴和孔的公差带之间的关系称为配合。按孔和轴公差带间的相对位置关系，配合可分为间隙配合、过盈配合和过渡配合 3 种。

间隙配合：孔与轴配合时，具有间隙（包括最小间隙等于零）的配合。此时，孔的公差带在轴的公差带之上，如图 4-1-15（a）所示。

过盈配合：孔与轴配合时，具有过盈（包括最小过盈等于零）的配合。此时，孔的公差带在轴的公差带之下，如图 4-1-15（b）所示。

过渡配合：孔与轴配合时，既可能存在间隙又可能存在过盈的配合。此时，孔的公差带与轴的公差带相互交叠，如图 4-1-15（c）所示。

（4）配合制及其选择。

当基本偏差一定的基准件与其他零件相配时，只需改变配合件的公差带，便可获得不同松紧程度的配合，从而达到减少零件加工的定值刀具和量具的规格数量。为此，国家标准规定了两种配合制，即基孔制和基轴制。

基孔制：是指孔的基本偏差保持不变，以改变轴的基本偏差来得到不同的配合。基孔制中的孔称为基准孔，基本偏差代号为 H，如图 4-1-16 所示。

基轴制：是指轴的基本偏差保持不变，以改变孔的基本偏差来得到不同的配合。基轴制中的轴称为基准轴，基本偏差代号为 h，如图 4-1-17 所示。

在选择配合制度时，需要考虑以下几个原则：

① 加工相同公差等级的孔和轴时，孔的加工难度比轴的加工难度大。因此，一般情况下应优先选用基孔制。

② 与标准件配合时，配合制度应依据标准件而定。例如，滚动轴承的内圈与轴的配合应选用基孔制，而滚动轴承的外圈与轴承座孔的配合应选用基轴制。

③ 基轴制主要用于结构设计要求不合适采用基孔制的场合。例如，同一轴与几个具有不同公差带的孔配合时，应选用基轴制。

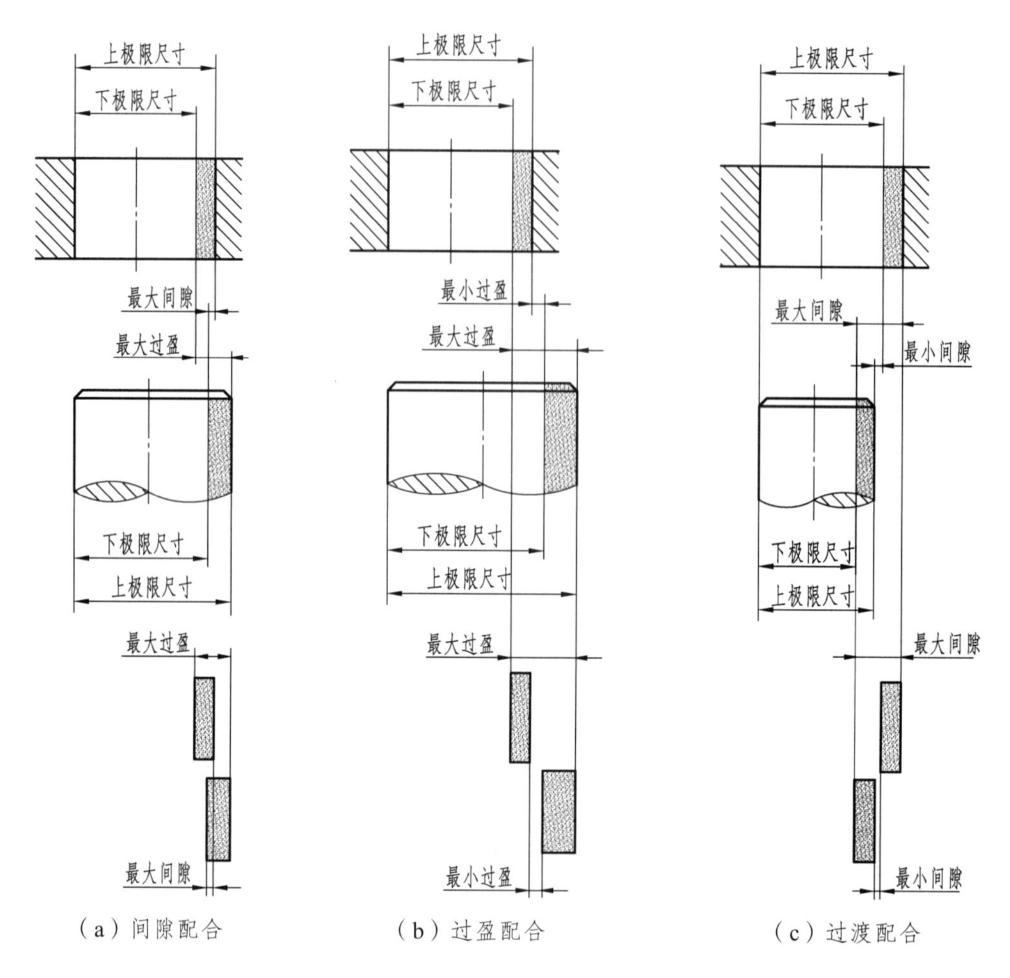

（a）间隙配合　　（b）过盈配合　　（c）过渡配合

图 4-1-15　配合

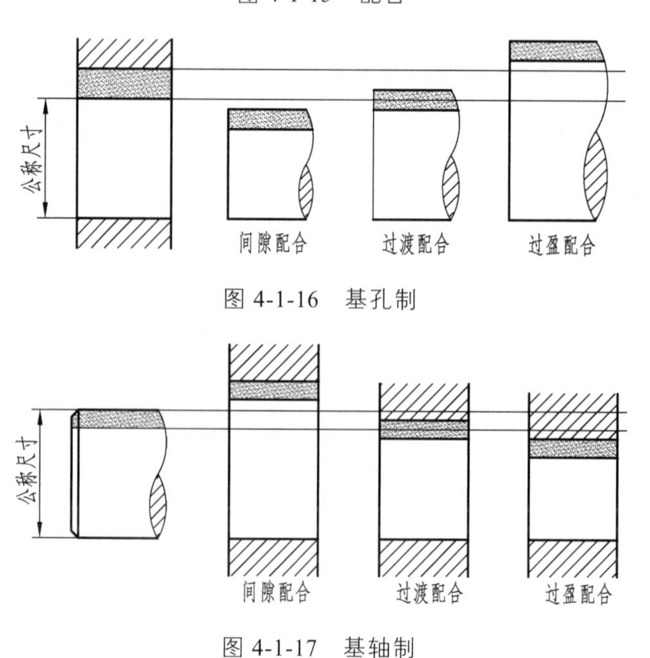

图 4-1-16　基孔制

图 4-1-17　基轴制

（5）极限与配合的标注。

在零件图中，线性尺寸的公差有 3 种标注形式。

① 在公称尺寸后面标注公差带代号，如图 4-1-18（a）所示。

② 在公称尺寸后面标注上、下极限偏差，如图 4-1-18（b）所示。

③ 在公称尺寸后面同时标注公差带代号和上、下极限偏差。此时，偏差值用括号括起来，如图 4-1-18（c）所示。

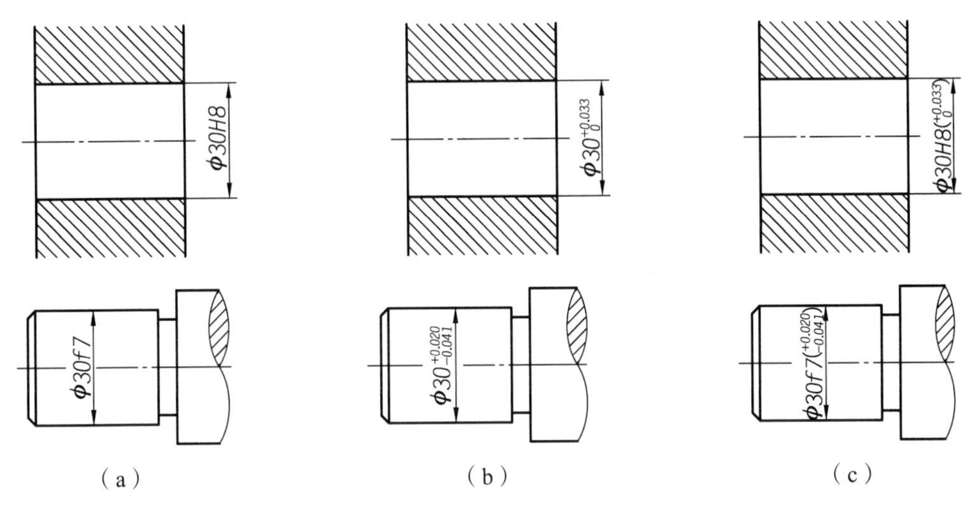

图 4-1-18　极限与配合的标注

标注极限偏差时应注意以下几点：

① 上、下极限偏差的字高比公称尺寸数字小一号，且下极限偏差与公称尺寸数字在同一水平线上。

② 当公差带相对于公称尺寸对称时，上、下极限偏差互为相反数，此时极限偏差采用“±”加偏差的绝对值表示，且极限偏差和公称尺寸数字的大小一致，如“ϕ 30±0.016”。

③ 上、下极限偏差的小数位必须相同且对齐，当上极限偏差或下极限偏差为零时，用数字“0”标出。

3. 几何公差（GB/T 1182—2008）

零件在加工过程中，不仅会产生尺寸误差和表面粗糙度，还会产生几何误差，即零件几何要素的实际形状对理想形状或实际位置对其理想位置的误差。如果零件存在严重的几何误差，将直接影响机器的质量。因此，对于精度要求较高的零件，除了要给出尺寸公差外，还应根据设计要求合理地给出几何误差的允许变动量，即几何公差。

几何公差包括形状、方向、位置和跳动公差 4 项内容。

几何公差代号一般由带箭头的引线、公差框格、几何特征符号、公差值及基准代号字母（只有有基准的几何特征才有基准代号字母）组成。其中，指引线连接被测要素和公差框格，指引线的箭头指向被测要素的表面或其延长线，如图 4-1-19（a）所示。

基准代号由正方形线框、字母和带黑三角（或白三角）的引线组成，h 表示字体高度，如图 4-1-19（b）所示。框格中的字符高度与尺寸数字的高度相同，且基准中的字母永远水平注写。

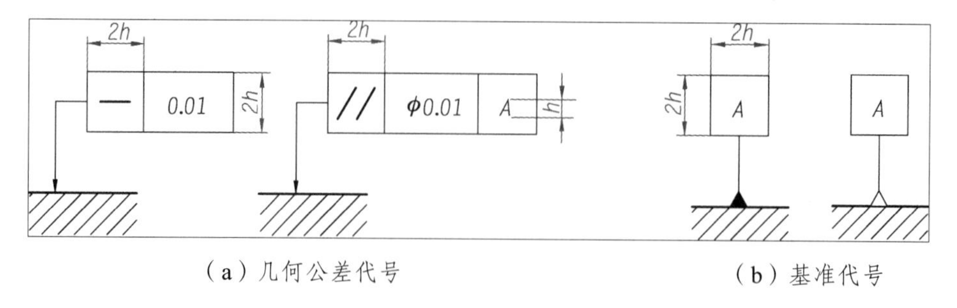

（a）几何公差代号　　（b）基准代号

图 4-1-19　几何公差

例 4.1.1　在如图 4-1-20 所示的标注中，各几何公差的含义如下：

① ↗ 0.03 A：公差名称为圆跳动，被测要素是左球面，基准要素是 ϕ 16f7 轴的轴线，公差带形状是以基准轴线为圆心的同心圆，同心圆半径差为 0.03 mm。

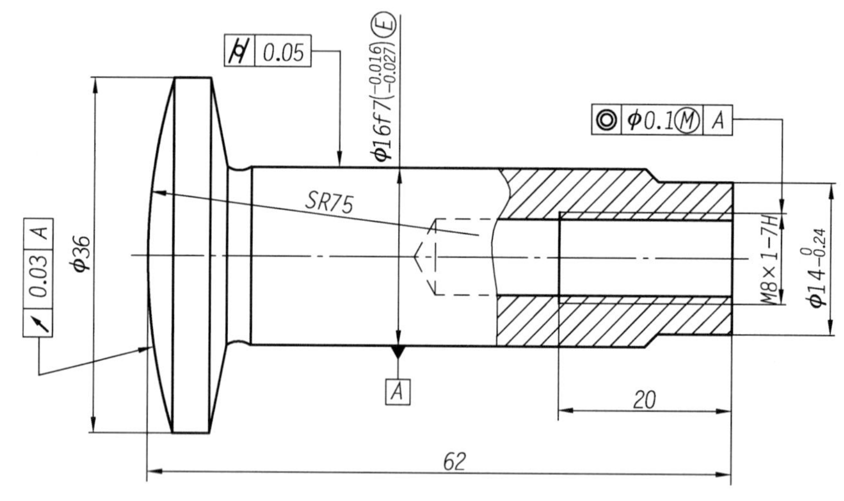

图 4-1-20　例 4.1.1

② ⌭ 0.05：公差名称为圆柱度，被测要素是 ϕ 16f7 轴段的圆柱面，公差带形状是两个同心柱面，柱面的半径差为 0.05 mm。

③ ◎ ϕ0.1Ⓜ A：公差名称为同轴度，被测要素是螺纹 M8×1 的轴线，基准要素是 ϕ 16f7 轴段的轴线，公差带形状是以基准轴线为轴线的圆柱面，圆柱面的直径为 ϕ 0.1 mm。其中，符号Ⓜ表示尺寸公差和形位公差的关系符合最大实体要求。

④ Ⓔ：表示尺寸公差和形状公差的关系符合包容要求。

任务实施

1. 建立法兰盘的三维模型

根据图 4-1-21 所示的零件图，使用 Inventor 建立法兰盘的三维模型。

（1）模型的创建和保存：打开 Inventor 软件，在如图 4-1-22 所示的窗口中点击【零件】开始创建三维模型。

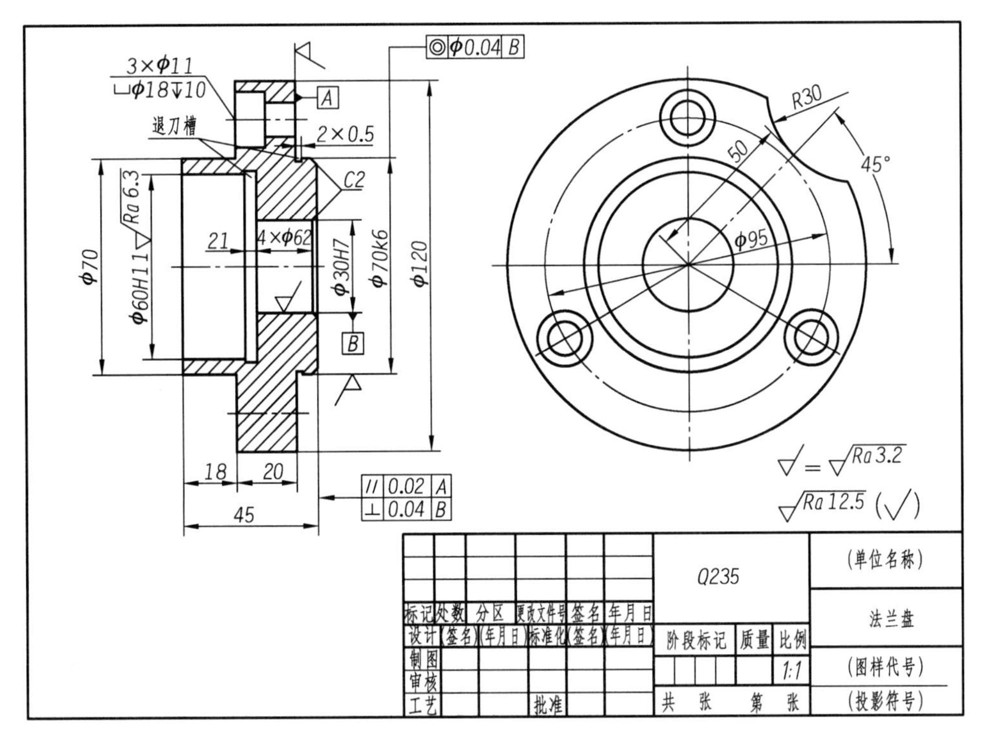

图 4-1-21　法兰盘

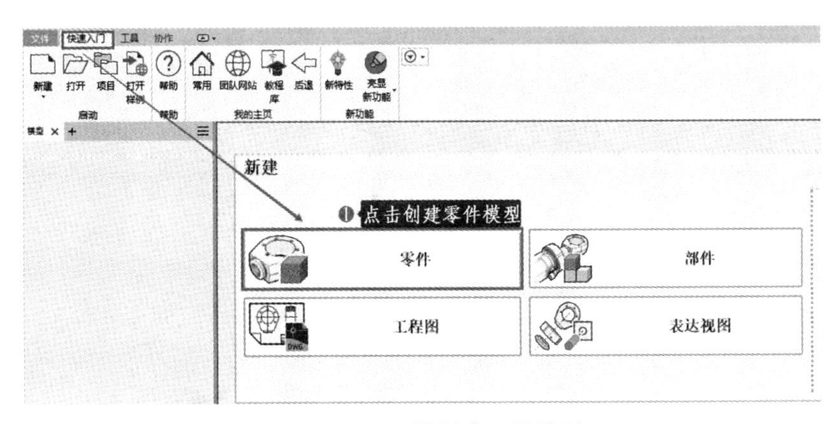

图 4-1-22　开始创建三维模型

点击窗口左上角【文件】，在如图 4-1-23（a）所示的菜单中，点击【保存】按钮，弹出界面如图 4-1-23（b）所示，设置完成后点击【保存】，完成模型的保存。

（2）进入草图绘制：点击【三维模型】菜单中的图标，选择需要绘制的坐标平面（一般选择水平的 *xz* 平面），单击进入草图绘制，如图 4-1-24（a）所示，点击以原点为圆心绘制直径为 70 的圆，最终完成草图如图 4-1-24（b）所示。

（3）点击，按图 4-1-25 进行设置并完成拉伸。

（4）新建草图平面。在【定位特征】选项卡中找到【平面】，在【平面】下拉菜单中选择【从平面偏移】，选择拉伸得到的圆柱体端面作为偏移基准面，输入偏移的距离 18mm（注意调整偏移的方向）。

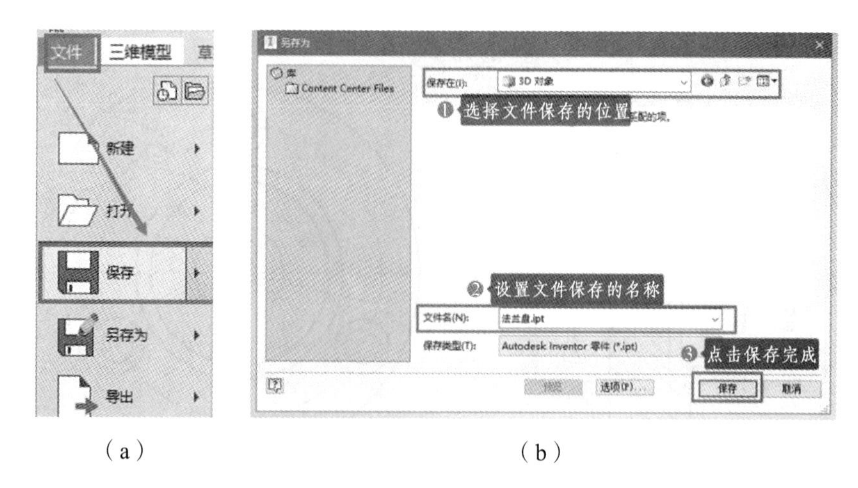

（a）　　（b）

图 4-1-23　保存

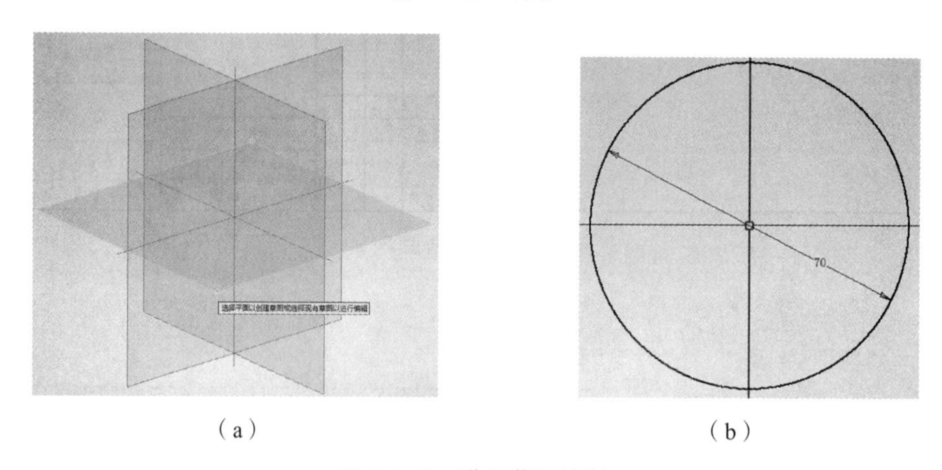

（a）　　（b）

图 4-1-24　进入草图绘制

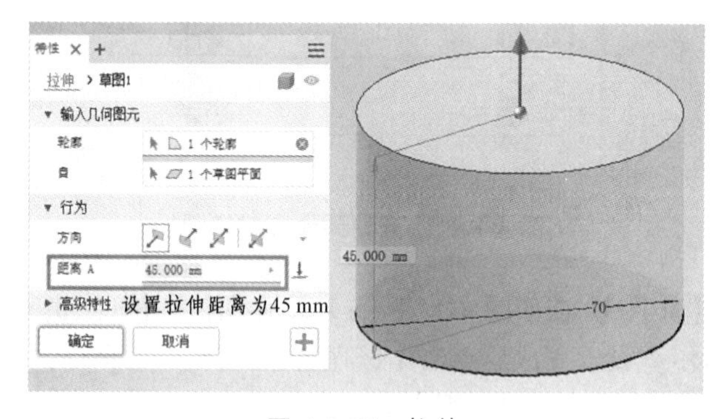

图 4-1-25　拉伸

（5）在偏移得到的平面上新建草图并完成拉伸，如图 4-1-26（a）所示，在左侧导航栏中的“工作平面 1”上单击右键，在弹出的菜单中点击【可见性】，将草图平面隐藏，如图 4-1-26（b）所示。

（6）新建草图并拉伸完成内孔的制作。选择如图 4-1-27 所示的平面建立草图，绘制直径为 60 mm 的圆，并拉伸 28 mm，完成孔的制作，如图 4-1-28 所示。

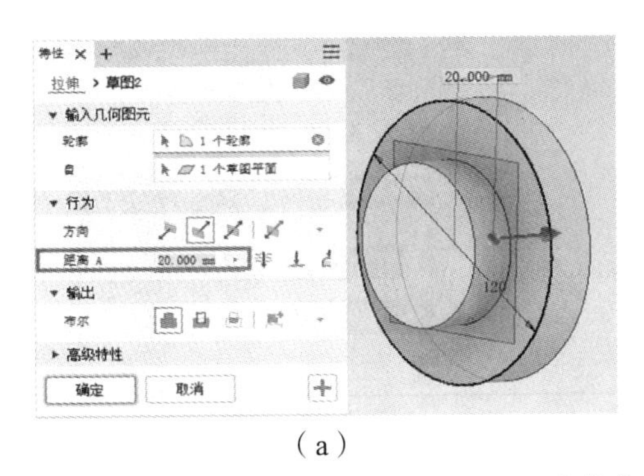

（a）

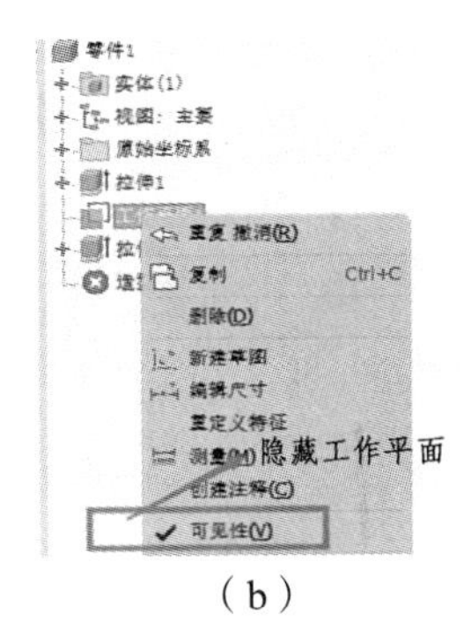

（b）

图 4-1-26　隐藏草图平面

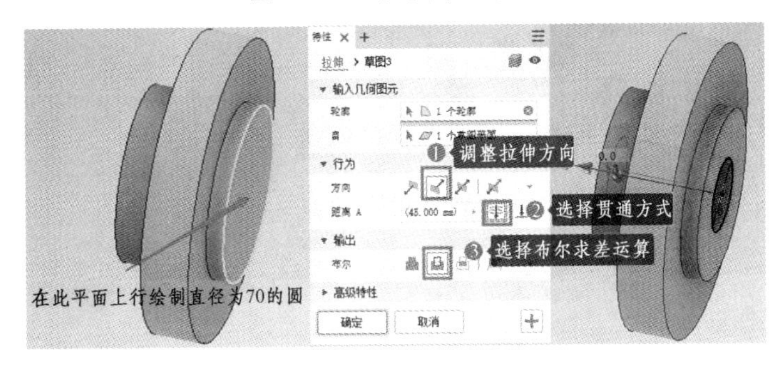

图 4-1-27　绘制草图

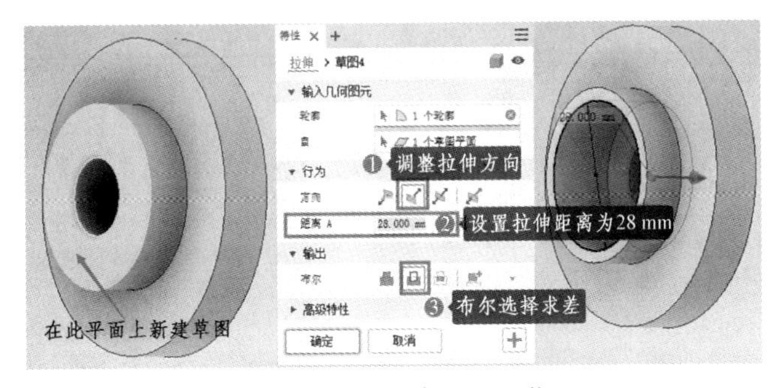

图 4-1-28　完成孔的制作

（7）退刀槽的制作。新建草图并拉伸，完成两个退刀槽的制作，如图 4-1-29 所示。

（8）倒角的制作。点击倒角指令 倒角，在弹出的倒角属性对话框中进行设置，如图 4-1-30 所示，点击【确定】完成倒角。

（9）使用阵列完成沉孔制作，在如图 4-1-31（a）所示的平面新建草图，绘制直径为 95 mm 的圆，并作竖直的直线与圆相交，确定沉孔位置。点击 孔 命令，参数设置如图 4-1-31（c）所示。

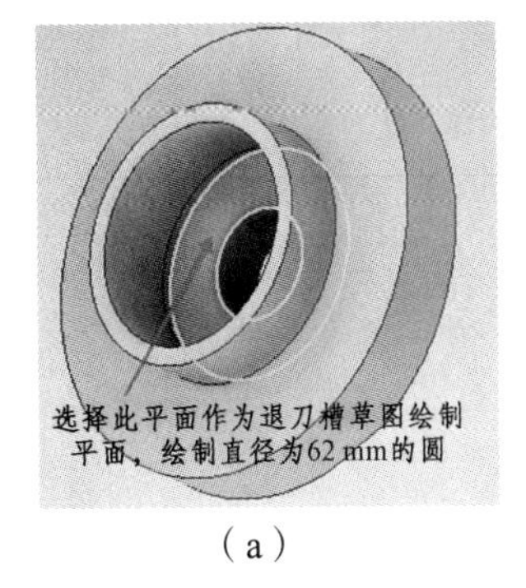

（a）

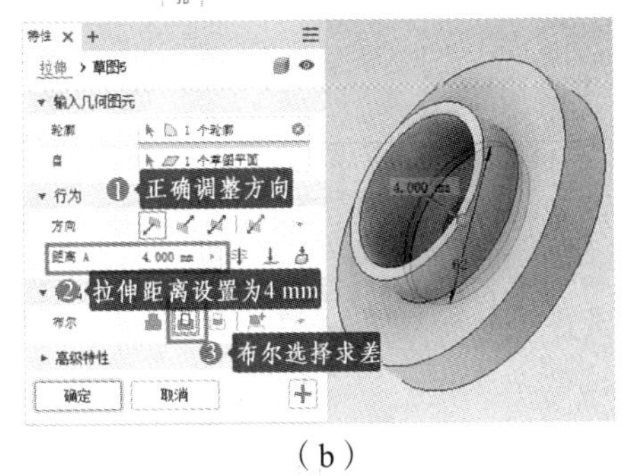

（b）

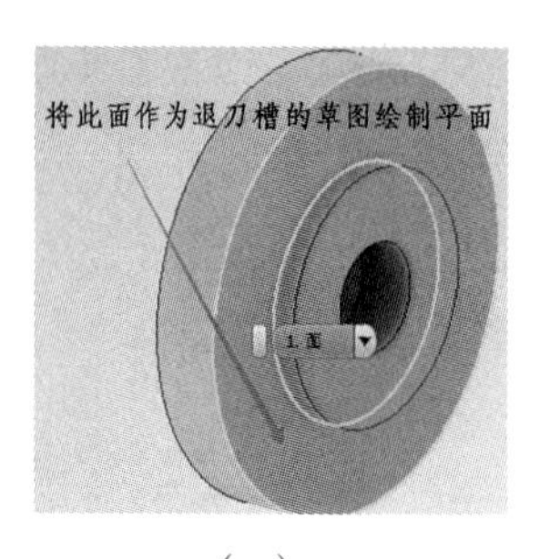

（c）

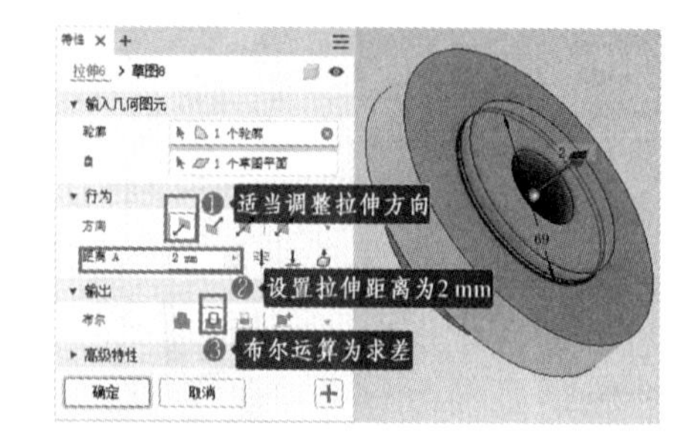

（d）

图 4-1-29　制作退刀槽

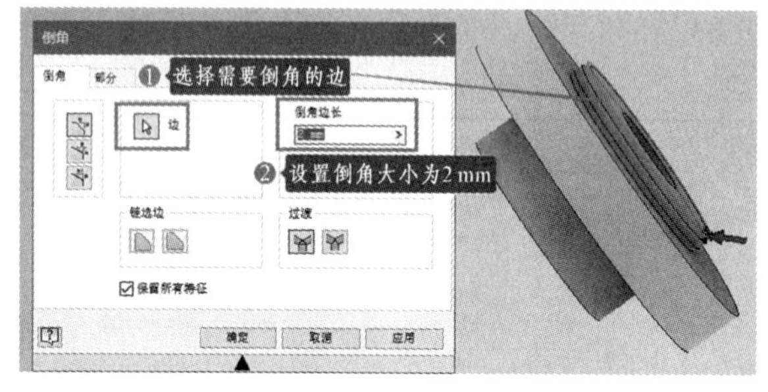

图 4-1-30　倒角

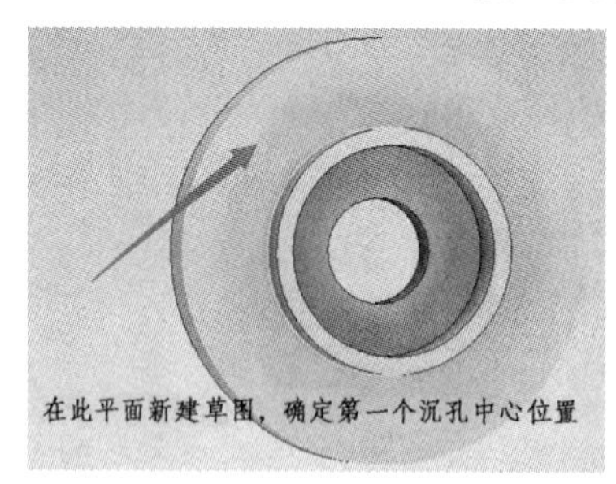

（a）

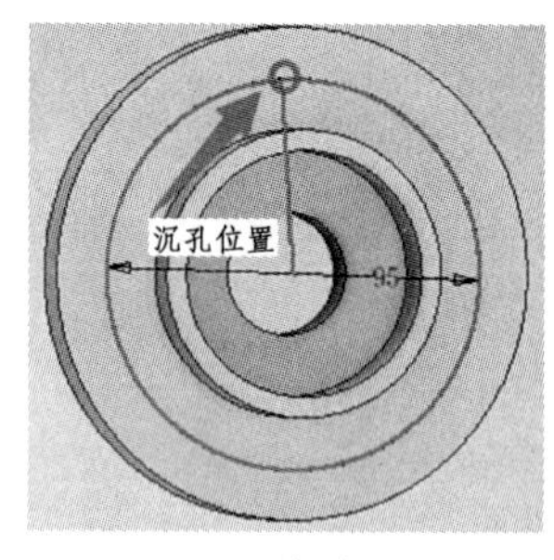

（b）

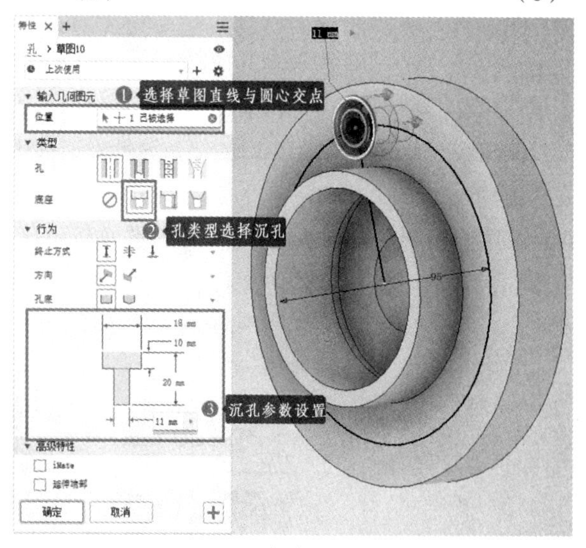

（c）

图 4-1-31　制作沉孔

点击 环形，参数设置如图 4-1-32 所示，点击【确定】完成沉孔的阵列。

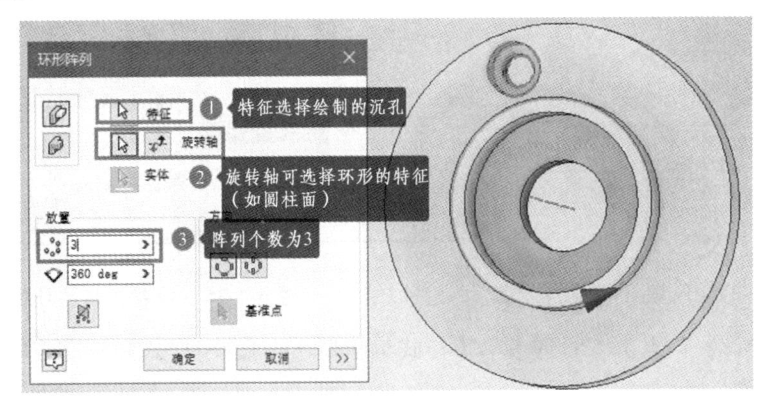

图 4-1-32　阵列沉孔

（10）在如图 4-1-33（a）所示的平面绘制草图，拉伸设置如图 4-1-33（b）所示，点击【确定】完成所有的建模操作。设置零件材质后效果如图 4-1-33（c）所示。完成建模后点击【保存】，完成模型的保存。

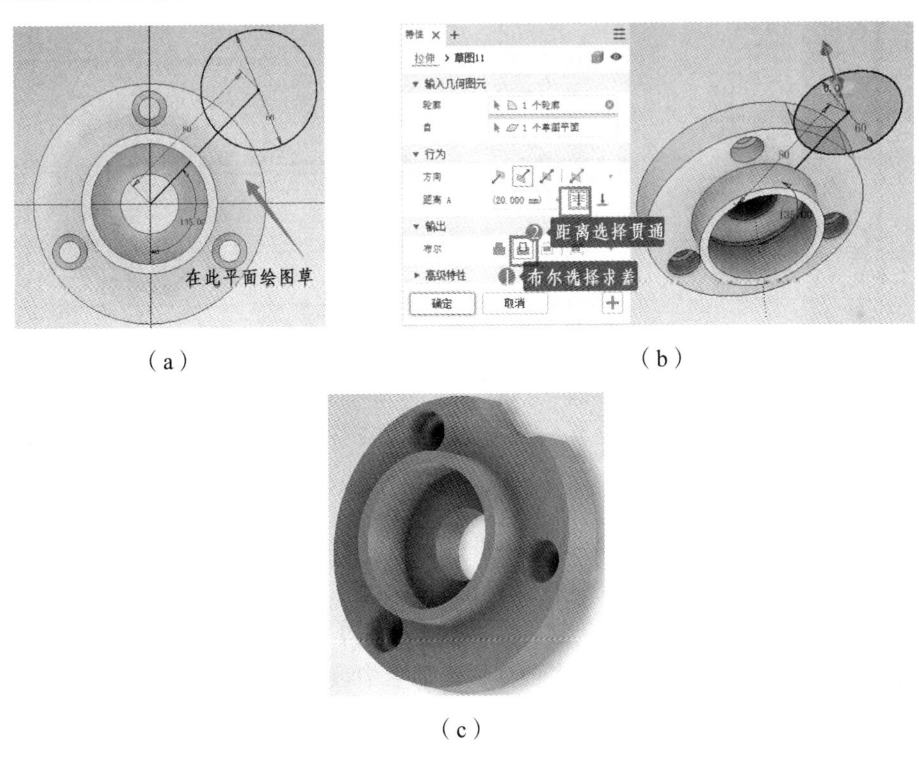

（a）　（b）

（c）

4-1-33　完成绘制

2. 生成二维图纸

（1）新建零件图纸。点击【文件】打开文件菜单，如图 4-1-34 所示，点击【新建】按钮，选择【工程图】进入工程图生成环境。在工程图环境中对图纸进行设置，如图 4-1-35 所示，点击【确定】完成工程图环境的设置。

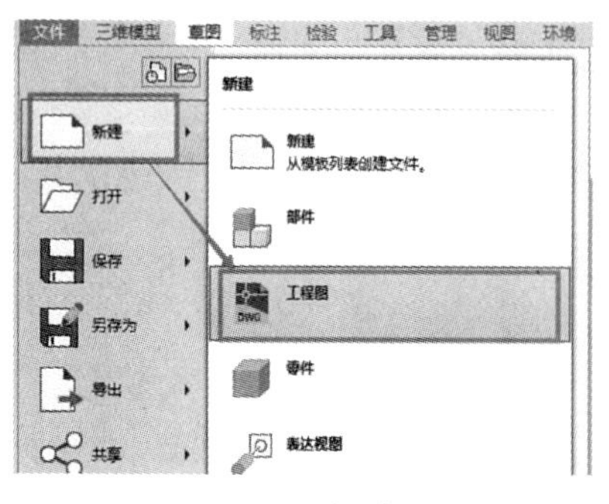

图 4-1-34　新建

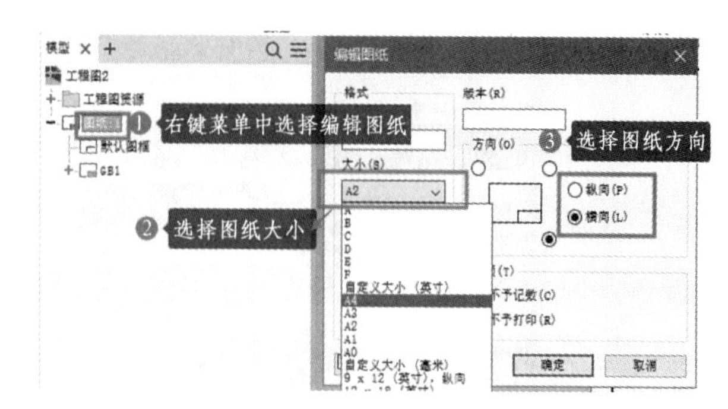

图 4-1-35　设置工程图环境

（2）样式的设置。点击【管理】→【样式编辑器】，打开“样式和标准编辑器”对话框，如图 4-1-36 所示。

图 4-1-36　“样式和标准编辑器”对话框

首先对注释文本的字体样式和字体大小进行设置，点击对话框中的【文本】→【注释文本（ISO）】→【新建样式】，弹出新建样式对话框，设置新样式名称为“制图注释文本”，如图 4-1-37 所示，点击【确定】完成新建。在左侧【文本】项目下多出了“制图注释文本”的子项，点击选中“制图注释文本”，在右侧属性选项卡中设置文字的样式和大小等属性。在对其他项目设置时弹出对话框“是否保存所做编辑”，选择【是】。

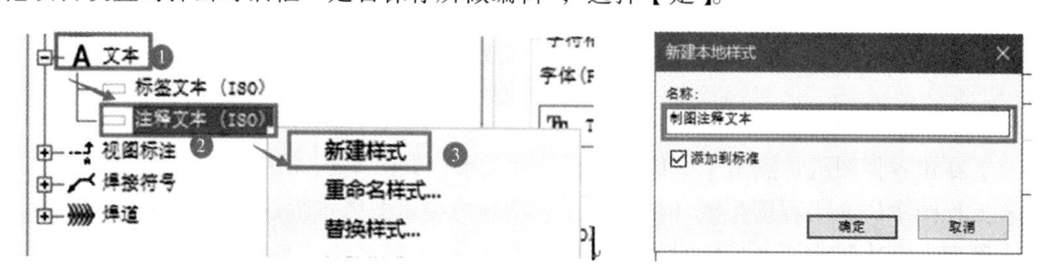

图 4-1-37　文本样式

按以上方法，新建名称为“标注样式的尺寸”的尺寸样式，在文字样式中选择新建的“制图注释文本”样式，如图 4-1-38 所示，再对其他相关属性进行设置并保存。

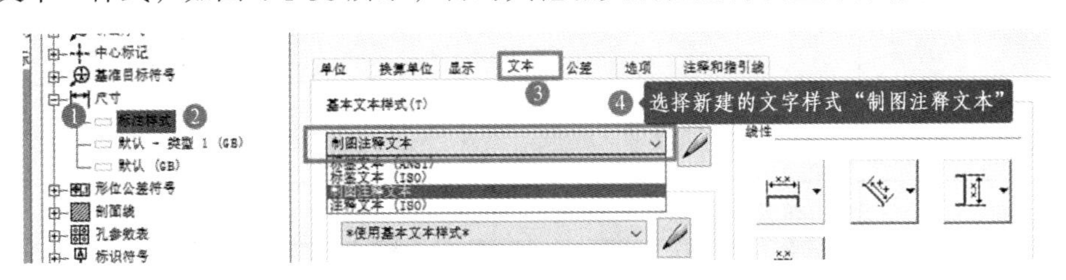

图 4-1-38　选择新建的“制图注释文本”样式

用同样的方法，根据所学知识完成基准、形位公差、剖面线、孔参数、标识符号、图层、指引线等相关参数的设置。

（3）放置视图。点击【放置视图】→【基础视图】，按图 4-1-39 进行设置，并将视图放置到适当位置。

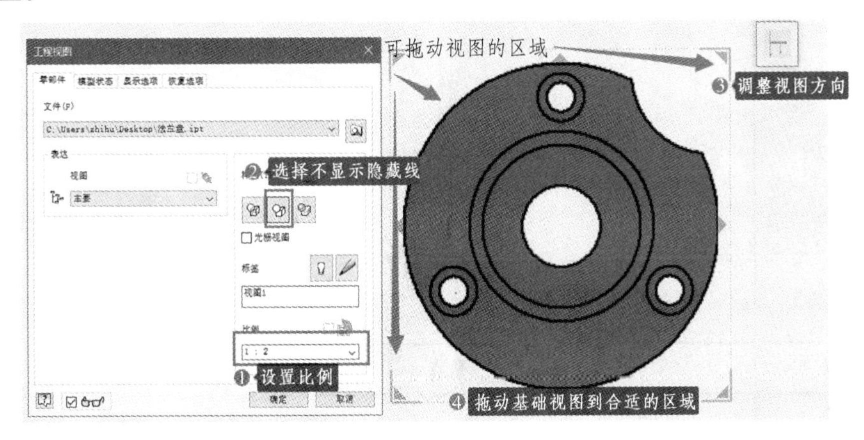

图 4-1-39　放置视图

（4）放置投影视图。点击【放置视图】→【投影视图】→点击图纸中的基础视图，向右移动选择合适的位置并单击右键，选择【创建】放置左视图。用同样的方法创建俯视图。

（5）零件图的标注。在标注菜单中选择适当标注方式对视图进行标注，如图 4-1-40 所示。

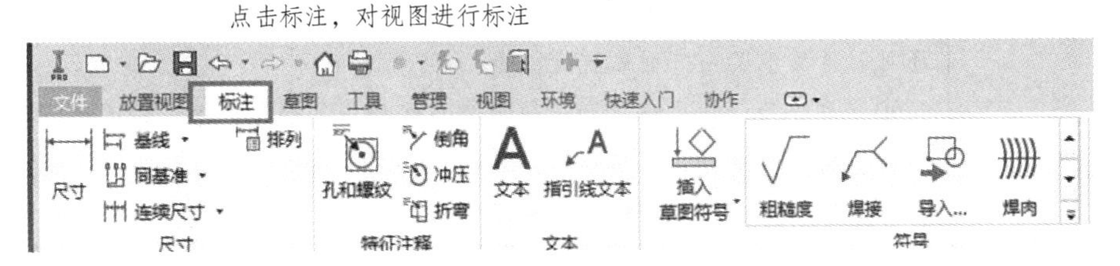

图 4-1-40　标注零件图

（6）保存工程图纸。在标注完成后，经检查无误后即可导出工程图纸，工程图纸应与图 4-1-21 一致。

任务评价

任务评价单见表 4-1-4。

表 4-1-4　任务评价单

<table>
<tr><td>任务</td><td colspan="9">盘类零件</td></tr>
<tr><td>班级</td><td></td><td>姓名</td><td></td><td>学号</td><td colspan="2"></td><td>日期</td><td colspan="2"></td></tr>
<tr><td rowspan="5">任务评价</td><td colspan="2">考评指标</td><td>考评标准</td><td>分值</td><td>自评（20%）</td><td>小组评价（40%）</td><td colspan="2">教师评价（40%）</td><td>实际得分</td></tr>
<tr><td colspan="2" rowspan="2">任务实施</td><td>相关知识点掌握程度</td><td>40</td><td></td><td></td><td colspan="2"></td><td></td></tr>
<tr><td>完成任务的准确性</td><td>40</td><td></td><td></td><td colspan="2"></td><td></td></tr>
<tr><td colspan="2" rowspan="2">职业素养</td><td>出勤、道德、纪律、责任心</td><td>10</td><td></td><td></td><td colspan="2"></td><td></td></tr>
<tr><td>学习态度、团队分工合作</td><td>10</td><td></td><td></td><td colspan="2"></td><td></td></tr>
<tr><td colspan="4">合计</td><td></td><td></td><td></td><td colspan="2"></td><td></td></tr>
<tr><td colspan="2">收获与体会</td><td colspan="8"></td></tr>
<tr><td colspan="2">本组之星</td><td colspan="2"></td><td>亮点</td><td colspan="5"></td></tr>
<tr><td colspan="2">组间互评</td><td colspan="8"></td></tr>
<tr><td colspan="2">填表说明</td><td colspan="8">① 实际得分=自评×20%+小组评价×40%+教师评价×40%。
② 考评满分为 100 分，60 分以下为不及格，60～74 分为及格，75～84 分为良好，85 分及以上为优秀。
③ “本组之星”可以是本次实训活动中的突出贡献者，也可以是进步最大者，还可以是其他某一方面表现突出者。
④ “组间互评”由评审团讨论后为各组给予的最终评价。评审团由各组组长组成，当各组完成实训活动后，各组长先组织本组组员进行商议，然后各组长将意见带至评审团，评价各组整体工作情况，将各组互评分数填入其中</td></tr>
</table>

任务二　叉架类零件

任务描述

叉架类零件主要用来支撑运动零件和其他零件。由于被支撑的零件形状多种多样，叉架类零件也各有不同。支架类零件形状不规则，外形比较复杂，常有弯曲或倾斜结构，并带有肋板、轴孔、耳板、螺孔等结构。

本任务主要通过识读电机支架零件图，建立电机支架三维模型，让理论知识与三维建模相结合，对零件图的作用和内容、叉架类零件视图表达方法、尺寸标注及技术要求等进行学习。

任务目标

（1）掌握零件图的作用和内容。

（2）熟悉叉架类零件的表达方法、尺寸标注及技术要求。

（3）能对电机支架进行三维建模并生成零件图样。

相关理论知识点

知识点一　零件图的作用与内容

零件图是表达零件结构、大小和技术要求的图样，是生产过程中主要的技术文件，是制造、检验和维修零件的重要依据。

图 4-2-1 和图 4-2-2 所示分别为数控切割机上一个电机支架零件的立体图和零件图。一张完整的零件图主要包含以下内容：

（1）一组视图：在零件图中须用一组视图来表达零件的形状和结构，且应根据零件的结构特点选择适当的视图、剖视、断面、局部放大等表达方法，从而以最简明的方式将零件的形状结构表达清楚。

（2）完整的尺寸：零件图上的尺寸不仅要标注得正确、完整、清晰，还要标注得合理，要在能够满足设计要求的前提下易于制造生产，且便于零件的检验。

（3）技术要求：国家标准规定，对于零件在制造和检验时在技术上应达到的各项要求，要用规定的代号、字母、数字或文字等在零件图上简明地表示。零件图上的技术要求包括表面粗糙度、尺寸偏差、几何公差、表面处理、材料和热处理、检验方法及其他特殊要求等。

图 4-2-1　电机支架立体图

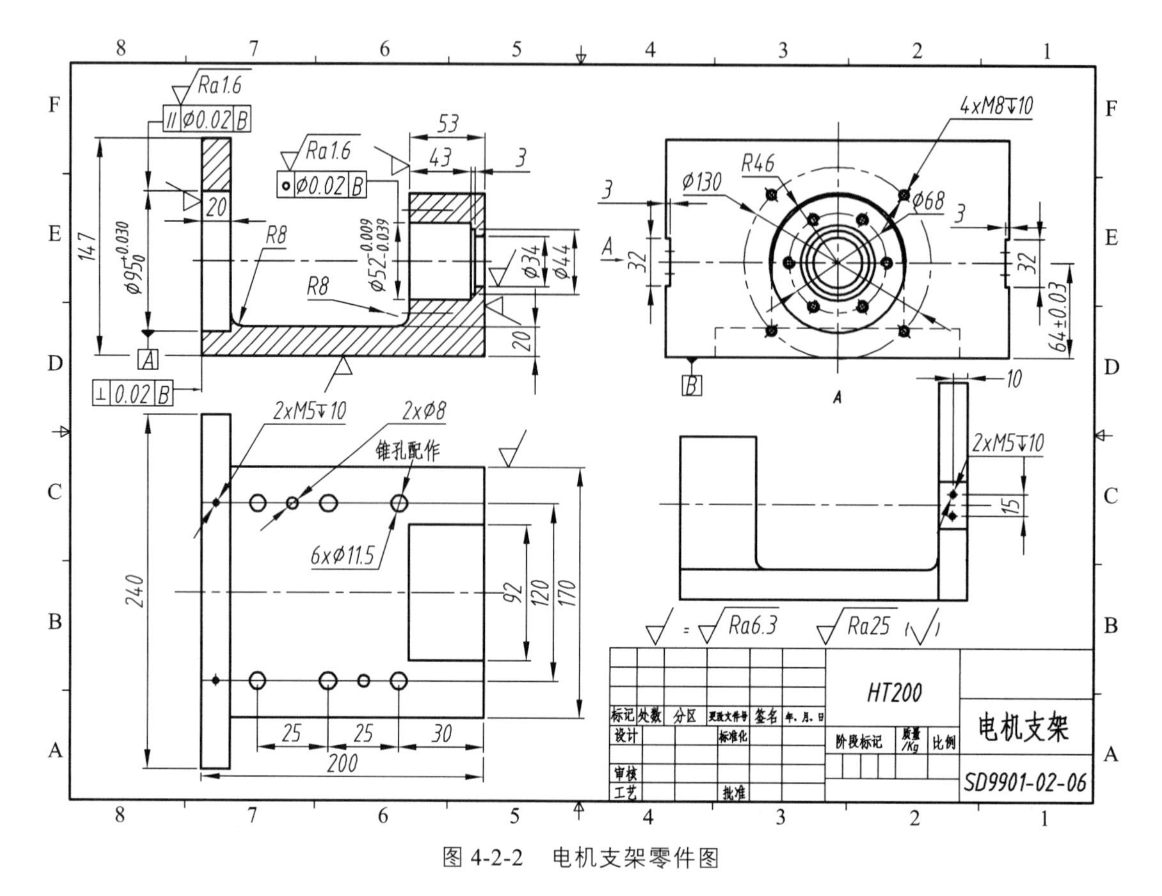

图 4-2-2 电机支架零件图

（4）标题栏：标题栏应配置在图框的右下角，填写的内容主要有零件名称、材料、数量、比例、图样代号，以及设计、审核和批准者的姓名、日期等。对于标题栏的格式，国家标准 GB/T 10609.1—2008《技术制图 标题栏》作了统一规定，应尽可能采用标准的标题栏格式。填写标题栏时应注意以下几点：

① 零件名称：零件名称要精练，如“齿轮”“泵盖”等，不必体现零件在机器中的具体作用。

② 图样代号：图样可按产品系列进行编号，也可按零件类型综合编号，各行业、厂家及公司都规定了自己的编号方法。图样代号要便于图纸检索。

③ 零件材料：零件材料要用规定的代号表示，不得用自编的文字和代号表示。

知识点二　叉架类零件的表达方法

叉架类零件的结构形状一般比较复杂，但大体可分为 3 部分，即支承部分、连接部分和工作部分。连接部分通常是倾斜或弯曲的、断面有规律变化的肋板结构，用以连接零件的工作部分与支承部分。支承部分和工作部分上常有圆孔、螺孔、沉孔、油槽、油孔、凸台、凹坑等。

图 4-2-3 所示的支架零件图，下部为支承部分，其上有两个安装沉孔；上部为工作部分，中间有圆孔，左面有夹紧螺孔；中间是连接部分，其断面为渐变的肋板。

由于叉架类零件的加工方法和加工位置不止一个，所以主视图投射方向应主要考虑零件的工作位置和形状特征。例如，图 4-2-3 中主视图的形状特征最明显。

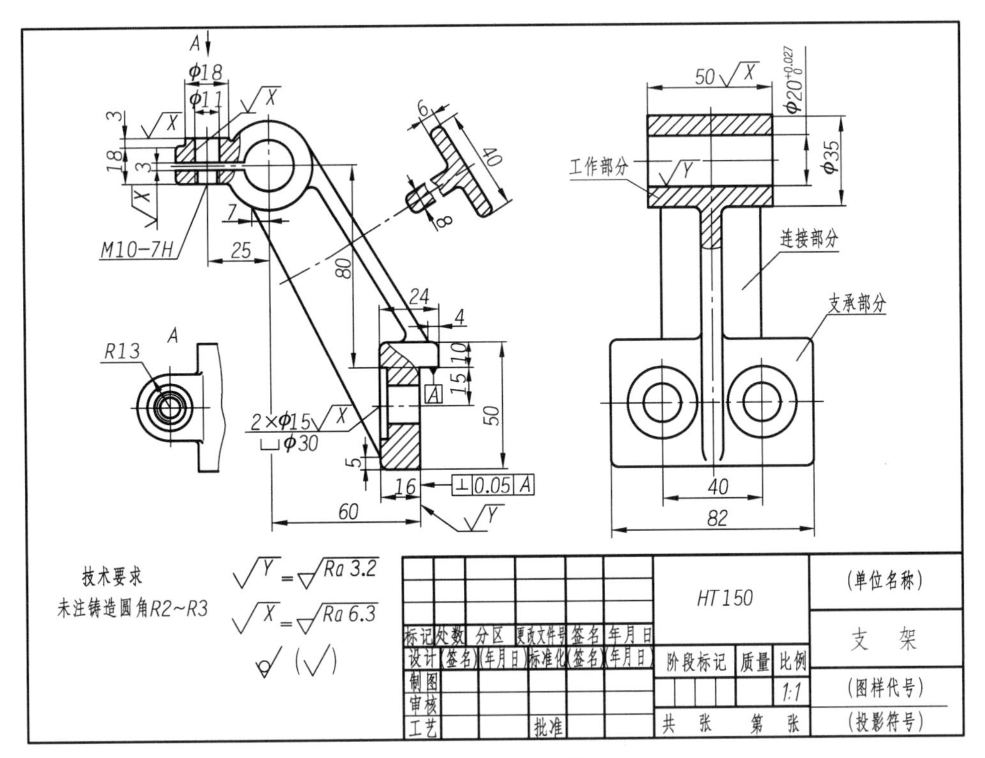

图 4-2-3　支架零件图

叉架类零件一般两端有内部结构，中间是实心肋板，因此主视图一般选择局部剖视图表达其两端的内部结构。例如，图 4-2-3 中的主视图选择了两处局部剖，分别表达上面夹紧螺孔和下面的安装孔。

由于叉架类零件的结构比较复杂，一般除主视图外，还需要选择 1 ~ 2 个基本视图来表达零件的其他主体结构。例如，图 4-2-3 中的左视图下部表达了安装板的形状和安装孔的位置，上部采用局部剖表达了工作部分的内部圆柱孔。

当零件上的某些局部结构或某些不平行于基本投影面的结构需要进一步表达时，可采用局部视图、局部剖视图、斜视图、断面图来表达。例如，图 4-2-3 左下角采用 *A* 向局部视图，表达零件工作部分的凸台及夹紧螺孔的结构，主视图右方采用移出断面图表达倾斜肋板的断面形状。

表达方法应注意的几点：

（1）用基本视图表达零件的主要结构。

（2）用局部视图、斜视图、剖视图等表达零件的局部形状和次要结构。

（3）优先采用主、左、俯视图（或剖视图）。

（4）各视图尽量按投影关系配置。

支架类零件的尺寸标注及技术要求如图 4-2-3 所示。注意：标注尺寸要完整、尺寸标注要清晰、尺寸标注要合理、选择基准要正确。

任务实施

根据图纸建立电机支架三维建模并完成二维图纸的导出（学生自行完成）。

任务评价

任务评价单见表 4-2-1。

表 4-2-1 任务评价单

<table>
<tr><td>任务</td><td colspan="7">叉架类零件</td></tr>
<tr><td>班级</td><td></td><td>姓名</td><td></td><td>学号</td><td></td><td>日期</td><td></td></tr>
<tr><td rowspan="5">任务评价</td><td>考评指标</td><td>考评标准</td><td>分值</td><td>自评（20%）</td><td>小组评价（40%）</td><td>教师评价（40%）</td><td>实际得分</td></tr>
<tr><td rowspan="2">任务实施</td><td>相关知识点掌握程度</td><td>40</td><td></td><td></td><td></td><td></td></tr>
<tr><td>完成任务的准确性</td><td>40</td><td></td><td></td><td></td><td></td></tr>
<tr><td rowspan="2">职业素养</td><td>出勤、道德、纪律、责任心</td><td>10</td><td></td><td></td><td></td><td></td></tr>
<tr><td>学习态度、团队分工合作</td><td>10</td><td></td><td></td><td></td><td></td></tr>
<tr><td colspan="3">合计</td><td></td><td></td><td></td><td></td><td></td></tr>
<tr><td colspan="2">收获与体会</td><td colspan="6"></td></tr>
<tr><td colspan="2">本组之星</td><td colspan="2"></td><td>亮点</td><td colspan="3"></td></tr>
<tr><td colspan="2">组间互评</td><td colspan="6"></td></tr>
<tr><td colspan="2">填表说明</td><td colspan="6">① 实际得分=自评×20%+小组评价×40%+教师评价×40%。
② 考评满分为 100 分，60 分以下为不及格，60～74 分为及格，75～84 分为良好，85 分及以上为优秀。
③“本组之星”可以是本次实训活动中的突出贡献者，也可以是进步最大者，还可以是其他某一方面表现突出者。
④“组间互评”由评审团讨论后为各组给予的最终评价。评审团由各组组长组成，当各组完成实训活动后，各组长先组织本组组员进行商议，然后各组长将意见带至评审团，评价各组整体工作情况，将各组互评分数填入其中</td></tr>
</table>

任务三　箱体类零件

任务描述

箱体类零件是机器中的主要零件之一。此类零件的结构形状比较复杂，常用薄壁围成不同的空腔，箱体上还常有支承孔、凸台、放油孔、安装底板、肋板、销孔、螺纹孔和螺栓孔等结构。各种泵体、阀体、减速器箱体都属于此类零件。箱体类零件一般起支承、容纳、零件定位等作用。

本任务主要通过识读减速器箱体的零件图，建立减速器箱体三维模型，让理论知识与三维建模相结合，对箱内零件的结构特点、表达方法、尺寸标注及技术要求等进行学习。

任务目标

（1）掌握箱体类零件的结构特点和表达方法。

（2）了解箱体类零件的尺寸及技术要求的标注。

（3）能对减速器箱体进行三维建模并生成零件图。

相关理论知识点

知识点一　箱体类零件的结构特点和表达方法

图 4-3-1 和图 4-3-2 所示分别为减速器箱体的立体图和零件图。通过分析该减速器箱体，可以了解箱体类零件的结构特点和表达方法。

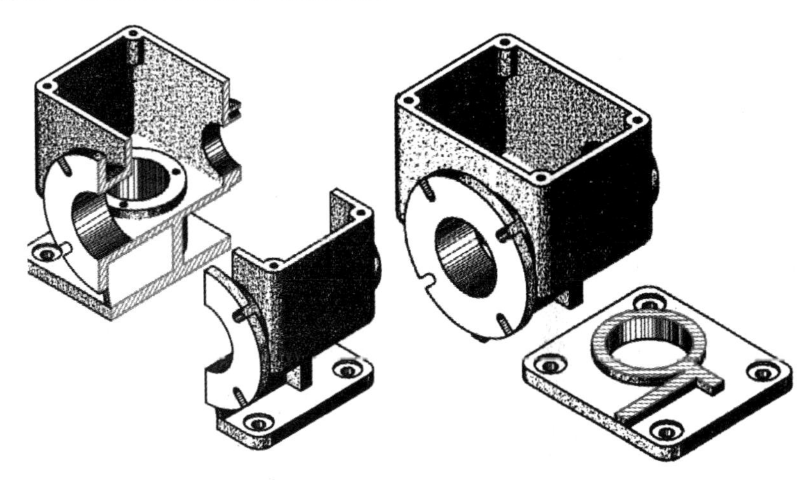

图 4-3-1　减速器箱体立体图

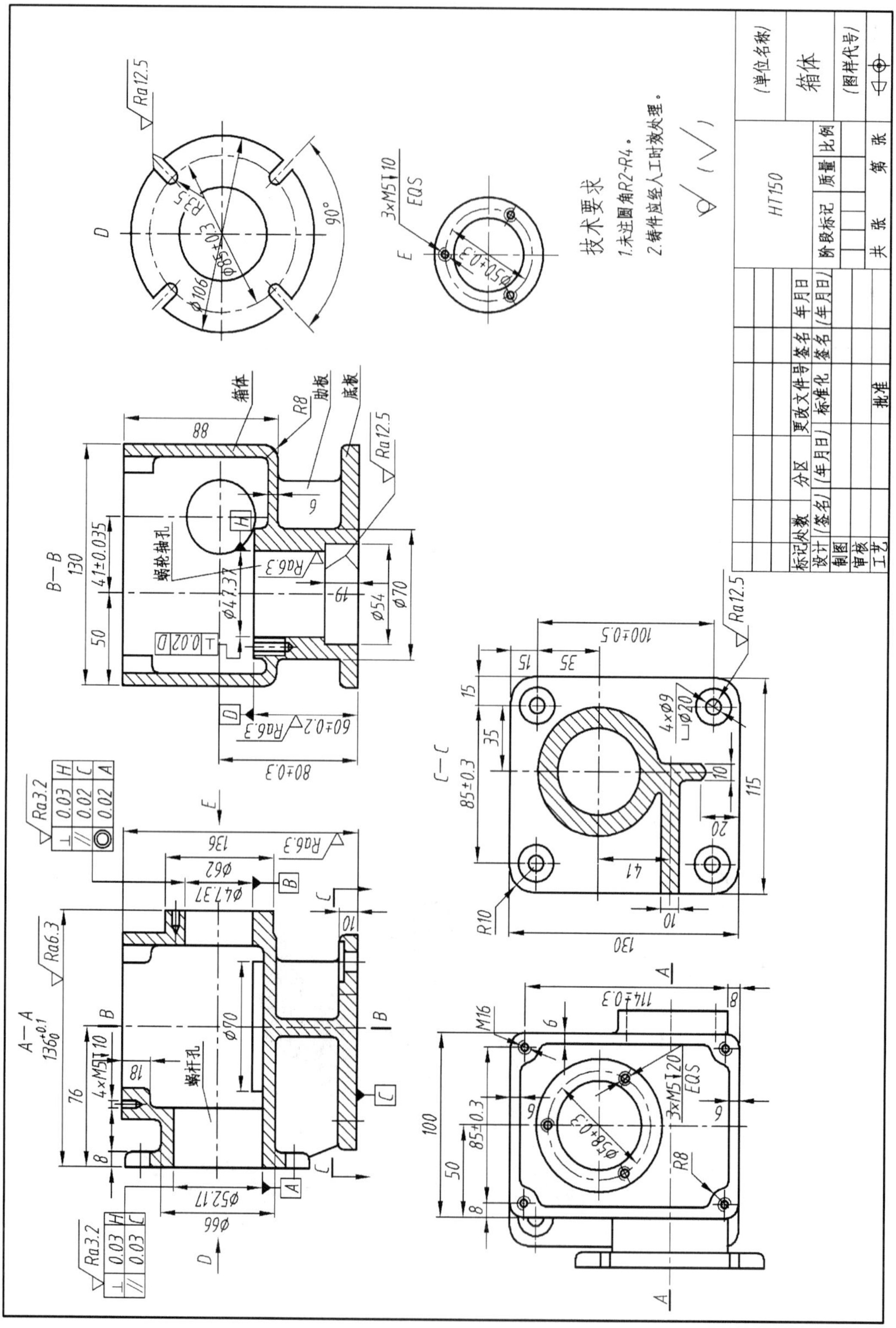

A—A

B—B

C—C

蜗杆孔

蜗轮轴孔

箱体

肋板

底板

技术要求

1.未注圆角R2~R4。

2.铸件应经人工时效处理。

标记	处数	分区	更改文件号	签名	年月日	HT150			(单位名称)
设计	(签名)	(年月日)	标准化	签名	(年月日)	阶段标记	质量	比例	箱体
制图									(图样代号)
审核									
工艺			批准			共 张		第 张	

图 4-3-2　减速器箱体零件图

1. 结构特点

根据传动需要，箱壁四周加工多个用于支承和安装传动件的带圆柱孔的凸台，凸台上有时根据安装端盖的需要加工螺纹孔。凸台四周有多个肋板，起到辅助支撑的作用。箱壁上方在需要安装箱盖处加工安装孔，以便安装箱盖。

减速器箱体的结构比较复杂，基础形体由底板、箱壁、“T”字形肋板、水平方向的蜗杆轴孔和竖直方向的蜗轮轴孔系组成。蜗轮轴孔在底板和箱壳之间，其轴线与蜗杆轴孔的轴线垂直异面，“T”字形肋板将底板、箱壳和蜗轮轴孔连接成一个整体。

2. 表达方法

（1）箱体类零件的结构比较复杂，加工位置多变，因此一般按工作位置摆放，并选择反映形状特征最明显的方向作为主视图的投射方向。

（2）箱体类零件一般为中空件，因此主视图一般选择全剖视图表达其内部结构。如图 4-3-2 所示，主视图选择了全剖视图，主要表达蜗杆轴孔、箱壁和肋板的形状和关系，且在左上方和右下方分别采用局部剖视图来表达螺纹孔和安装孔的形状及尺寸。

（3）箱体类零件的结构较复杂，因此除主视图外，一般还需要采用其他视图来表达其主体结构。如图 4-3-2 所示，左视图采用全剖视图，主要表达蜗轮轴孔、箱壳的形状和位置关系；俯视图绘制成视图，主要表达箱壁和底板、蜗轮轴孔和蜗杆轴孔的位置关系和形状；采用 C—C 剖视图表达底板和肋板的断面形状。

（4）当零件上的某些局部结构需要进一步表达时，可采用局部视图、局部剖视和断面图来表达。如图 4-3-2 中，分别用 D 向和 E 向两个局部视图来表达两个凸台的形状。

通过对减速器箱体零件的表达方案分析可知，零件的主视图方向是按照零件的形状特征、加工方法，以及它在机器（或部件）中所处位置这三个原则综合分析来确定的。其中：

形状特征：是指主视图的投影方向应选择最能反映零件结构形状及各形体间的相对位置关系的方向。

加工位置：是指零件在机床上加工时主要加工工序的装夹位置。在选择零件主视图时，应尽量使零件的主视图能直接反映零件的加工位置，这样在加工时可以直接进行图物对照，既便于看图和测量尺寸，又可减少差错。

工作位置：是指零件在机器或部件中工作时的位置。对于加工位置多变的零件，应尽量使零件的主视图能直接表示零件的工作位置，这样便于了解零件在机器中的工作情况。

主视图确定后，其他视图要配合主视图在完整、清晰地表达出零件的形状结构前提下，尽可能减少视图的数量。所以，配置其他视图时应注意以下两点：

（1）优先考虑采用基本视图，当有内部结构时应尽量在基本视图上作剖视；对尚未表达清楚的局部结构和倾斜部分结构，可增加必要的局部剖视图和斜视图；相关的视图应尽量保持直接投影关系，并配置在相关视图附近。

（2）根据零件复杂程度不同和内外结构特点，综合考虑所需要的其他视图，使得每个视图都要有明确的表达重点，各个视图相互配合、相互补充，表达内容不应重复。此外，视图的数量与零件的复杂程度有关，选用时尽量采用较少的视图，使表达方案简洁、合理。

知识点二　箱体类零件的尺寸及技术要求的标注

1. 箱体类零件的尺寸标注

箱体类零件的形状比较复杂，尺寸也比较多，所以标注尺寸时应按一定的方法和步骤进行。下面以传动器箱体的立体图（见图 4-3-3）和零件图（见图 4-3-4）为例，说明箱体类零件尺寸的标注方法与步骤。

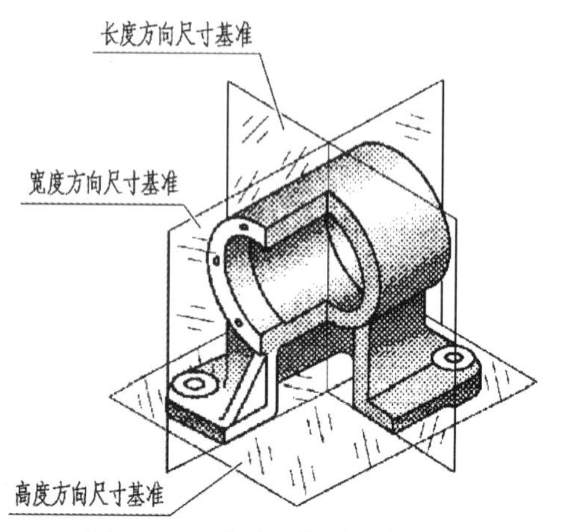

图 4-3-3　传动器箱体立体图

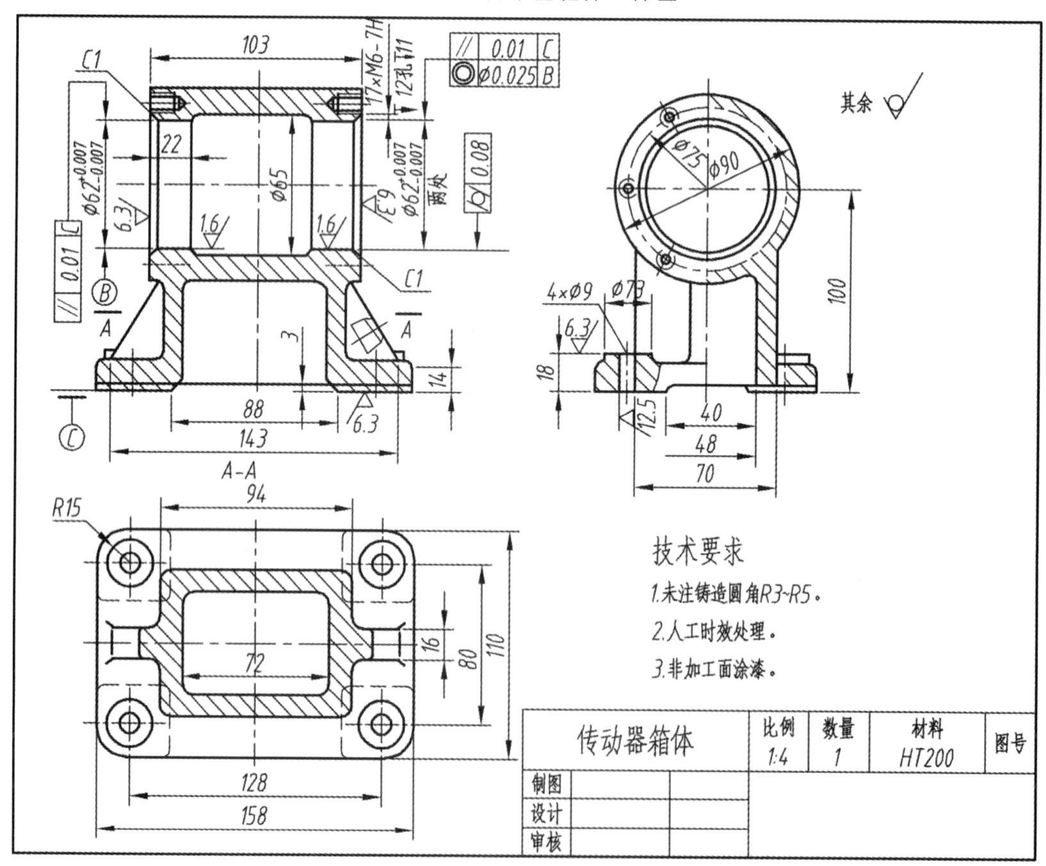

图 4-3-4　传动器箱体零件图

（1）确定尺寸基准。

① 长度方向的主要尺寸基准为左右对称面。

② 宽度方向尺寸基准为前后对称面。

③ 高度方向的尺寸基准为箱体的底面。

（2）尺寸标注步骤。

① 根据尺寸基准，按照形体分析法标注定形、定位尺寸及总体尺寸。

② 标注空心圆柱的尺寸。

③ 标注底板的尺寸。

④ 标注长方形腔体和肋板的尺寸。

⑤ 检查有无遗漏和重复的尺寸。

2. 箱体类零件技术要求的标注

（1）极限与配合及表面粗糙度。

① 箱体类零件中轴承孔、结合面、销孔等表面粗糙度要求较高，其余加工面要求较低。

② 轴承孔的中心距、孔径以及一些有配合要求的表面、定位端面一般有尺寸精度的要求。

③ 轴承孔为工作孔，表面粗糙度为 $Ra1.6$，要求最高。

（2）形位公差。

① 同轴的轴、孔之间一般有同轴度要求。

② 不同轴的轴、孔之间、轴和孔与底面间一般有平行度要求。

③ 传动器箱体的轴承孔为工作孔，给出了同轴度、平行度、圆柱度三项形位公差要求。

（3）其他技术要求。

① 箱体类零件的非加工表面在图样的右上角标注粗糙度要求。

② 零件图的文字技术要求中常注明：箱体需要人工时效处理；铸造圆角为 $R3 \sim R5$；非加工面涂漆等。

任务实施

利用 Autodesk 软件建立箱体的三维模型：

（1）首先，启动 Inventor 软件。

（2）进入 Inventor 主界面后，单击【新建】按钮，如图 4-3-5 所示。

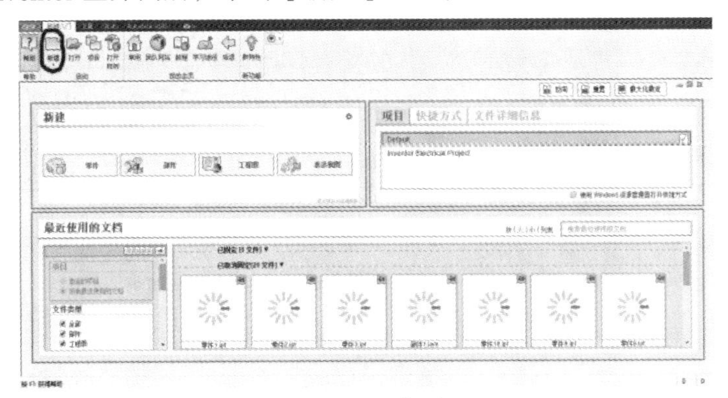

图 4-3-5　新建

（3）在弹出的窗口中，找到 Standard.ipt 并单击，然后单击【创建】按钮，如图 4-3-6 所示。

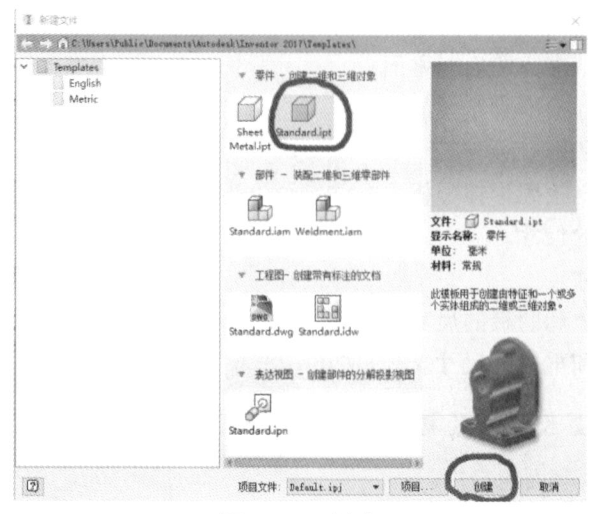

图 4-3-6　创建

（4）进入界面后，单击【开始创建二维草图】，然后选择 *XY* 平面（箭头所指平面），如图 4-3-7 所示。

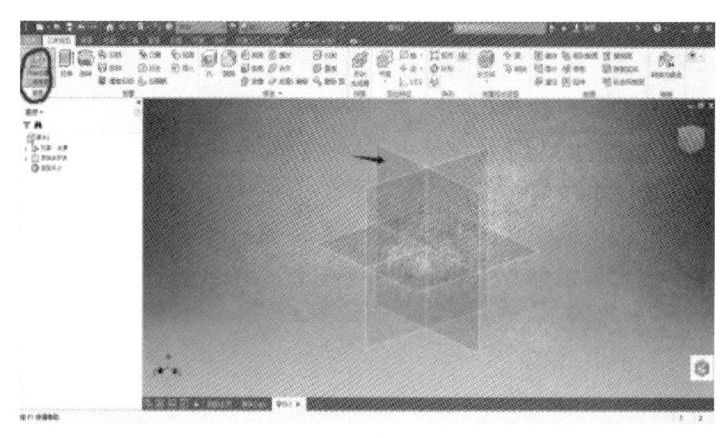

图 4-3-7　选择 *XY* 平面

（5）选择【画圆】命令，并直接输入图纸所给尺寸，如图 4-3-8 所示。

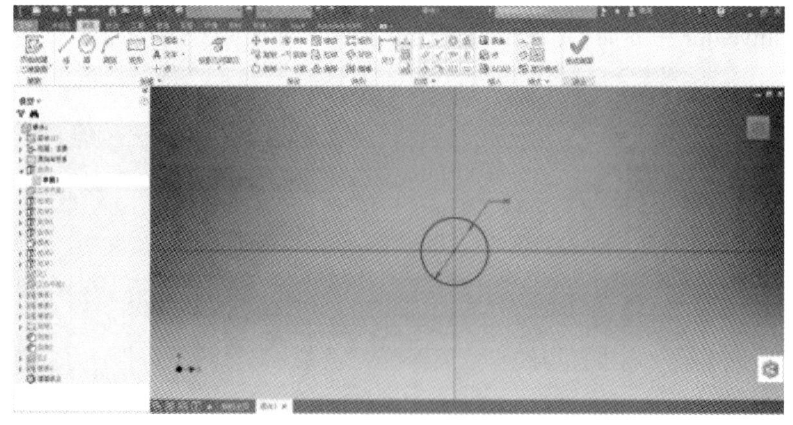

图 4-3-8　画圆

（6）单击完成草图，选择【拉伸】命令，输入图纸所给需要拉伸的尺寸，如图 4-3-9 所示。

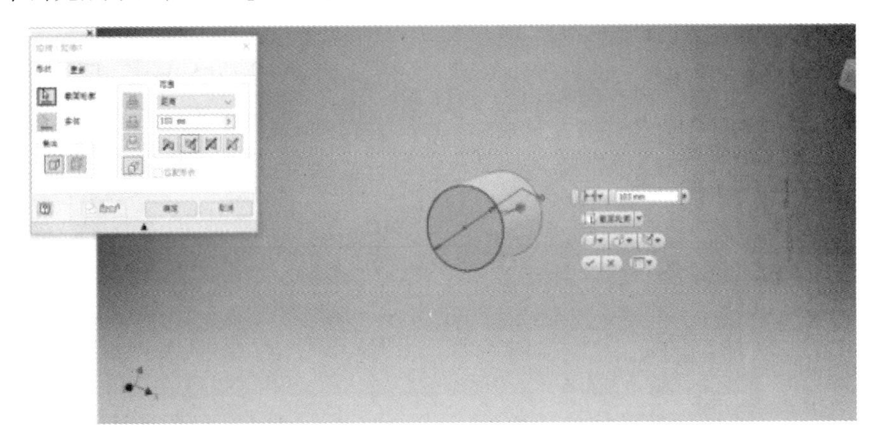

图 4-3-9　拉伸

（7）使用【平面】指令中的【从平面偏移】指令，将平面偏移到所给零件的底面，如图 4-3-10 所示。

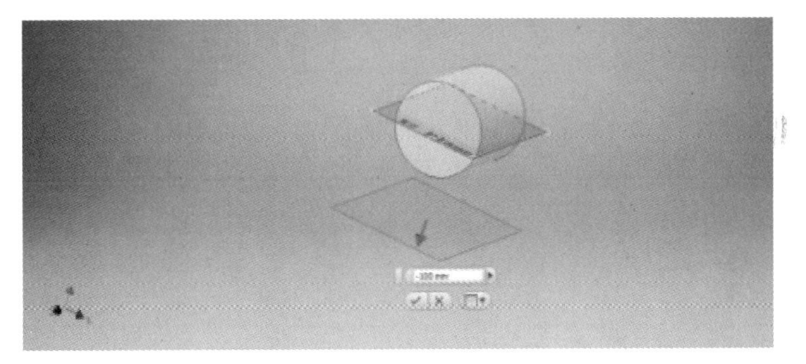

图 4-3-10　偏移

（8）在新的平面上建立草图，并按图纸尺寸绘制底座，如图 4-3-11 所示。

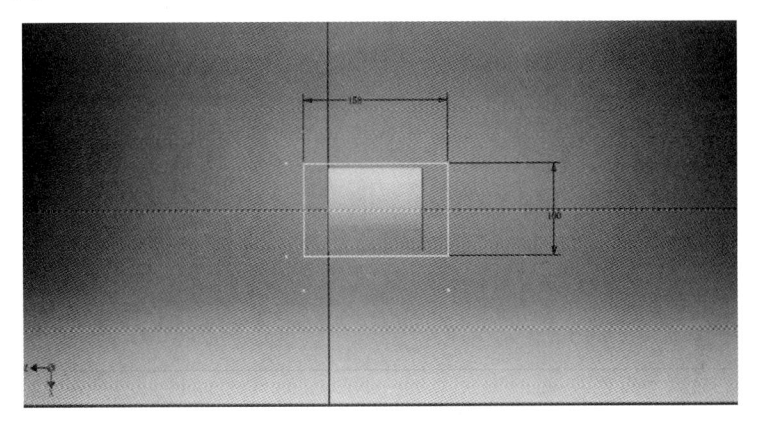

图 4-3-11　绘制草图

（9）草图绘制完成后，按尺寸拉伸，如图 4-3-12 所示。

（10）选择靠近圆柱体的平面新建草图，并按图纸要求绘制草图，如图 4-3-13 所示。

（11）草图绘制完成后，选择【拉伸】命令，如图 4-3-14 所示。

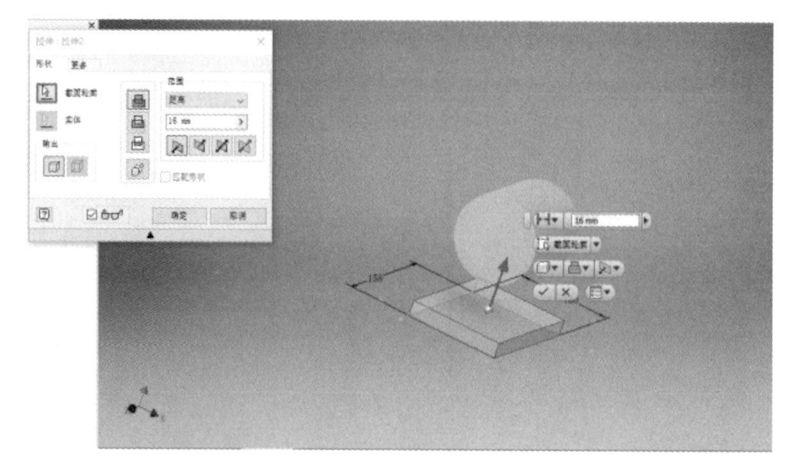

图 4-3-12　拉伸

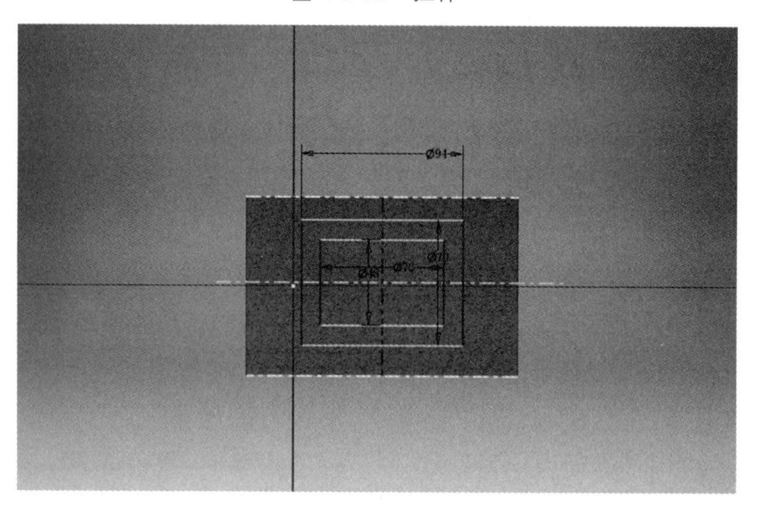

图 4-3-13　绘制草图

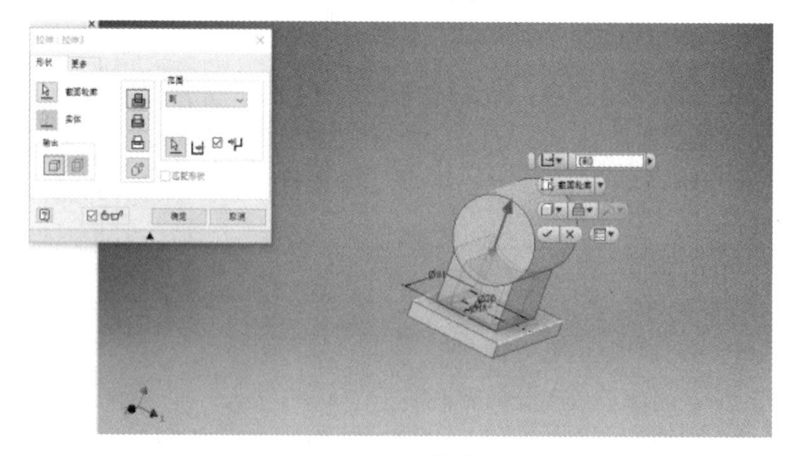

图 4-3-14　拉伸

（12）在原始坐标系中找到 *YZ* 平面，并新建草图，绘制加强筋，如图 4-3-15 所示。
（13）使用【拉伸】命令，根据图中尺寸拉伸出加强筋，如图 4-3-16 所示。
（14）已经有大致形状，开始完成细节。

图 4-3-15　新建草图

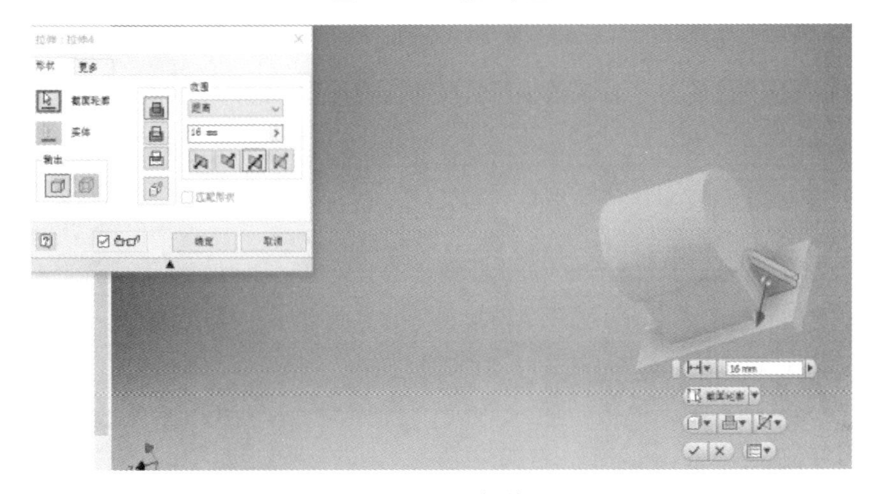

图 4-3-16　拉伸

（15）选择底面并在底面新建草图，按尺寸绘制一个长方形，如图 4-3-17 所示。

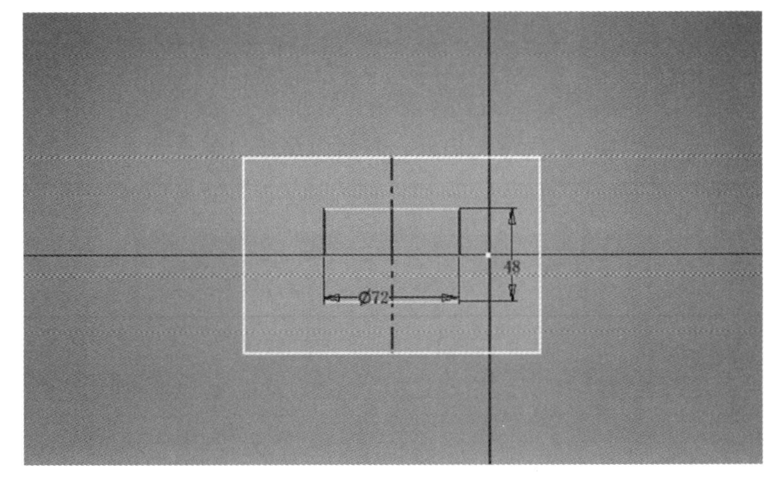

图 4-3-17　绘制长方形

（16）草图绘制完成后，使用【拉伸】命令中的去除材料，完成底孔的绘制，如图 4-3-18 所示。

图 4-3-18　拉伸

（17）单击【圆角】命令，输入图中所给尺寸，将长方体的四角倒圆，如图 4-3-19 所示。

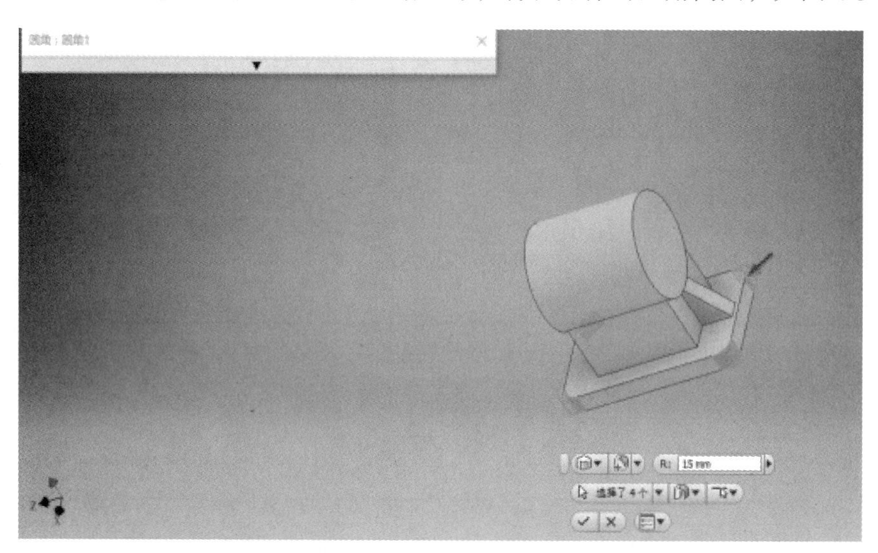

图 4-3-19　倒圆

（18）选择底座（长方体）的任意宽边面，并新建草图。根据要求绘制草图，如图 4-3-20 所示。

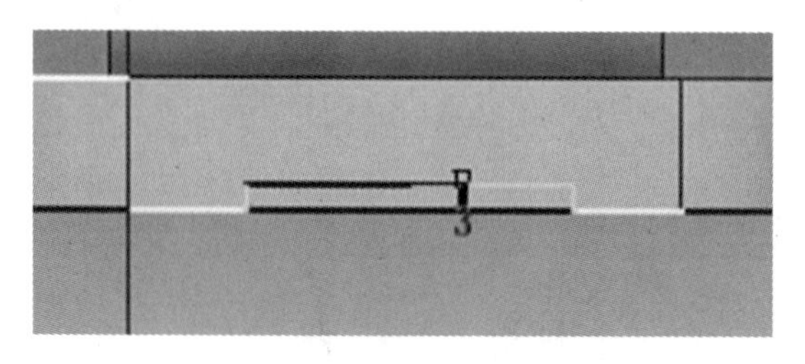

图 4-3-20　绘制草图

（19）完成草图的绘制后，选择【拉伸】命令中的去除材料，将拉伸范围改为贯通，如图4-3-21 所示。

图 4-3-21　拉伸

（20）在底座靠近圆柱体的面上新建草图，并找到倒圆的圆心，根据图纸所给尺寸绘制圆。完成后使用【拉伸】命令，拉伸适合的尺寸，如图 4-3-22 和图 4-3-23 所示。

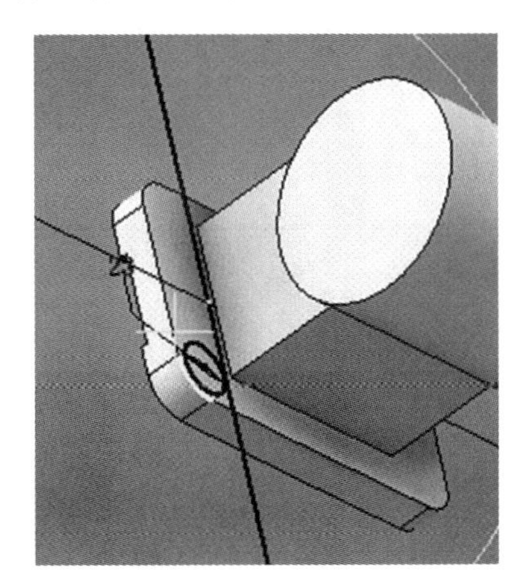

图 4-3-22　绘制圆

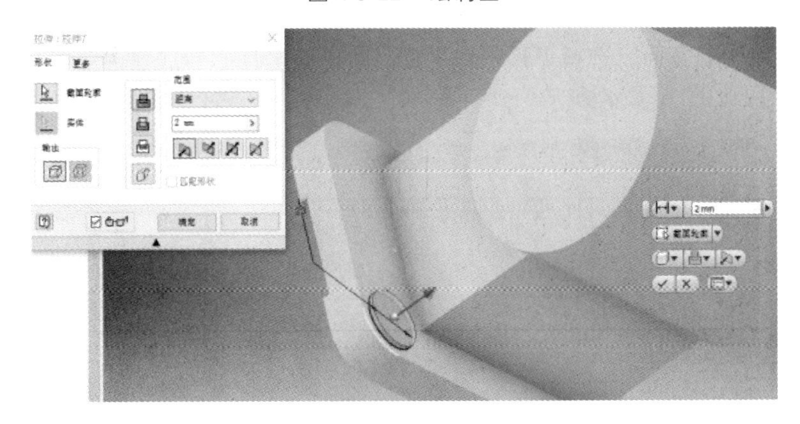

图 4-3-23　拉伸

（21）以刚刚建好的小圆柱的圆心为基准，使用【打孔】命令打一个小的同心孔。终止方式选择贯通，如图 4-3-24 所示。

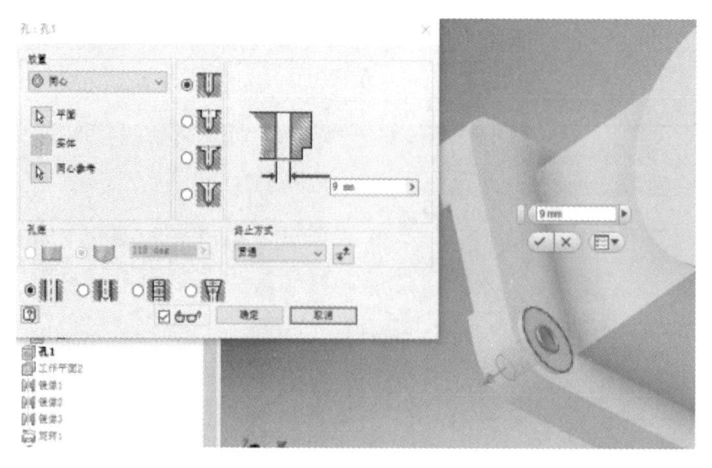

图 4-3-24　打孔

（22）使用【镜像】命令，选择特征，并以 *YZ* 平面为镜像平面获得新的小圆柱，如图 4-3-25 所示。

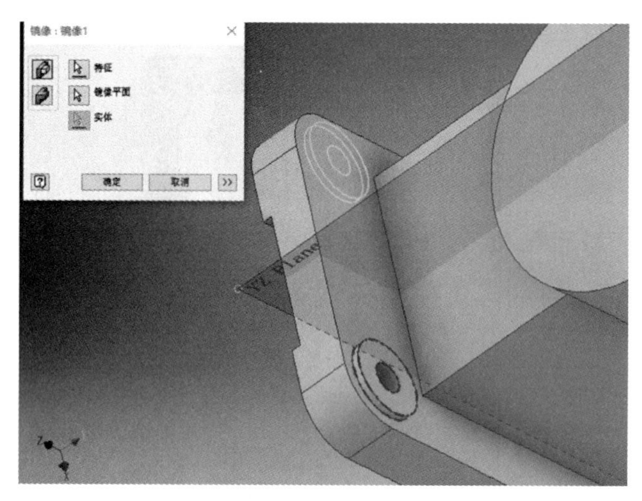

图 4-3-25　镜像

（23）选择底座的宽面，选择平移工作平面，将工作平面移至底座的正中位置。平移后直接选择完成草图，如图 4-3-26 所示。

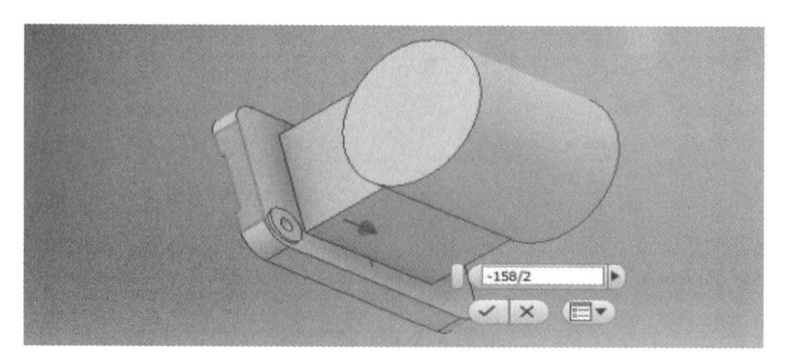

图 4-3-26　平移

（24）选择刚刚已经有的两个小圆柱的特征，再次使用【镜像】命令，这次镜像面选择上一步偏移的新平面，如图 4-3-27 所示。

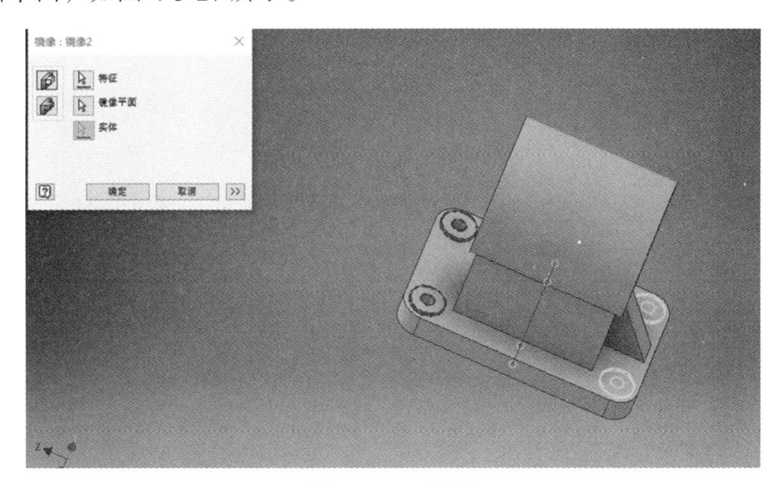

图 4-3-27　镜像

（25）加强筋只画完一半，根据刚刚新建的平面和已经画好的一个加强筋配合镜像命令绘制出另一个加强筋，如图 4-3-28 所示。

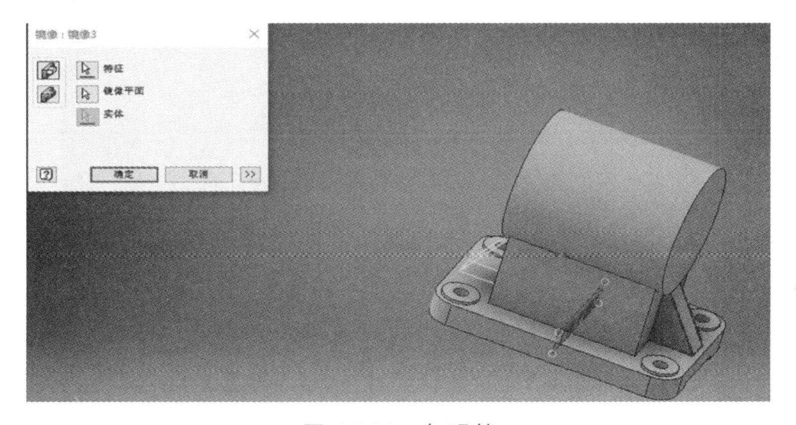

图 4-3-28　加强筋

（26）大圆柱内部有打孔，这里选择 *YZ* 平面并绘制草图，如图 4-3-29 所示。

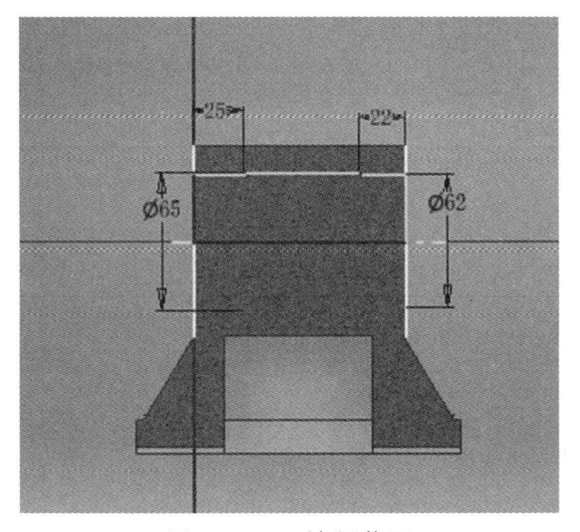

图 4-3-29　绘制草图

（27）选择旋转命令，并使用去除材料的方式完成孔的绘制，如图 4-3-30 所示。

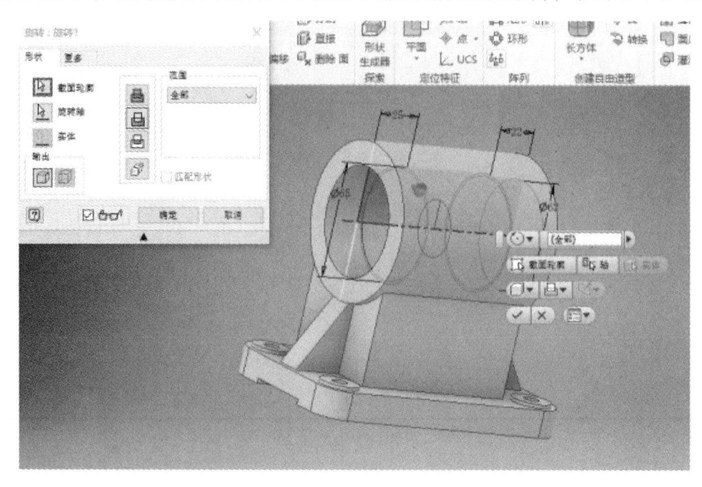

图 4-3-30 绘制孔

（28）选择圆柱的一个平面新建草图，根据图纸所给尺寸，找到圆的位置，如图 4-3-31 所示。

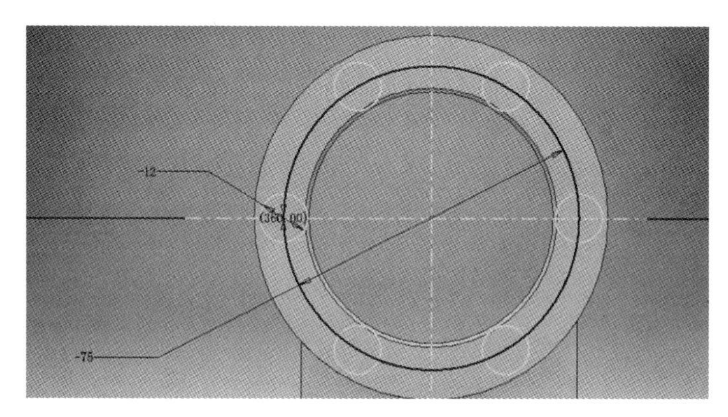

图 4-3-31 新建草图

（29）根据刚刚所定的位置，使用打孔命令。选用图纸所给尺寸，进行打孔并攻丝，如图 4-3-32 所示。

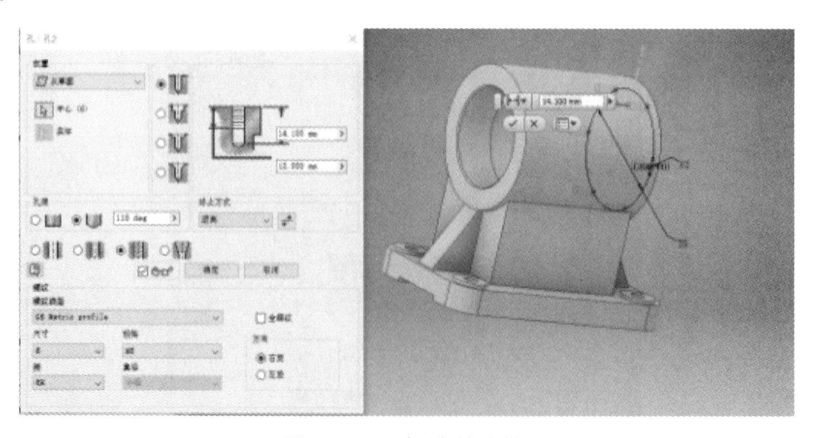

图 4-3-32 打孔并攻丝

（30）选择镜像命令，镜像面选择刚刚镜像加强筋的面。将刚刚打的 6 个螺纹孔镜像到另一方向的圆柱表面，如图 4-3-33 所示。

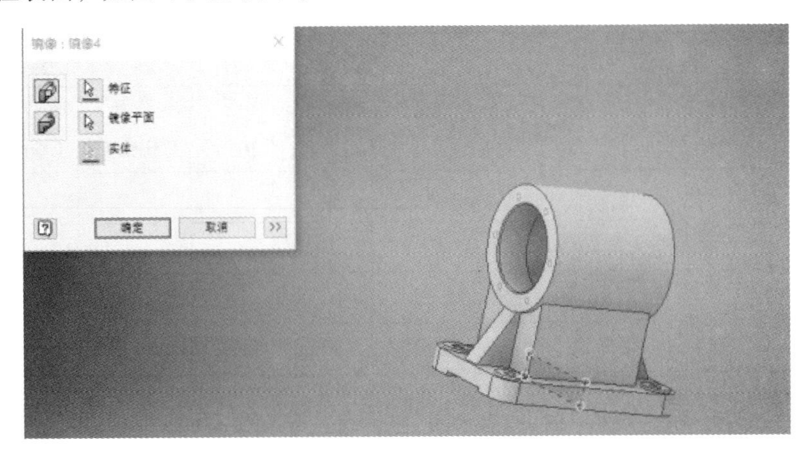

图 4-3-33　镜像

（31）根据图中所给的技术要求进行倒角、倒圆等细节优化，便完成箱体的三维建模，如图 4-3-34 所示。

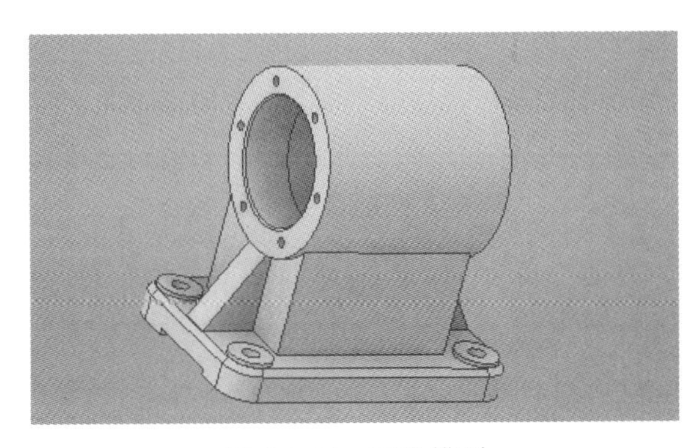

图 4-3-34　三维模型

任务评价

任务评价单见表 4-3-1。

表 4-3-1　任务评价单

<table>
<tr><td>任务</td><td colspan="7">箱体类零件</td></tr>
<tr><td>班级</td><td></td><td>姓名</td><td></td><td>学号</td><td></td><td>日期</td><td></td></tr>
<tr><td rowspan="5">任务评价</td><td>考评指标</td><td>考评标准</td><td>分值</td><td>自评
（20%）</td><td>小组评价
（40%）</td><td>教师评价
（40%）</td><td>实际得分</td></tr>
<tr><td rowspan="2">任务实施</td><td>相关知识点掌握程度</td><td>40</td><td></td><td></td><td></td><td></td></tr>
<tr><td>完成任务的准确性</td><td>40</td><td></td><td></td><td></td><td></td></tr>
<tr><td rowspan="2">职业素养</td><td>出勤、道德、纪律、责任心</td><td>10</td><td></td><td></td><td></td><td></td></tr>
<tr><td>学习态度、团队分工合作</td><td>10</td><td></td><td></td><td></td><td></td></tr>
<tr><td colspan="3">合计</td><td></td><td></td><td></td><td></td><td></td></tr>
<tr><td>收获与体会</td><td colspan="7"></td></tr>
<tr><td>本组之星</td><td colspan="2"></td><td>亮点</td><td colspan="4"></td></tr>
<tr><td>组间互评</td><td colspan="7"></td></tr>
<tr><td>填表说明</td><td colspan="7">① 实际得分=自评×20%+小组评价×40%+教师评价×40%。
② 考评满分为 100 分，60 分以下为不及格，60～74 分为及格，75～84 分为良好，85 分及以上为优秀。
③ “本组之星”可以是本次实训活动中的突出贡献者，也可以是进步最大者，还可以是其他某一方面表现突出者。
④ “组间互评”由评审团讨论后为各组给予的最终评价。评审团由各组组长组成，当各组完成实训活动后，各组长先组织本组组员进行商议，然后各组长将意见带至评审团，评价各组整体工作情况，将各组互评分数填入其中</td></tr>
</table>

任务四　识读零件图

任务描述

零件图的识读是机械制图最为重要也是最为基础的技能之一，机械专业的学生在学习三视图、机件的表达、零件图的绘制后，必须具备识图能力。本任务将学习零件图识读的方法和步骤，综合提升学生识图和绘图能力。

任务目标

（1）掌握零件图识读方法和步骤。

（2）具备识读和绘制零件图的综合能力。

相关理论知识点

读零件图要解决以下几个问题：

（1）根据标题栏了解零件的名称、用途、材料和数量等；

（2）分析视图，了解零件各部分的形状结构、特点、功能，以及它们之间的相对位置；

（3）分析尺寸，了解零件各部分尺寸及各方向主要基准；

（4）分析技术要求，掌握相关加工表面的制造方法和技术要求。

任务实施

识读图 4-4-1 所示的机座零件图，想象零件的形状，分析尺寸基准。

读零件图是在读组合体视图的基础上增加零件的精度分析和结构工艺分析等。读图的基本方法仍然要遵从“由整体到局部”的原则，并用形体分析法和线面分析法研究零件的结构形状，一般可按下述步骤读图：

（1）看标题栏。

读零件图要先从标题栏入手，了解零件的名称、用途、材料和绘图比例。由名称了解零件的用途，由材料了解零件毛坯的制造方法，由绘图比例初步了解零件的总体大小。

如图 4-4-1 所示，由名称“机座”可知，该零件在装配体中起支承、包容作用；由材料“HT200”可知，该零件毛坯的制造方法为铸造；由绘图比例 1∶1 可知，该零件的实际尺寸和图示大小相同（书中的图采用了缩印，在比例上无参考价值）。

（2）分析视图的表达方法，弄清各视图的剖切位置和视图之间的关系。

图 4-4-1 所示的机座零件图，主视图采用半剖，主要表达机座的外形及其内部结构；左视图采用局部剖，主要表达机座左端面外形及底板上孔的形状；俯视图采用全剖，主要表达底板的形状及 *A*—*A* 的截面形状。

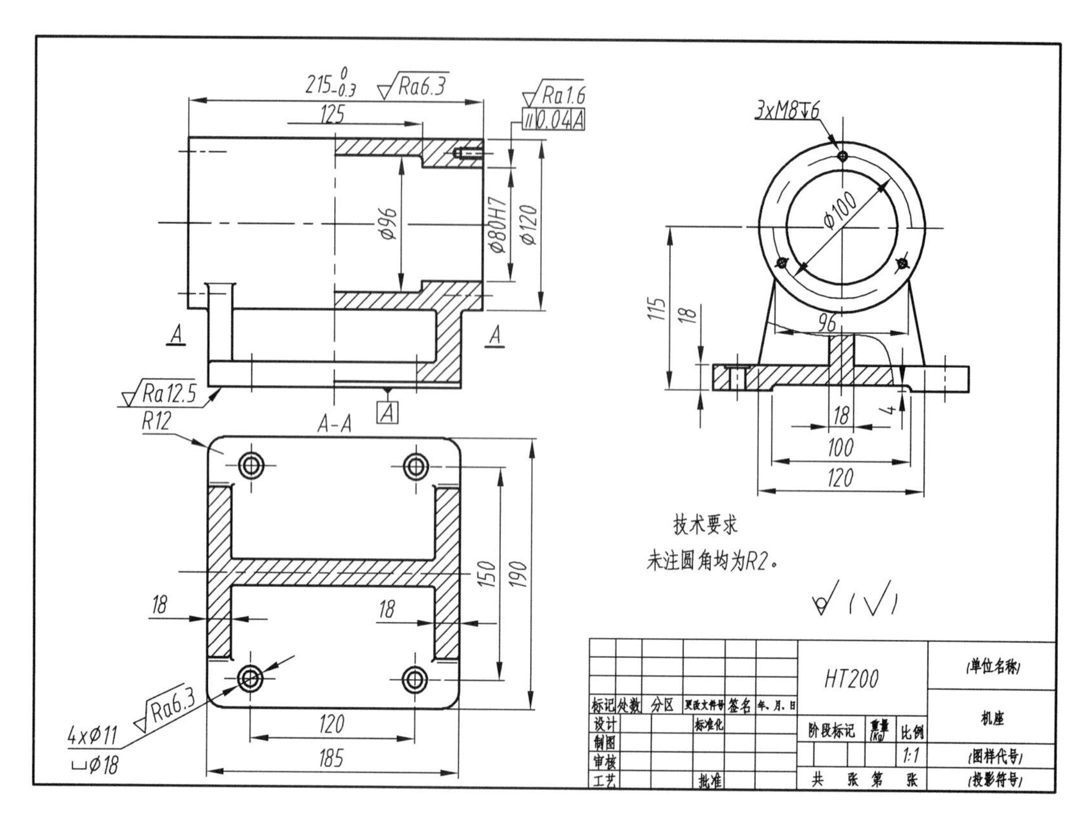

图 4-4-1　机座零件图

（3）分析视图，想象零件的形状。

先从基础形体入手，由大到小逐步想象零件的形状。图 4-4-2 所示为机座的形状及想象过程。

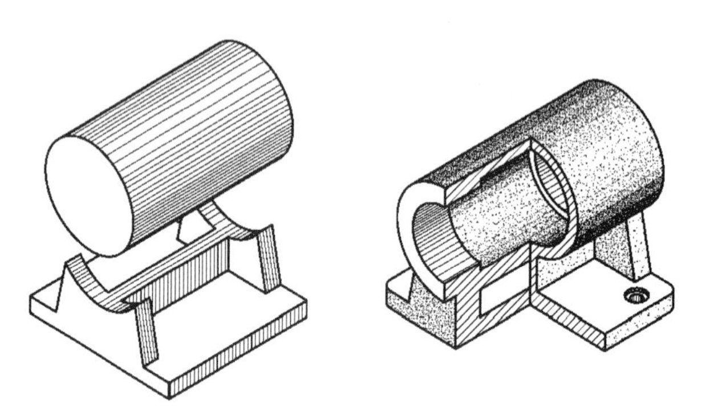

图 4-4-2　机座形状

（4）读尺寸，分析尺寸基准。

分析尺寸时，要一个形体一个形体的分析，先分析定形尺寸，再分析定位尺寸，然后分析各形体之间的尺寸关系。本例的主要尺寸及尺寸基准如图 4-4-3 所示。

（5）看技术要求，分析加工精度要求。

可通过查阅相关国家标准，看懂尺寸偏差代号、粗糙度代号、几何公差代号的意义。本例中加工精度要求最高的是机座的轴孔，其尺寸偏差代号为 H7，轮廓的算术平均偏差（即表面粗糙度）为 1.6 μm，孔的轴线和底面的平行度也提出了要求，公差为 0.04 mm。此外，由标题栏上方的技术要求可知，该机座中未标注的圆角均按 *R*2 处理。

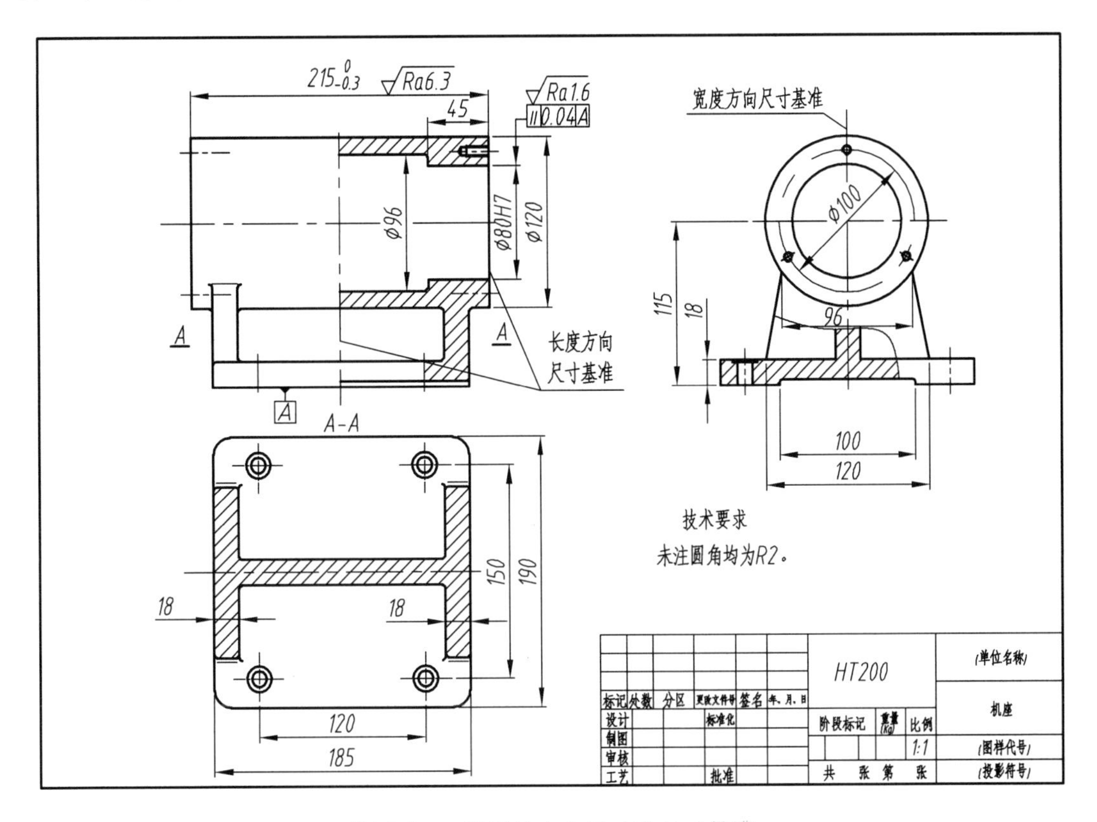

图 4-4-3　机座的主要尺寸及尺寸基准

任务评价

任务评价单见表 4-4-1。

表 4-4-1　任务评价单

<table>
<tr><td>任务</td><td colspan="8">识读零件图</td></tr>
<tr><td>班级</td><td></td><td>姓名</td><td></td><td>学号</td><td colspan="2"></td><td>日期</td><td></td></tr>
<tr><td rowspan="5">任务评价</td><td colspan="2">考评指标</td><td>考评标准</td><td>分值</td><td>自评（20%）</td><td>小组评价（40%）</td><td>教师评价（40%）</td><td>实际得分</td></tr>
<tr><td colspan="2" rowspan="2">任务实施</td><td>相关知识点掌握程度</td><td>40</td><td></td><td></td><td></td><td></td></tr>
<tr><td>完成任务的准确性</td><td>40</td><td></td><td></td><td></td><td></td></tr>
<tr><td colspan="2" rowspan="2">职业素养</td><td>出勤、道德、纪律、责任心</td><td>10</td><td></td><td></td><td></td><td></td></tr>
<tr><td>学习态度、团队分工合作</td><td>10</td><td></td><td></td><td></td><td></td></tr>
<tr><td colspan="4">合计</td><td></td><td></td><td></td><td></td><td></td></tr>
<tr><td colspan="2">收获与体会</td><td colspan="7"></td></tr>
<tr><td colspan="2">本组之星</td><td colspan="2"></td><td>亮点</td><td colspan="4"></td></tr>
<tr><td colspan="2">组间互评</td><td colspan="7"></td></tr>
<tr><td colspan="2">填表说明</td><td colspan="7">① 实际得分=自评×20%+小组评价×40%+教师评价×40%。
② 考评满分为 100 分，60 分以下为不及格，60～74 分为及格，75～84 分为良好，85 分及以上为优秀。
③“本组之星”可以是本次实训活动中的突出贡献者，也可以是进步最大者，还可以是其他某一方面表现突出者。
④“组间互评”由评审团讨论后为各组给予的最终评价。评审团由各组组长组成，当各组完成实训活动后，各组长先组织本组组员进行商议，然后各组长将意见带至评审团，评价各组整体工作情况，将各组互评分数填入其中</td></tr>
</table>

项目五　装配图

【项目概述】

装配图是表达机器或部件的图样，通常用来表达机器或部件的工作原理以及零、部件间的装配和连接关系，是机械设计和生产中的重要技术文件之一。

在产品设计中，一般先根据产品的工作原理图画出装配草图，然后将装配草图整理成装配图，最后根据装配图进行零件设计，并画出零件图；在产品制造中，装配图是制定装配工艺规程、组织装配和检验的技术依据；在机器使用和维修时，也需要通过装配图了解机器的工作原理和构造。

【学习目标】

1. 知识目标

（1）了解装配图的作用和内容。

（2）熟悉装配图的视图选择、基本画法、简化画法以及装配尺寸的标法。

（3）熟悉装配图中零件序号的标法和明细栏的画法。

（4）熟悉识读装配图的方法和步骤，并能正确识读装配图。

2. 能力目标

（1）了解装配体的名称、用途、性能、结构及工作原理。

（2）明确各零件之间的装配关系、连接方式、相互位置及装拆的先后顺序。

（3）读懂各组成零件的主要结构形状及其在装配图中的作用。

3. 职业素养

（1）规范课堂 7S 管理。

（2）养成团队协作的好习惯。

（3）养成独立思考问题的好习惯。

【项目实施】

任务　识读并绘制换向阀装配图

任务描述

换向阀是具有两种以上流动形式和两个以上油口的方向控制阀，是实现液压油流的沟通、切断和换向，以及压力卸载和顺序动作控制的阀门。本任务主要通过识读换向阀装配图，建立换向阀三维模型，让理论知识与三维建模相结合，对装配图的作用和内容、装配视图的选择、装配图的画法等进行学习。

任务目标

（1）掌握装配图的作用和内容。
（2）熟悉装配图的视图选择、规定画法、简化画法。
（3）掌握各零件之间的装配关系、连接方式，相互位置及装拆的先后顺序。
（4）读懂各组成零件的主要结构形状及其在装配图中的作用。

相关理论知识点

知识点一　装配图的作用与内容

装配图是表达机器（或部件）的图样。装配图是表达设计思想、指导生产和技术交流的技术文件，也是制定装配工艺，进行装配、检验、安装及维修的重要文件。

一张完整的装配图应该包括一组视图、必要的尺寸、技术要求、零部件序号、标题栏及明细栏等内容。图 5-1-1 所示为换向阀装配图。

1. 一组图形

用适当的表达方法清楚地表达装配体的工作原理、零件之间的装配关系、连接方式、传动情况及主要零件的结构形状。

2. 必要的尺寸

零件是根据零件图制造的，因此，在装配图上不需要标出制造零件所需要的所有尺寸。装配图上一般只需标出装配体的规格（性能）尺寸、总外形尺寸、各零件间的配合尺寸和安装尺寸，以及其他重要尺寸。

3. 技术要求

在装配图中，技术要求用来表达机器或部件在装配、调整、测试和使用等方面所必须满足的技术条件，一般标注在明细栏周围的空白处，或用规定的标记、代号在图中相应位置标出。

4. 零件序号、标题栏及明细栏

装配图中的所有不同零、部件都必须编号。装配图中的标题栏应标明装配体的名称、图号、比例和责任者等；明细栏中应填写组成装配体的所有零件的编号、名称、材料、数量、标准件的规格和代号等要求。

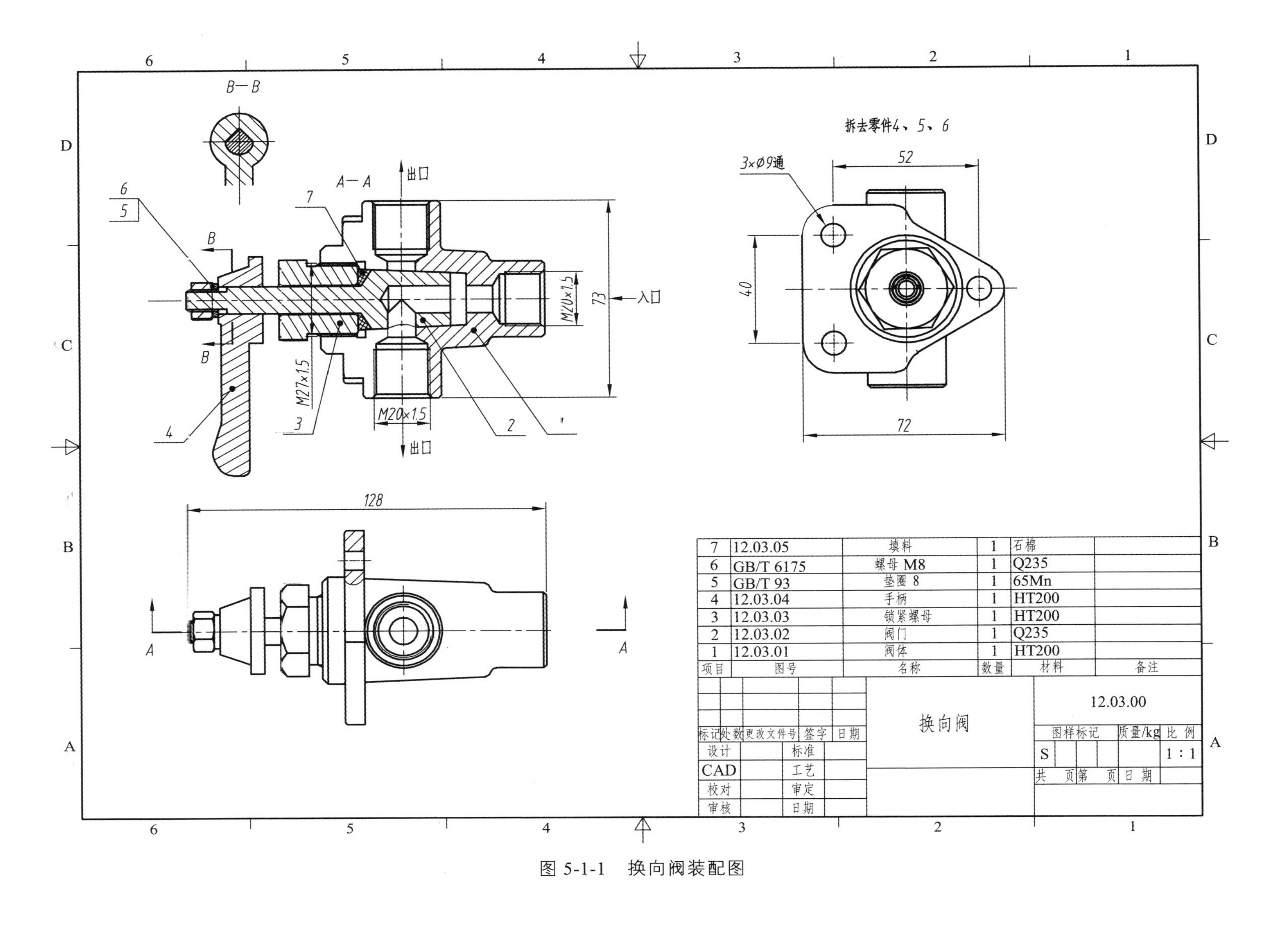
B—B
拆去零件4、5、6
3×Ø9通
52
40
72
A—A
出口
入口
M20×1.5
M27×1.5
73
128
7 12.03.05 填料 1 石棉
6 GB/T 6175 螺母 M8 1 Q235
5 GB/T 93 垫圈 8 1 65Mn
4 12.03.04 手柄 1 HT200
3 12.03.03 锁紧螺母 1 HT200
2 12.03.02 阀门 1 Q235
1 12.03.01 阀体 1 HT200
项目 图号 名称 数量 材料 备注
标记 处数 更改文件号 签字 日期
设计 标准
CAD 工艺
校对 审定
审核 日期
换向阀
12.03.00
图样标记 质量/kg 比 例
S 1 : 1
共 页第 页 日 期

图 5-1-1 换向阀装配图

知识点二　装配图的视图和画法

表达零件图的各种方法在表达机器或部件的装配图时完全适用，只是装配图和零件图表达的侧重点不同。装配图要求正确、清楚地表达装配体的结构、工作原理、装配和连接关系，但并不要求把每个零件的结构完整地表达出来。为此，国家标准对装配图的视图选择和画法作了相关规定。

1. 装配图的视图选择

装配图同零件图一样，主视图是整组视图的核心，主要表达组成装配体各零件间的装配关系。下面以图 5-1-2 所示的滑动轴承装配图和图 5-1-3 所示的滑动轴承立体图为例，介绍装配图的视图选择。

1）主视图的选择

由图 5-1-3 所示的滑动轴承立体图可知，它直观地表示了滑动轴承的外形结构，但不能清晰地表示各零件的装配关系，要清楚表达各零件之间的位置关系，需要用剖视图，然后结合滑动轴承在实际应用中的安放状态，很容易得出主视图的表达方案。

在图 5-1-2 中，主视图用半剖视图，很清楚地表达了主要零件之间的装配关系和工作原理。因为滑动轴承的结构基本对称，所以主视图采用了半剖视图。

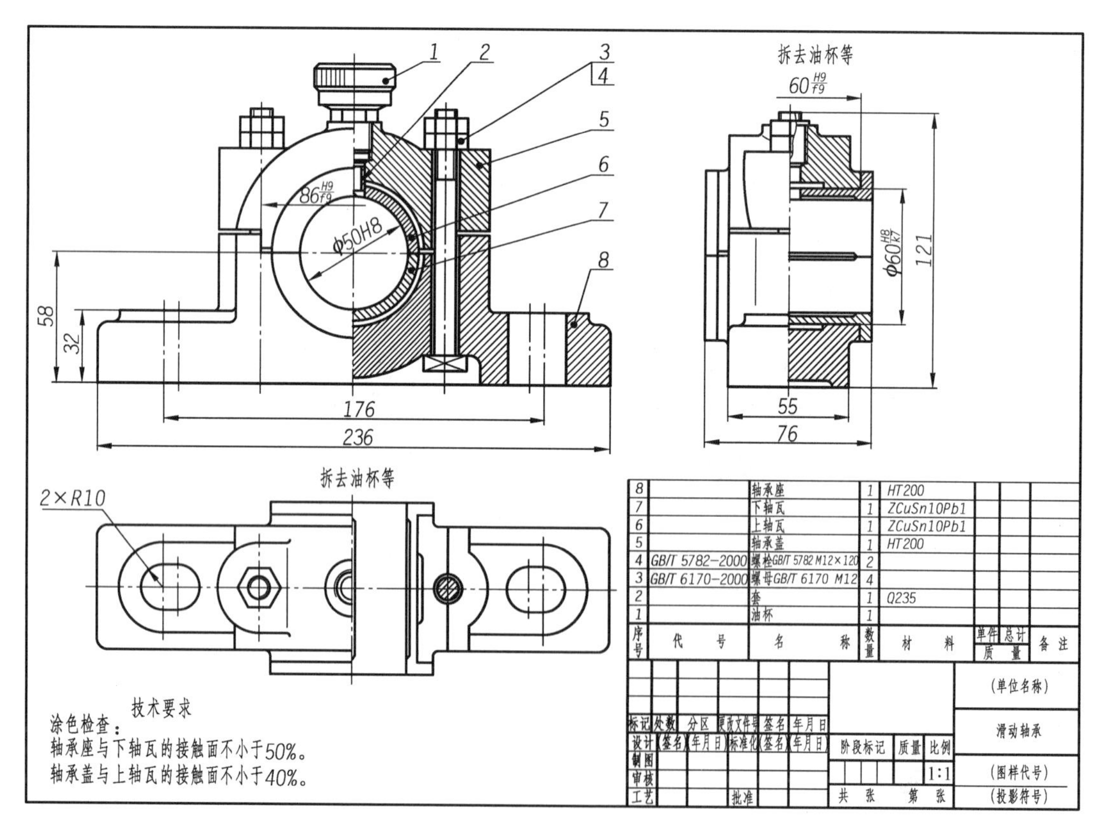

图 5-1-2　滑动轴承装配图

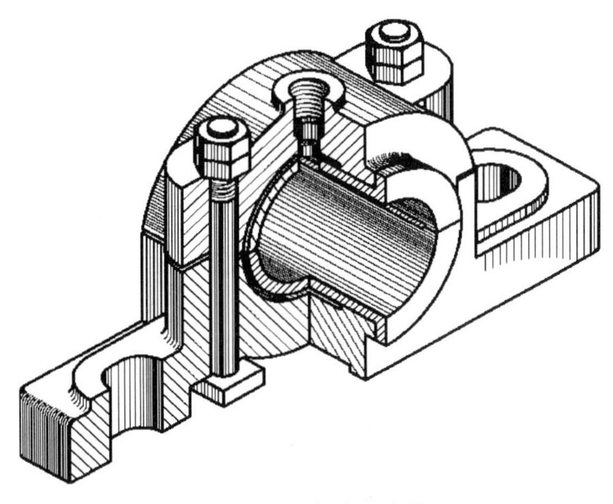

图 5-1-3 滑动轴承立体图

2）其他视图

其他视图是补充表达主视图上没有而又必须表达的内容。该装配图共采用了 3 个视图来表达。由于滑动轴承的结构基本对称，所以三个视图均采用了半剖视图，这样就可以清楚地表达轴承盖、轴承座，以及上、下轴衬间的装配关系。

2. 装配图的规定画法

1）零件间接触面和配合面的画法

相邻两零件的接触面和基本尺寸相同的配合面只画一条线，非接触面和非配合面，即使间隙很小也应画成两条线，如图 5-1-4 所示。

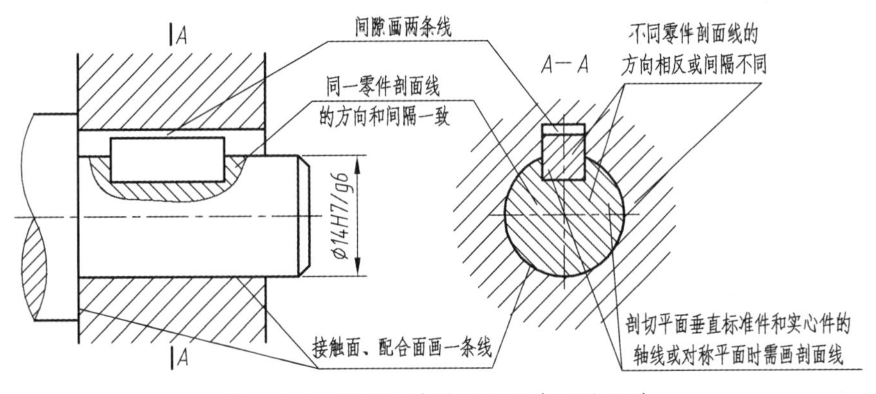

图 5-1-4 零件间接触面和配合面的画法

2）剖面线的画法

相邻两个或多个零件的剖面线应有区别，即方向相反，或者方向一致但间隔不等，如图 5-1-5 所示。但必须特别注意，在装配图中，所有剖视图、断面图中同一零件的剖面线方向和间隔必须一致。这样有利于找出同一零件的各个视图，想象其形状和装配关系。

3）剖视图中不剖零件的画法

对于螺栓、螺柱、螺钉等紧固件，以及实心的球、手柄、键等零件，若剖切平面通过其对称平面或轴线时，则这些零件均按不剖绘制；若需要表示零件上的凹槽、键槽、销孔等结构，可用局部剖视图表示，如图 5-1-6 所示。

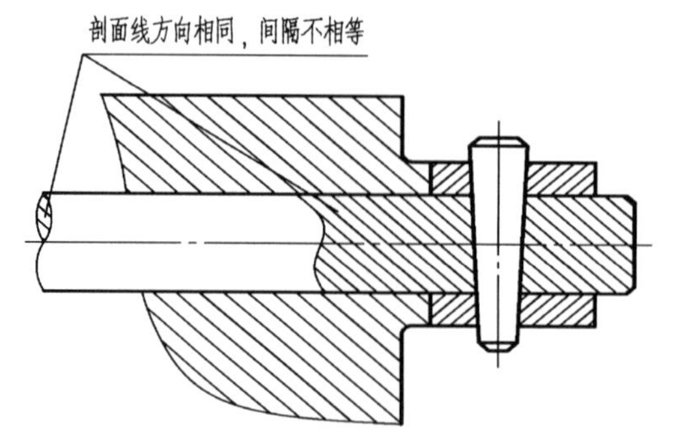

图 5-1-5　剖面线的画法

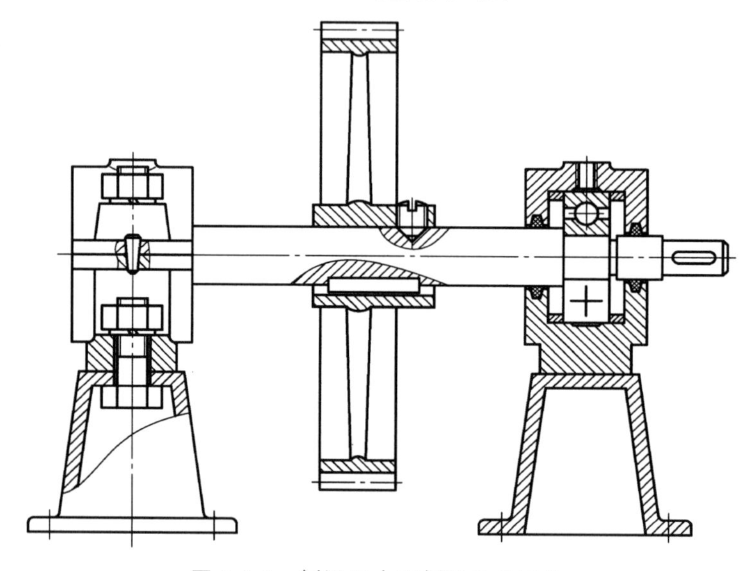

图 5-1-6　剖视图中不剖零件的画法

3. 装配图画法的特殊规定和简化画法

1）装配图画法的特殊规定

（1）拆卸画法。在装配图中，当某个零件的图形遮住了其后需要表达的其他零件，或在某个视图上不需要画出某些零件时，可假想将这些零件拆去后再画，但需在拆去后的视图上方注明“拆去××”字样。如图 5-1-7 所示的滑动轴承装配图中，左、俯视图采用了这种拆卸画法。

（2）沿结合面进行剖切。装配图还可以沿着零件的结合面进行剖切。这种情况下，零件的结合面上不用画剖面线，但若有零件被剖切到，则仍需画出被剖切部分的剖面线。如图 5-1-7 所示，俯视图是沿轴承座和轴承盖的结合面剖切的，故不需要画剖面线，但被剖切到的螺钉需画出其剖面线。

2）简化画法

（1）对于装配图中若干相同的零、部件组，如螺栓连接等，可只详细地画出其中一组或几组，其余则只需用细点画线表示其位置即可，如图 5-1-8 中的螺钉连接。

（2）在装配图中，对于厚度较小的垫片等不易画出的零件可将其涂黑表示，如图 5-1-8 中的垫片。

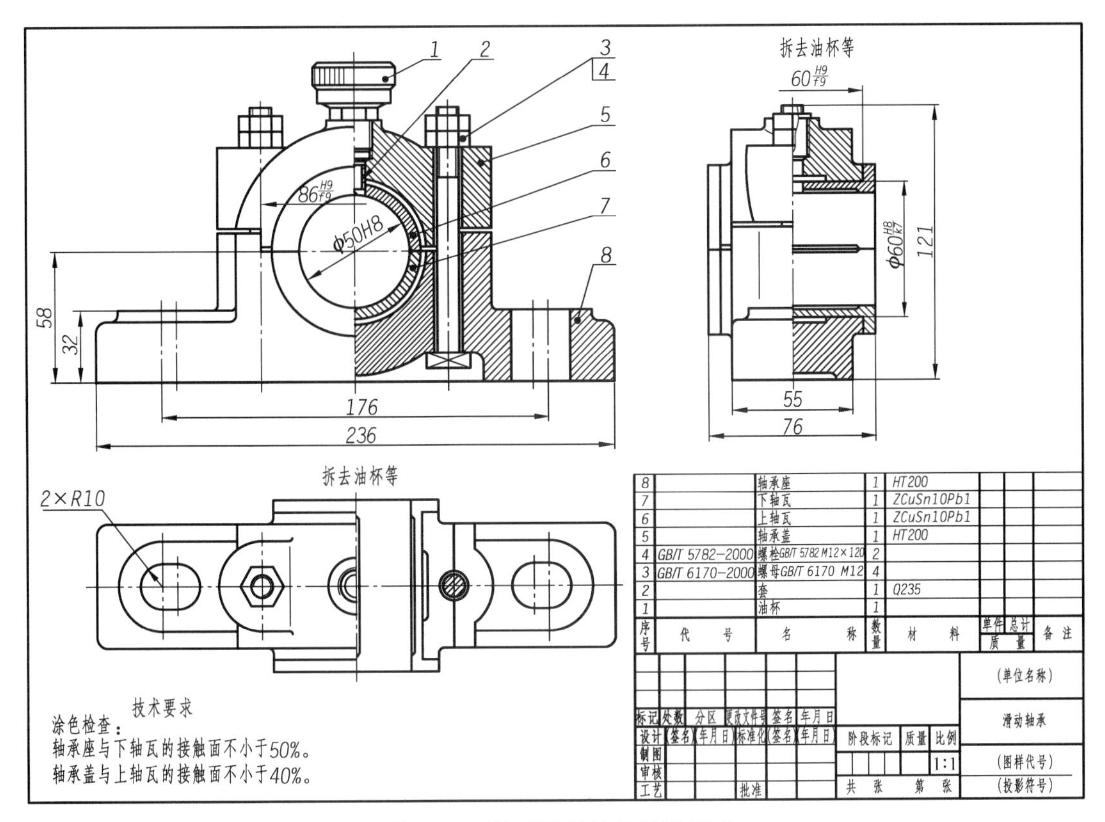

图 5-1-7 装配图画法的特殊规定

（3）在装配图中，零件的工艺结构，如圆角、倒角、退刀槽、起模斜度等允许省略不画，如图 5-1-8 所示。

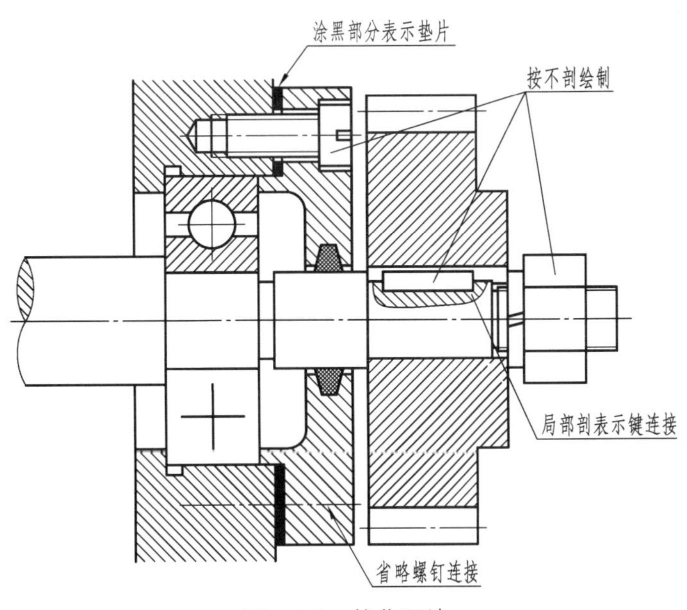

图 5-1-8 简化画法

知识点三　装配图的尺寸标注

装配图主要是表达零、部件的装配关系的，因此，装配图中不需标出零件的全部尺寸，只需标注一些必要的尺寸。这些尺寸按其作用不同，大致可分为以下几类。

1. 规格（性能）尺寸

规格（性能）尺寸是指表示机器或部件规格（性能）的尺寸，是设计、了解和选用该机器或部件的依据。

2. 装配尺寸

装配尺寸是指保证机器中各零件装配关系的尺寸，装配尺寸有以下两种。

（1）配合尺寸：相同公称尺寸的孔与轴结合时的尺寸要求。由于公差带之间的关系，相同公称尺寸的孔与轴的配合有松有紧，可分为间隙配合、过盈配合和过渡配合三种。

（2）相对位置尺寸：表示装配体在装配时需要保证的零件间较重要的距离尺寸和间隙尺寸。

3. 安装尺寸

安装尺寸是指将机器或部件安装在地基或其他机器或部件上时所需要的尺寸。

4. 外形尺寸

外形尺寸是指表示机器或部件外形轮廓大小的尺寸，包括总长、总宽和总高尺寸，它为包装、运输和安装过程中所占的空间大小提供了数据。

5. 其他重要尺寸

其他重要尺寸是指在设计时确定，但又不属于上述几类尺寸的一些重要尺寸，如运动件的极限尺寸、主要零件的重要尺寸等。

知识点四　装配图的零件序号和明细栏

为了便于看图和管理图样，对装配图中的所有零、部件均需编号。同时，在标题栏上方的明细栏中需逐个列出图中所有零件的序号及其所对应的名称、材料、数量等。

1. 零、部件序号的编排及标注

1）序号的编排方式

装配图中，零、部件的序号编排方式有两种。

（1）将装配图中的所有零件（包括标准件和专用件）依次统一进行编号。

（2）将装配图中所有标准件的数量、标记，按规定直接标注在该标准件的指引线上（标准件不占编号，也不列入明细栏中），而对非标准件（即专用件，如轴、滑轮、齿轮等），需按顺时针或逆时针方向进行编号，如图 5-1-9 所示。

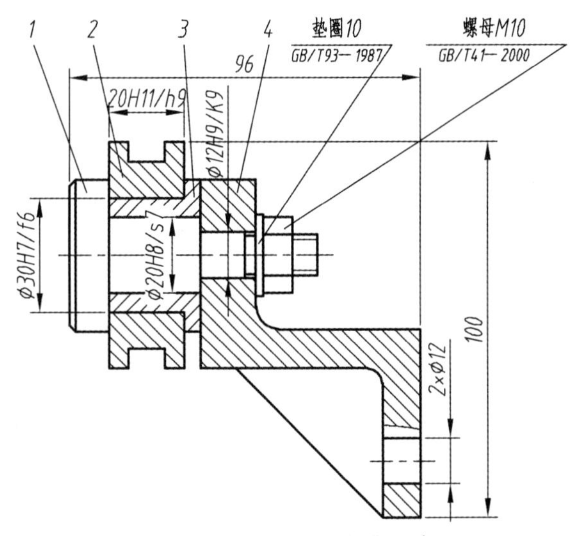

图 5-1-9　序号的编排方式

2）序号的标注方法

装配图中零部件的序号由指引线、小圆点（或箭头）及序号数字组成，如图 5-1-10 所示。装配图中零、部件序号的编写方法如下：

（1）装配图中的所有零、部件必须编写序号（除标准件外），且形状、规格和大小均相同的零件一般用同一个序号标记。必要时，也可用同一个序号在各处重复标注。

（2）一般在被编号零件的可见轮廓线内画一小圆点，然后用直线画出指引线，并在指引线的端部画一基准线或圆圈，在基准线上方或圆圈内注写零件序号，指引线、水平线和圆圈均为细实线。同一装配图中序号的编写形式应一致。

（3）当在所指零件的轮廓内不便画圆点时，例如，要标注的部分是很薄的零件或涂黑的剖面时，可用箭头代替小圆点指向该部分的轮廓，如图 5-1-10 中的零件 4。

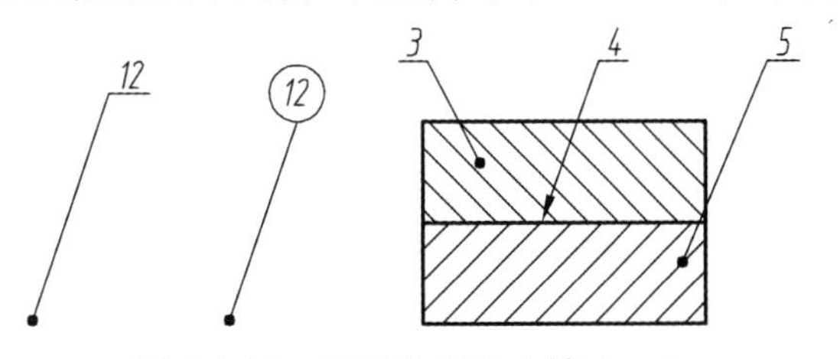

图 5-1-10　序号的标注方法（一）

（4）对于一组紧固件或装配关系清楚的零件组，可使用公共指引线标注，如图 5-1-11 所示。

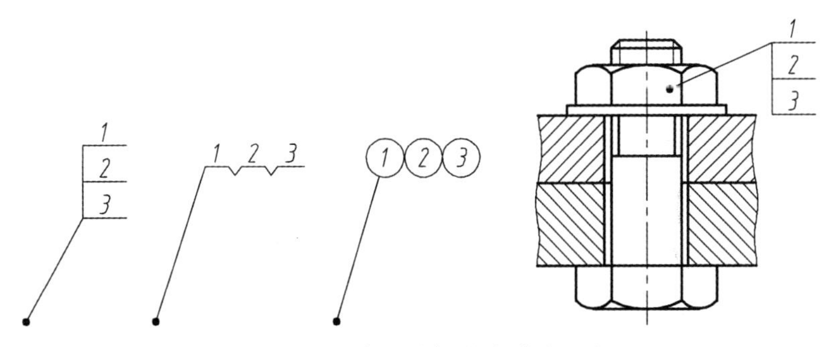

图 5-1-11　序号的标注方法（二）

2. 明细栏

明细栏是装配图中全部零件的详细目录，画在标题栏的上方，其基本信息、尺寸及线宽如图 5-1-12 所示。明细栏中的序号应由下向上排列，这样便于补充编排序号时遗漏的零件。在绘制明细栏时，如果位置不够，可将剩余的部分画在标题栏的左边。

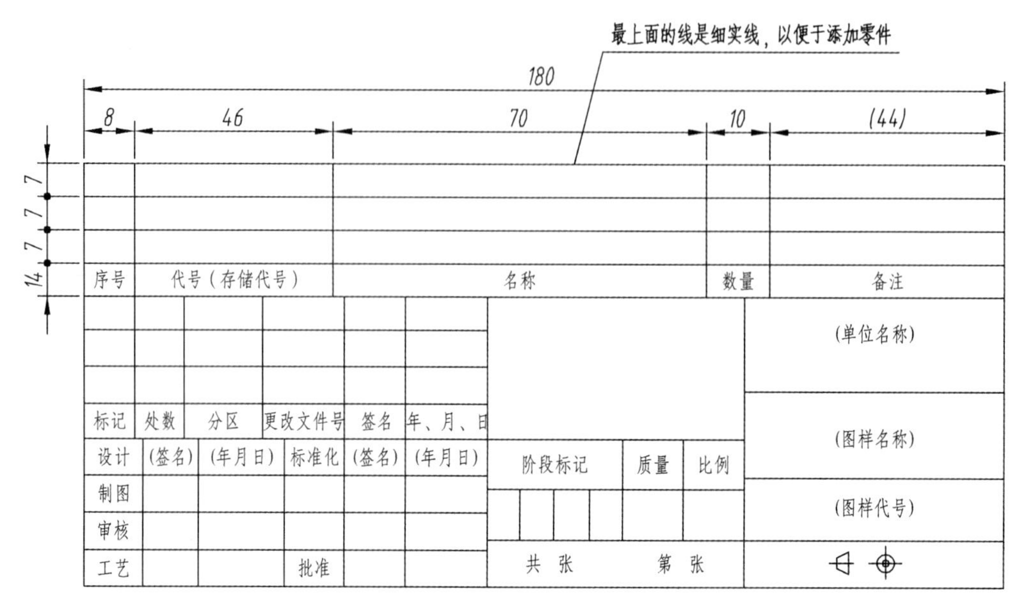

图 5-1-12 明细栏

任务实施

1. 识读换向阀装配图

（1）概括了解：由标题栏和明细栏可知，图 5-1-13 所示装配体为换向阀。换向阀是具有两个以上油口的方向控制阀。该换向阀由阀体、阀门、锁紧螺母、手柄及填料等共 7 种零件装配而成。

（2）视图分析：该换向阀装配图用三个视图表达。主视图采用全剖视图，表达了零件间的装配关系；左视图去掉零件 4、5、6 后，清楚地表达了阀体的外部形状；俯视图部分，清楚地表达了阀的外形，并用局部剖视图画出法兰小孔。

（3）分析装配顺序和工作原理：

① 装配顺序：将阀门装入阀体内，然后依次装入填料、锁紧螺母、手柄、垫圈，接着安装螺母，并将其固定。

② 工作原理：换向阀是具有两个以上油口的方向控制阀。是实现液压油流的沟通、切断和换向，以及压力卸载和顺序动作控制的阀门。

（4）分析零件结构形状：分析零件结构形状，并综合想象装配体的形状。根据明细栏与零件序号，在装配图中逐一找出各零件的投影图，然后想象其立体形状。

（5）分析尺寸和技术要求：在图中，为保证进出油口和进出油管连接，需标注出进出油口尺寸，另外，为了保证换向阀和外部连接，需标注出阀体法兰上安装孔的具体尺寸。

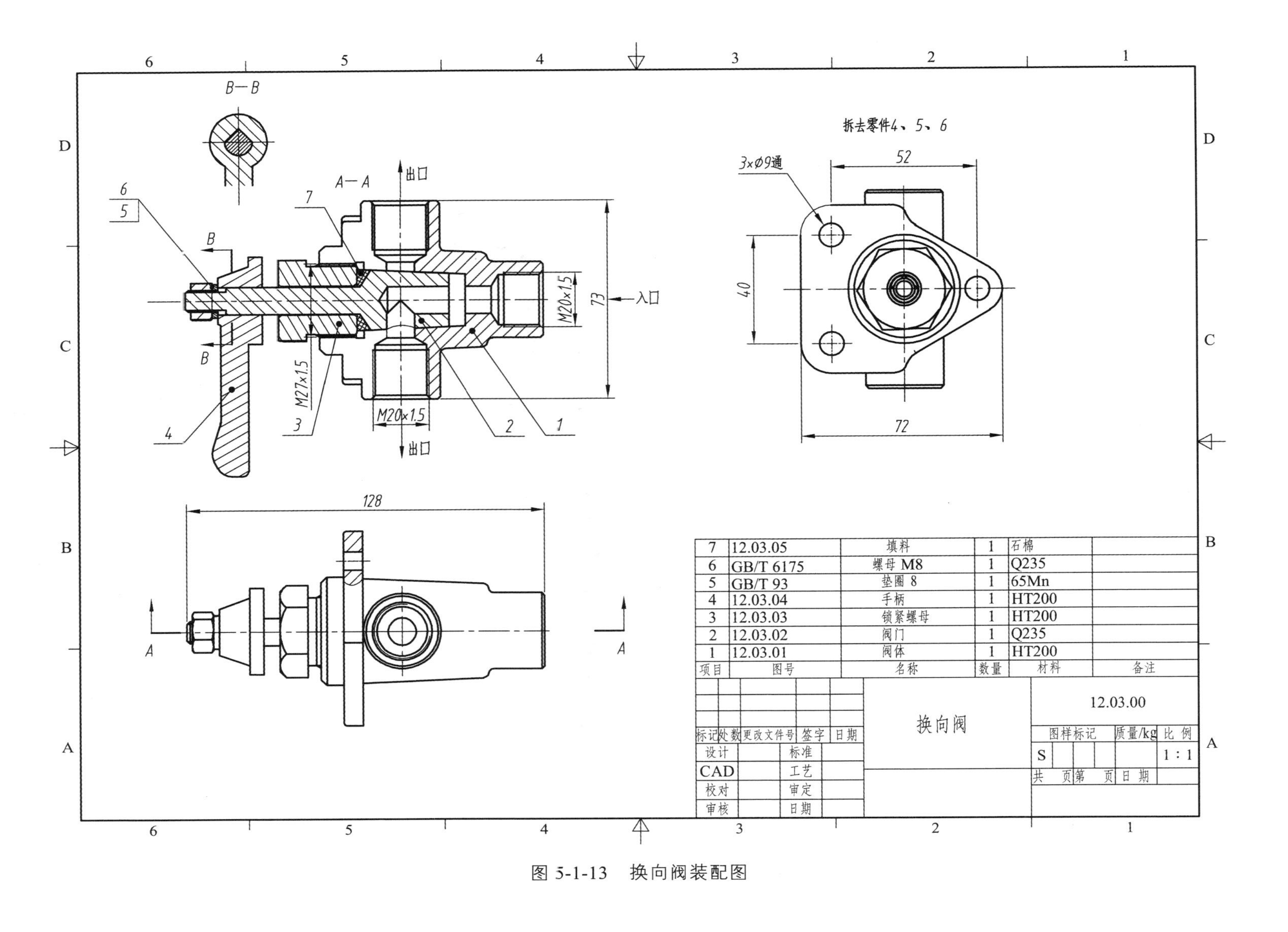

7	12.03.05	填料	1	石棉	
6	GB/T 6175	螺母 M8	1	Q235	
5	GB/T 93	垫圈 8	1	65Mn	
4	12.03.04	手柄	1	HT200	
3	12.03.03	锁紧螺母	1	HT200	
2	12.03.02	阀门	1	Q235	
1	12.03.01	阀体	1	HT200	
项目	图号	名称	数量	材料	备注

图 5-1-13　换向阀装配图

2. 换向阀三维建模

如图 5-1-14 所示，新建装配体一般有两种，即标准装配体和焊接装配体。新建换向阀装配体，选择 Standard.iam，即标准装配体。

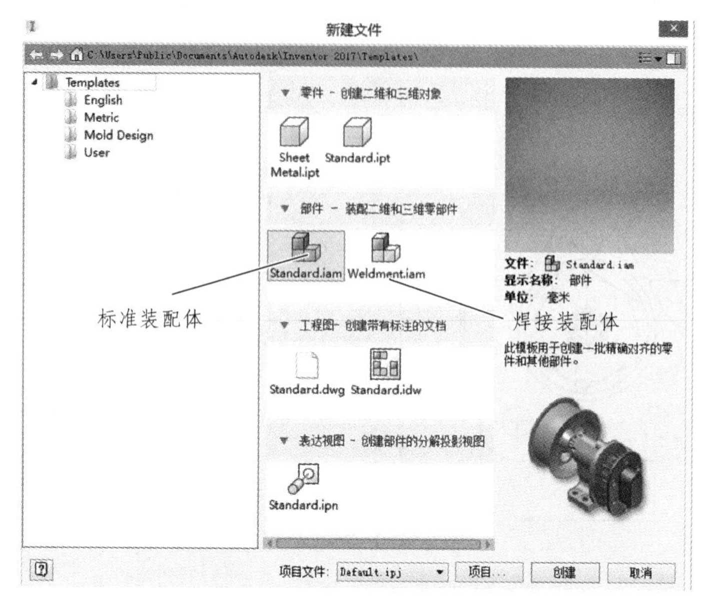

图 5-1-14　新建装配体

装配体装配环境如图 5-1-15 所示。

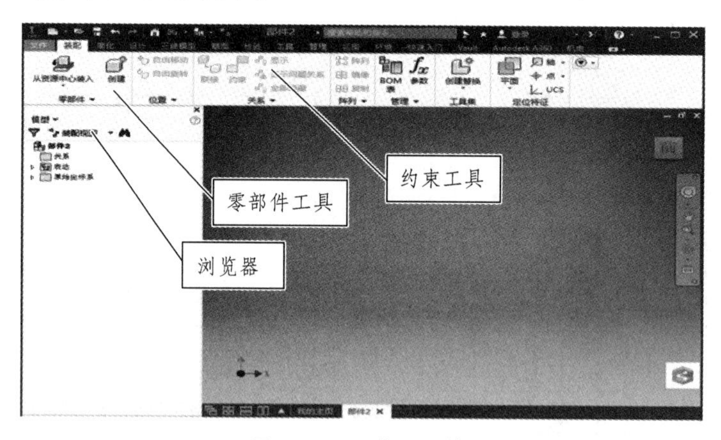

图 5-1-15　装配环境

换向阀装配步骤：

（1）点击按钮 Standard.iam，创建一个新的装配部件文件 Standard.iam。

（2）单击装配面板上的放置 放置 按钮，可装入已经建立好的零件和子装配。装入零部件的过程中可以单个装入，也可以把所有零件一起装入。标准件可通过资源中心库直接装入。本例直接将画好的换向阀零件模型装入。提示：如果要放置多个同样的零件，可点击左键，否则点击右键，选择【结束】选项即可。放置好的零件是可以自由拉动的，我们单击底座，再在右键对话框中选择【固定】将底座固定，如图 5-1-16 所示。

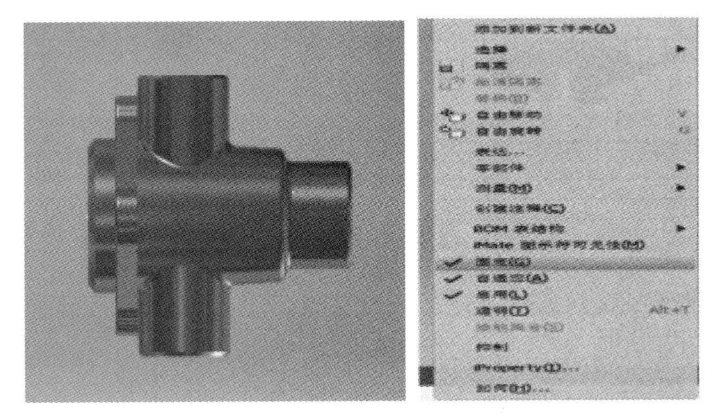

图 5-1-16　放置零件

（3）对阀体进行半剖观察。

① 将零件阀体选定，单击右键，再单击打开，将阀体零件图打开，如图 5-1-17 所示。

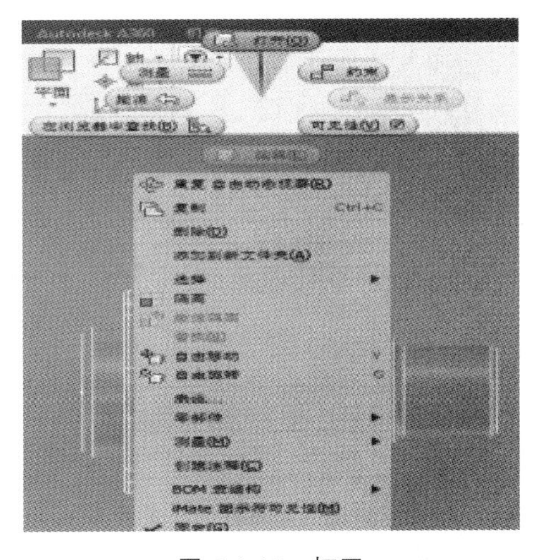

图 5-1-17　打开

② 打开底座后单击打开原始坐标系，选择一个可以半剖的平面，再单击右键，选择可见性让其可见，如图 5-1-18 所示。

图 5-1-18　可见性

③ 在视图对话框中找到外观栏中的半剖视图，单击半剖视图并选择平面，选择刚才可见的平面，如图 5-1-19 所示。

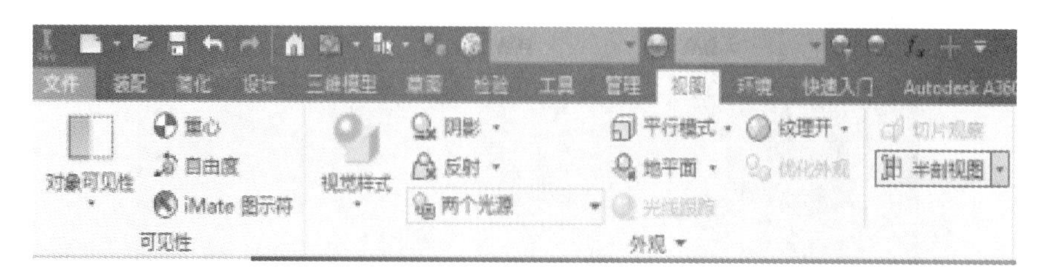

图 5-1-19　视图

④ 完成半剖视图，如图 5-1-20 所示。

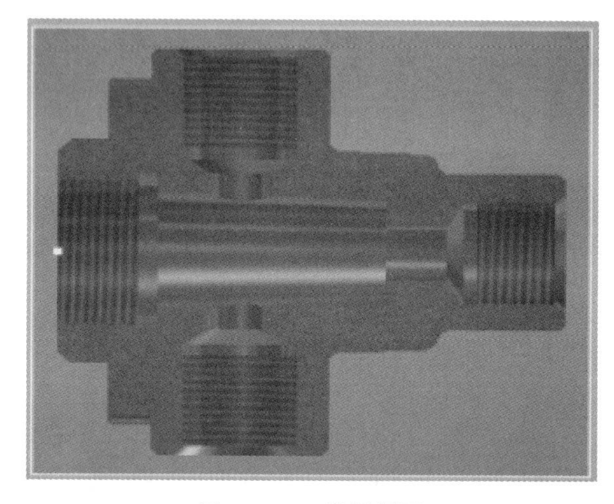

图 5-1-20　半剖视图

（4）将阀门装配到阀体上。

① 左键单击装配面板上的放置按钮，将阀门放置进来，如图 5-1-21 所示。

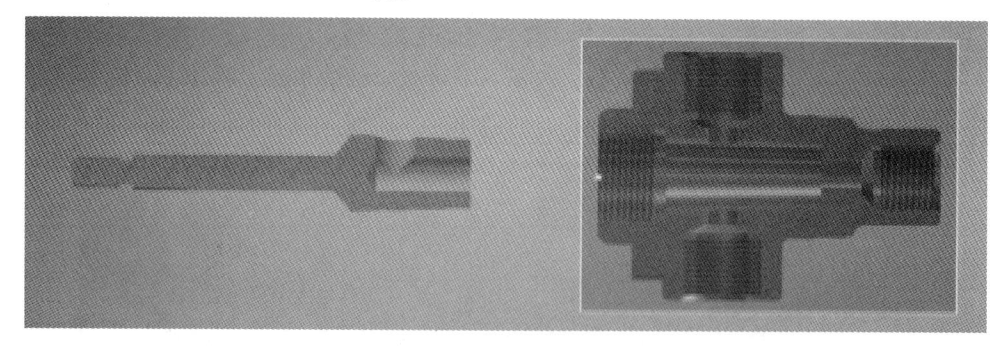

图 5-1-21　放置阀门

② 单击约束指令中的配合指令，如图 5-1-22 所示。

③ 单击阀门的中心轴线和阀体的中心轴线，如图 5-1-23 所示，将阀体和阀门的中心轴线同轴，如图 5-1-24 所示。

④ 配合好的阀体和阀门是可以移动的，这时我们要用约束指令中的相切指令，让阀体和阀门全约束，如图 5-1-25 所示。

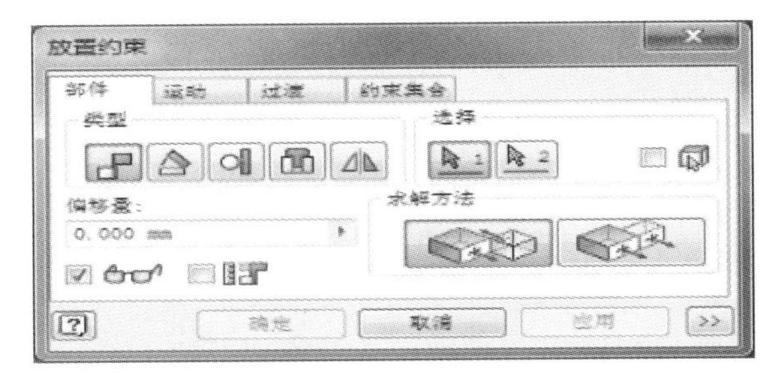

图 5-1-22　配合

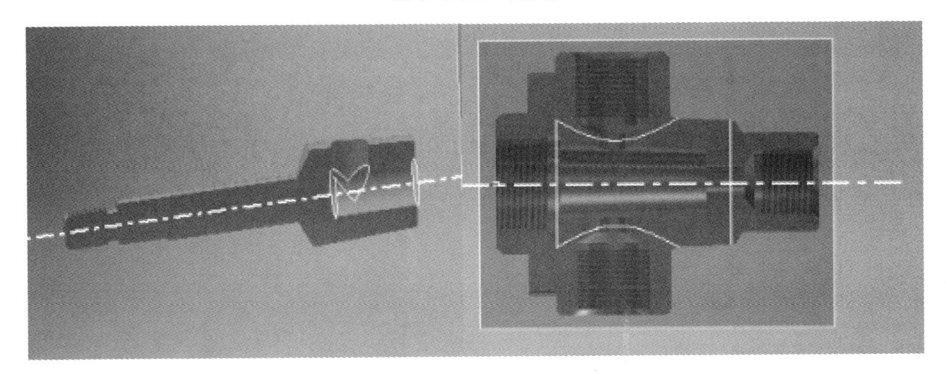

图 5-1-23　选择中心轴线

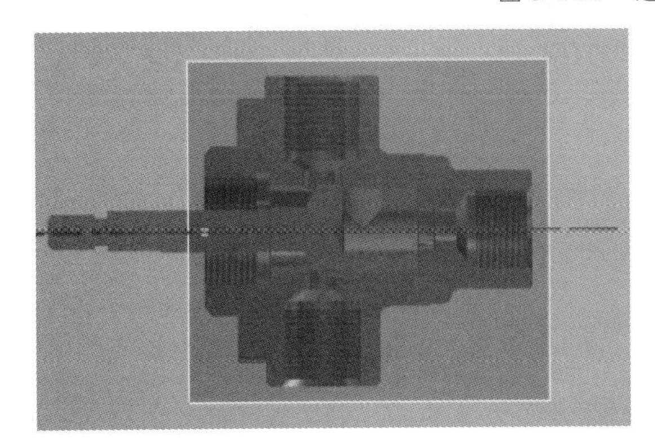

图 5-1-24　中心轴线同轴

图 5-1-25　全约束

⑤ 选择相切指令后再选择阀体的圆柱面和阀门的圆柱面（提示：如果圆柱面不方便选择，可以按住鼠标左键将阀门拉出来），如图 5-1-26 所示。

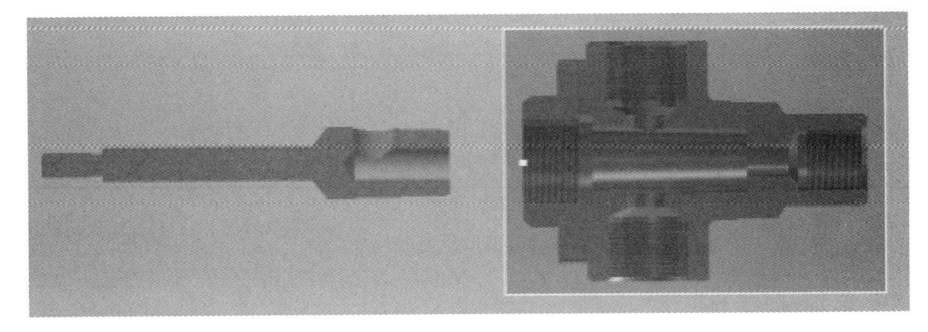

图 5-1-26　选择相切指令

⑥ 单击选择阀门的圆柱面，再单击选择阀体的圆柱面，如图 5-1-27 所示。

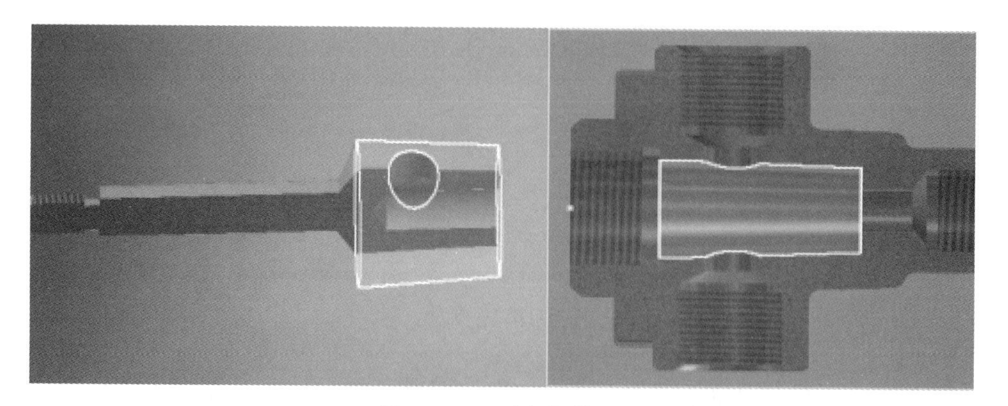

图 5-1-27　选择圆柱面

⑦ 再单击约束面板求解方法中的内边框，如图 5-1-28 所示。

至此，阀门和阀体装配完成，如图 5-1-29 所示。

图 5-1-28　内边框

图 5-1-29　阀门和阀体装配完成

（5）将石棉装配到阀体内。

① 将石棉放置进来，选择配合指令 将石棉的中心轴线和阀体的中心轴线选中配合，如图 5-1-30 所示。同轴配合后装配效果如图 5-1-31 所示。

② 将石棉的圆柱面和阀门的圆柱面相切，操作方法同阀门和阀体相切一样，如图 5-1-32 所示。石棉和阀门配合完成，如图 5-1-33 所示。

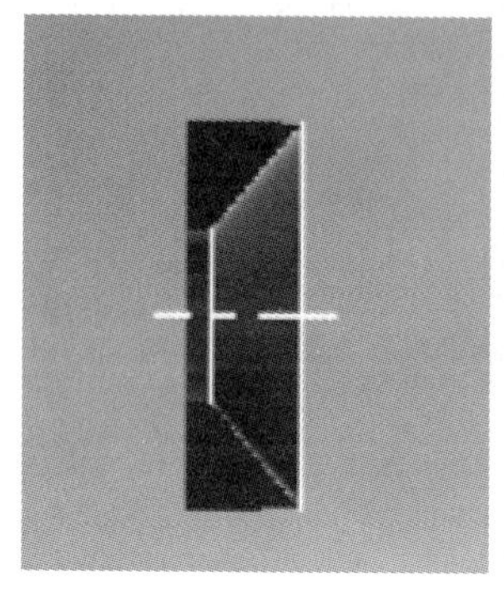

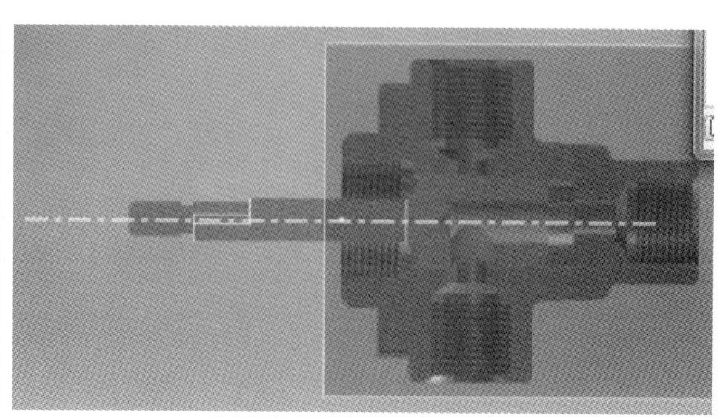

图 5-1-30　选中中心轴线

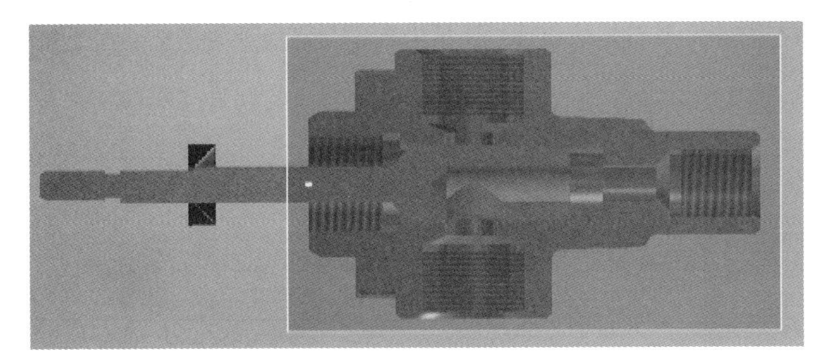

图 5-1-31　同轴配合

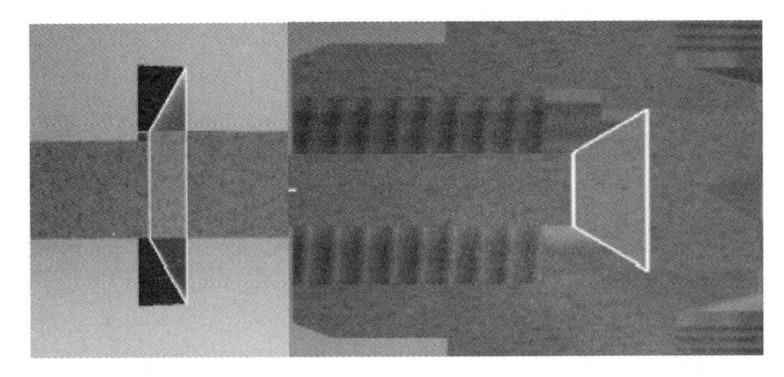

图 5-1-32　相切

图 5-1-33　石棉和阀门配合完成

（6）装配锁紧螺母。

① 同样地，单击 [放置]，将锁紧螺母放置进来，如图 5-1-34 所示。

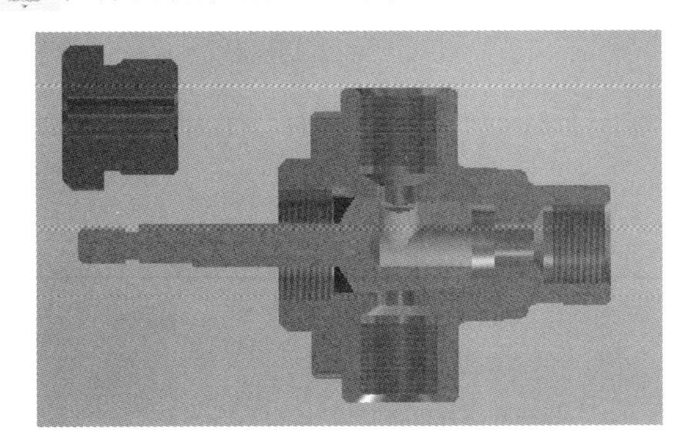

图 5-1-34　放置

② 使用约束指令 [约束] 中的插入指令 ，如图 5-1-35 所示。如图 5-1-36 所示，将锁紧螺母

右端面及轴线和石棉的左端面及轴线选定，单击确定，完成锁紧螺母装配，如图 5-1-37 所示。（提示：选择求解方法时要用反向）

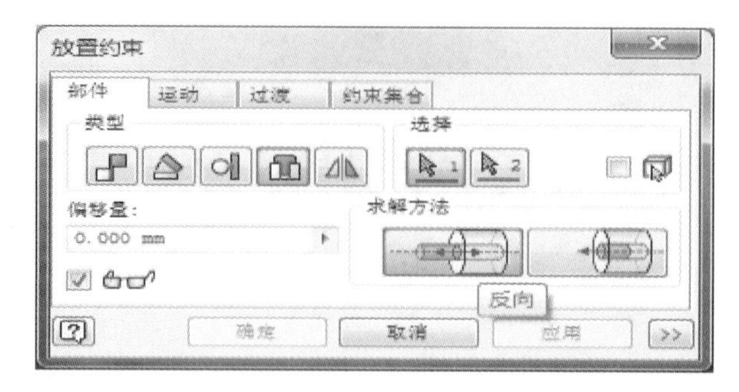

图 5-1-35　插入指令

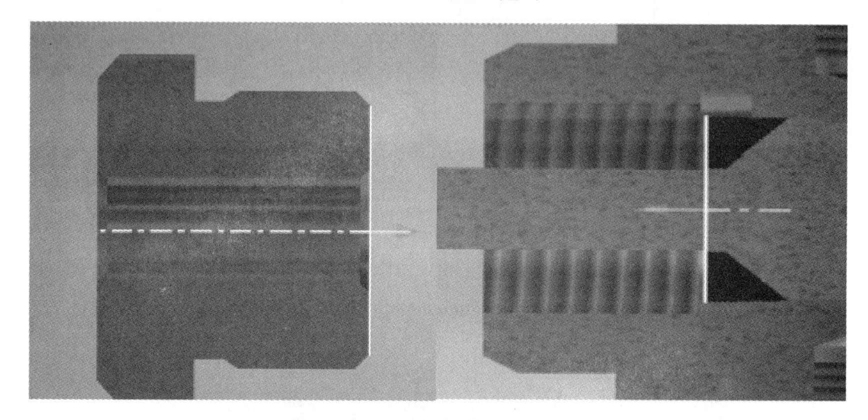

图 5-1-36　选定端面及轴线

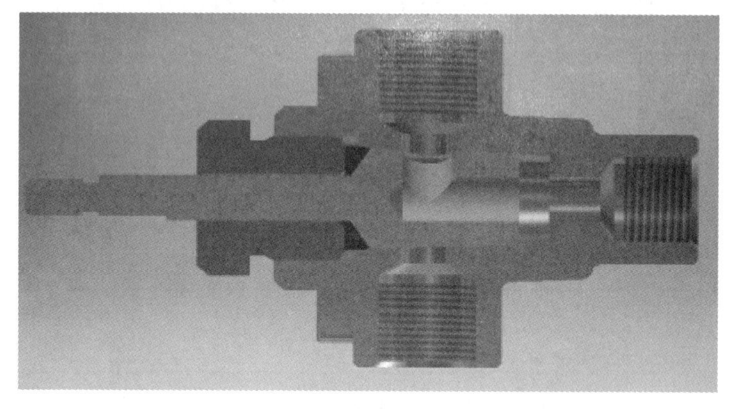

图 5-1-37　完成装配

（7）装配手柄。

① 关闭半剖视图。因阀体内部零件已经装配完成，所以可以将半剖视图关闭，单击视图对话框再单击全剖视图，如图 5-1-38 所示。

② 将手柄放置进来，如图 5-1-39 所示。

③ 将手柄的中心轴线和阀门的中心轴线同轴，单击约束指令，然后单击配合指令（提示：如果手柄的中心轴线不方便选取，可以通过自由旋转指令 自由旋转 旋转单个零件），如图 5-1-40 所示。

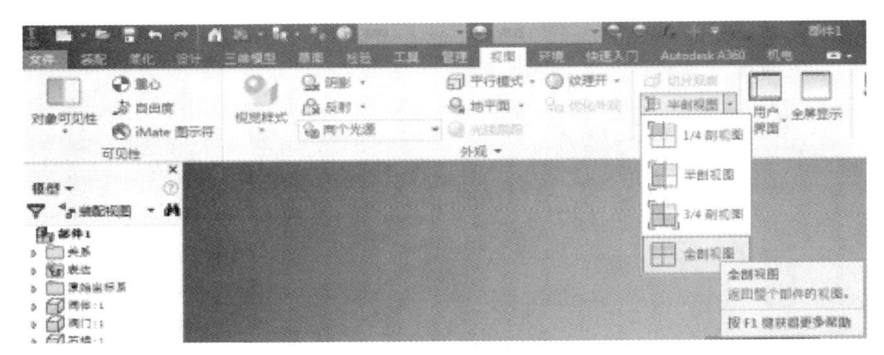

图 5-1-38　关闭半剖视图

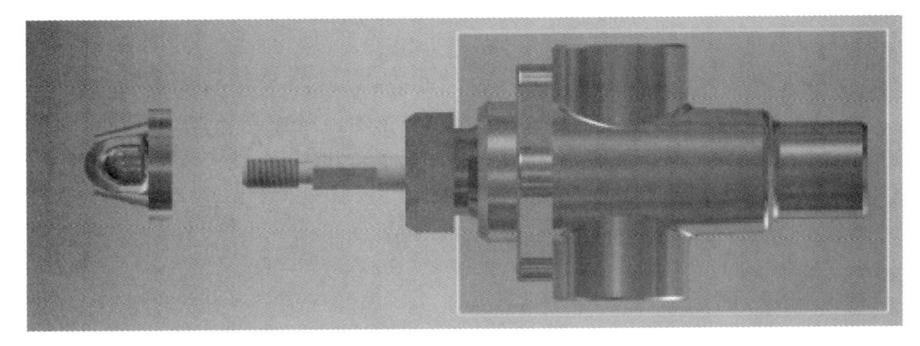

图 5-1-39　放置手柄

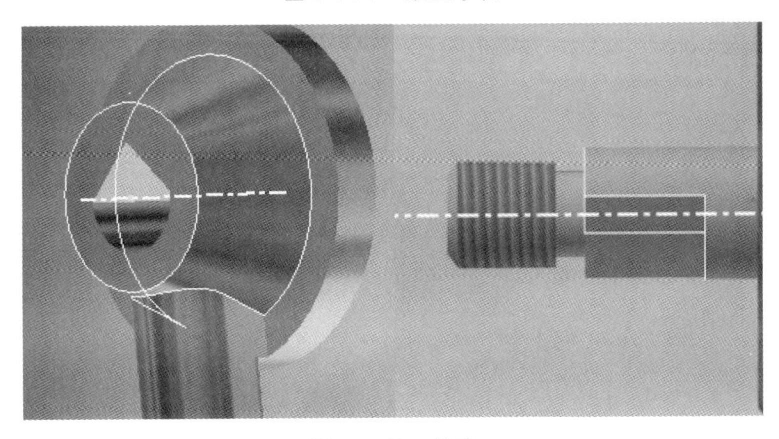

图 5-1-40　约束

④ 将手柄的菱面与阀门的菱面配合，单击约束指令 中的配合指令 ，并分别选择平面（提示：菱面不方便选取时可以通过右边的菜单栏选择自由动态观察 ），如图 5-1-41 所示。单击确定完成配合，如图 5-1-42 所示。

⑤ 将手柄的右端面和阀门的菱面端装配上，单击约束指令 中的配合指令 ，如图 5-1-43 所示。手柄和阀门装配完成，如图 5-1-44 所示。

（8）装配垫圈。

① 将垫圈放置 进来。

② 将垫圈的轴和阀门的轴同轴，通过约束指令 中的配合指令 完成同轴配合（提示：如果中心轴线不方便选取，可以通过自由旋转指令 自由旋转 旋转单个零件），如图 5-1-45 所示。垫圈、阀门同轴配合完成，如图 5-1-46 所示。

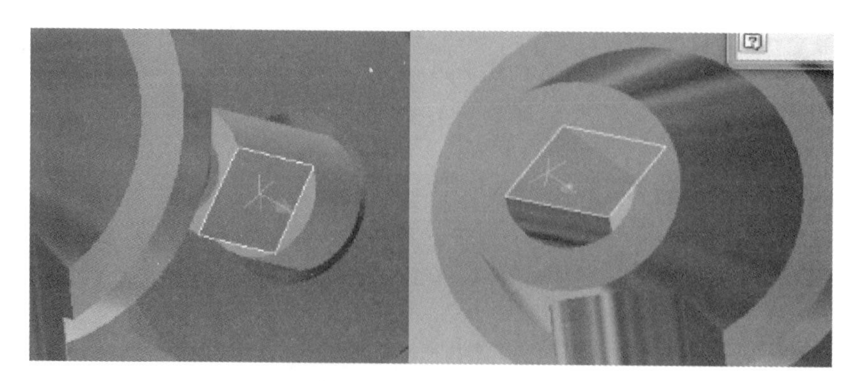

图 5-1-41　选择平面

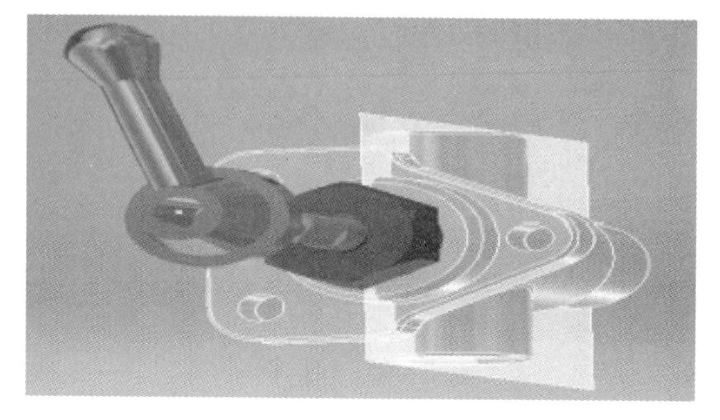

图 5-1-42　完成配合

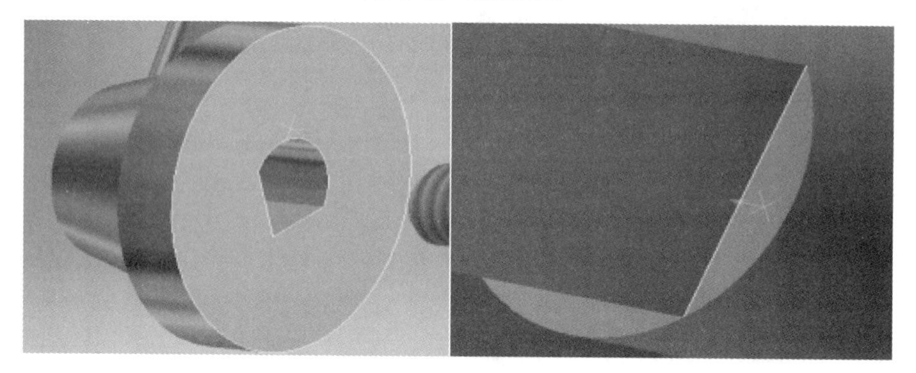

图 5-1-43　约束

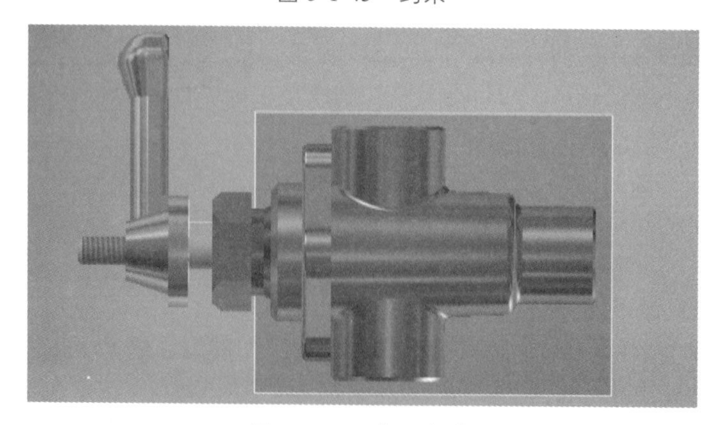

图 5-1-44　装配完成

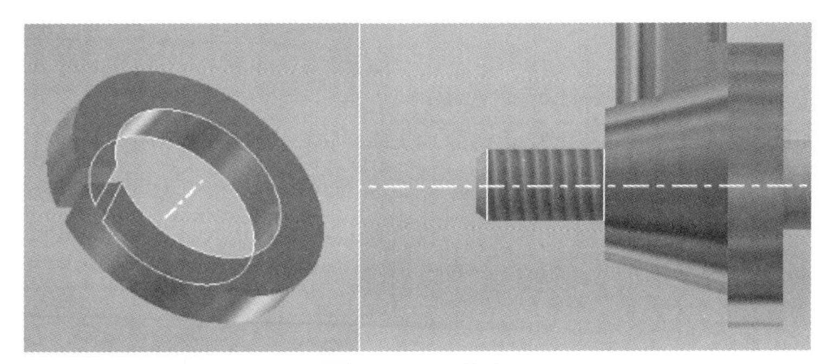

图 5-1-45　约束

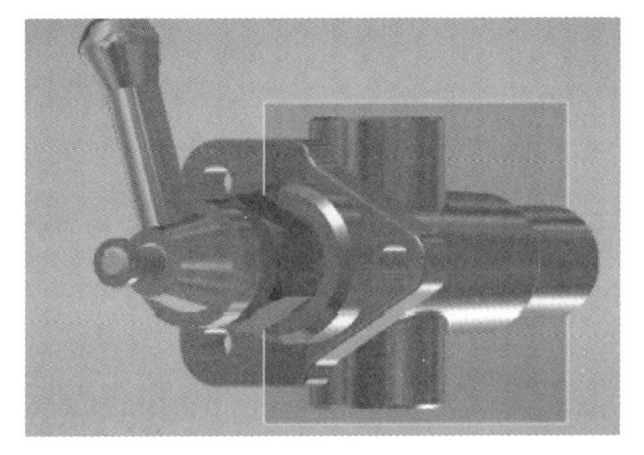

图 5-1-46　同轴配合

③ 通过约束指令 中的配合指令 ，将垫圈的端面和手柄的左端面配合，如图 5-1-47 所示。垫圈和阀门配合完成，如图 5-1-48 所示。

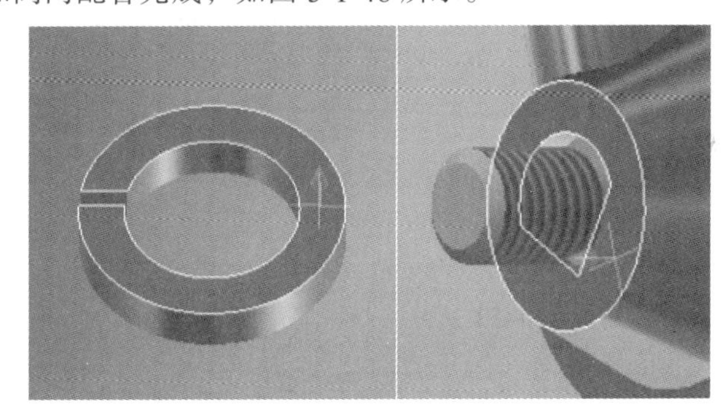

图 5-1-47　约束

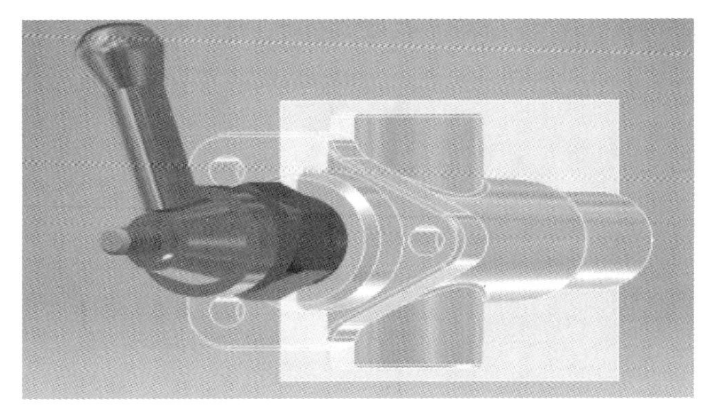

图 5-1-48　配合完成

（9）装配螺母。

① 单击 放置 按钮，将螺母零件放置进来。

② 将螺母和阀门配合上，使用约束指令中的插入指令将螺母的右端面及轴线和手柄的左端面及轴线选中，选中求解方法中的对齐（提示：如果中心轴线不方便选取，可以通过自由旋转指令 自由旋转 旋转单个零件），如图 5-1-49 所示。完成换向阀整体装配，如图 5-1-50 所示。（提示：可见平面，可通过阀体关闭其可见性）

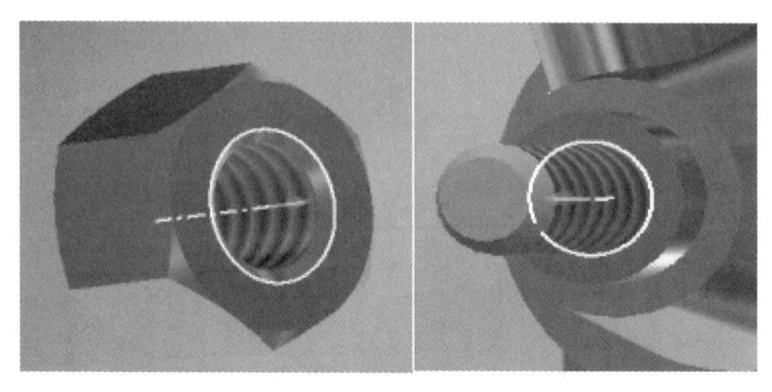

图 5-1-49　约束

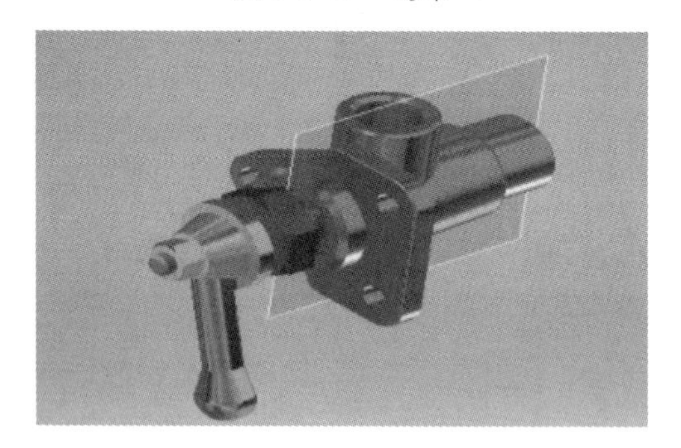

图 5-1-50　装配完成

3. 生成二维装配图

（1）新建二维工程图，如图 5-1-51 所示。

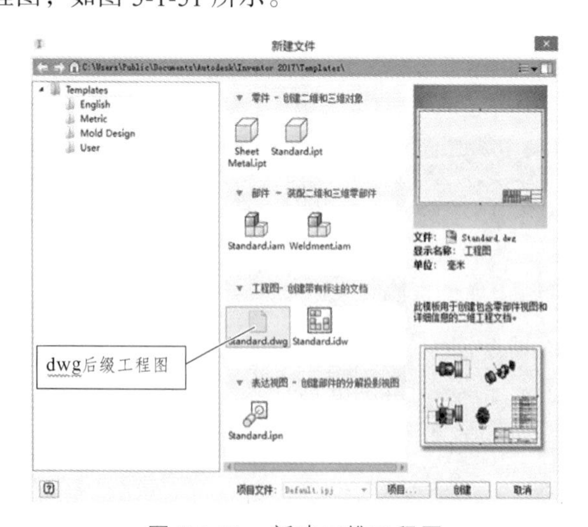

图 5-1-51　新建二维工程图

（2）新建工程图模板，如图 5-1-52 所示。

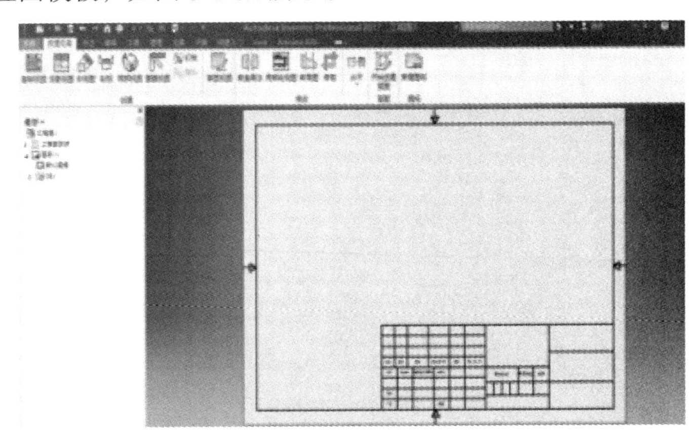

图 5-1-52　新建工程图模板

（3）生成基础视图，如图 5-1-53 所示。

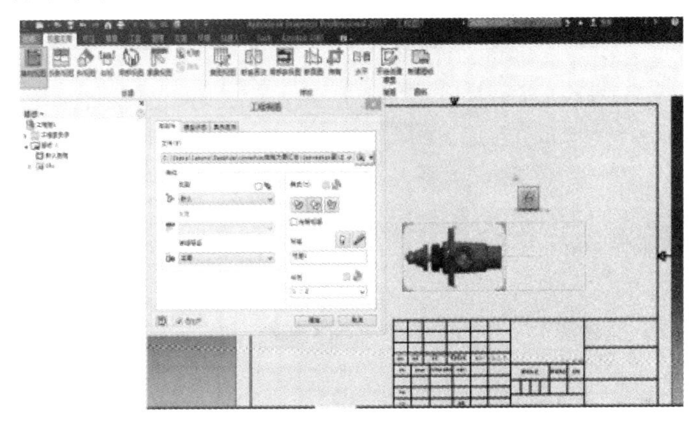

图 5-1-53　生成基础视图

（4）点击剖视图，先选择基础视图，再选择需要剖开的中心轴线，然后右键单击继续，完成剖视图绘制，如图 5-1-54 所示。

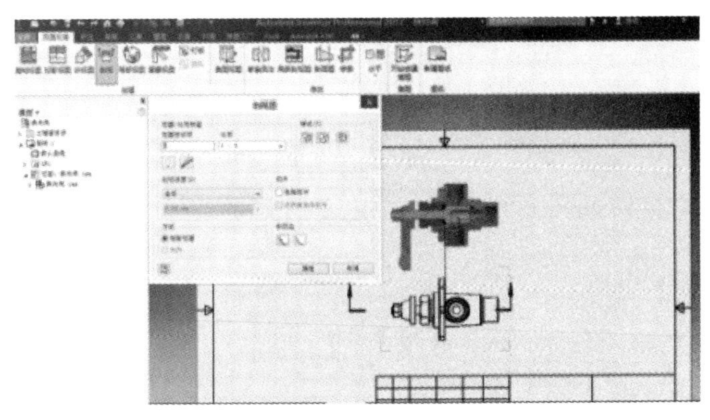

图 5-1-54　完成剖视图绘制

（5）将换向阀三维模型另存一份，然后在另存的三维装配体模型中去掉零件 4、5、6 后再投影一个视图，得到左视图，具体如图 5-1-55 所示。

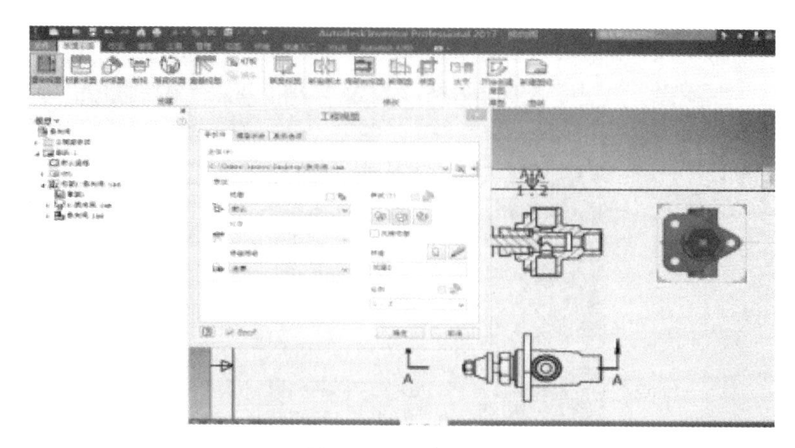

图 5-1-55　左视图

（6）生成明细栏。先点击标注工具，再单击明细栏，最后选择基础视图生成明细栏，如图 5-1-56 所示。

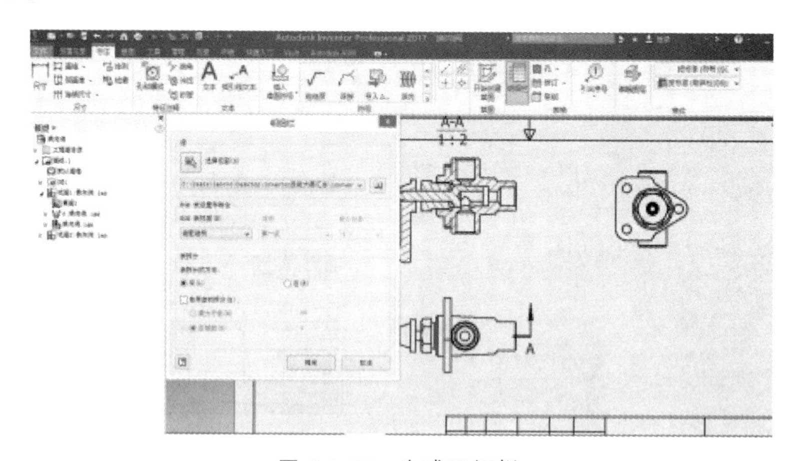

图 5-1-56　生成明细栏

（7）绘制零件中心线，并依次标注零件尺寸，如图 5-1-57 所示。

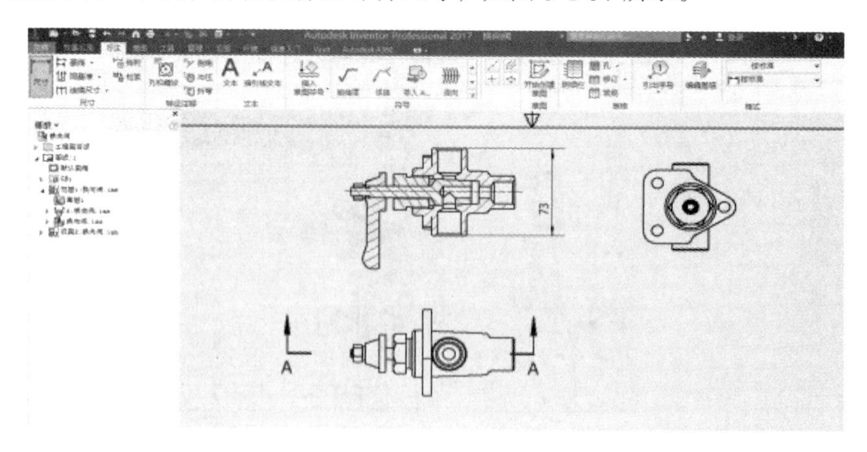

图 5-1-57　标注

（8）换向阀装配图绘制完成，如图 5-1-58 所示。（换向阀主要零部件的零件图见附件）

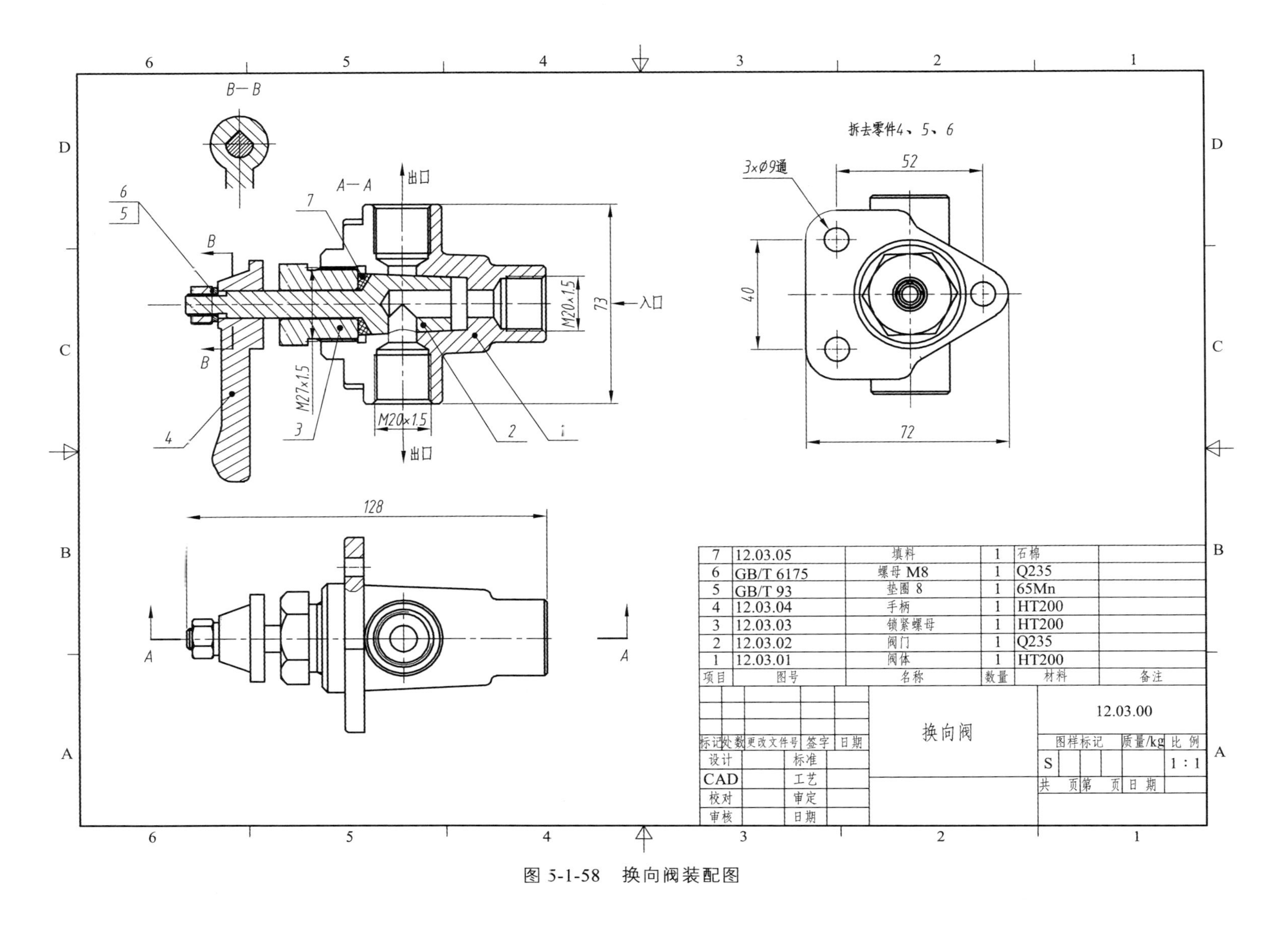

图 5-1-58　换向阀装配图

任务评价

任务评价单见表 5-1-1。

表 5-1-1 任务评价单

<table>
<tr><td>任务</td><td colspan="11">识读并绘制换向阀装配图</td></tr>
<tr><td>班级</td><td></td><td colspan="2">姓名</td><td colspan="2"></td><td>学号</td><td colspan="2"></td><td>日期</td><td colspan="2"></td></tr>
<tr><td rowspan="5">任务评价</td><td colspan="3">考评指标</td><td colspan="2">考评标准</td><td>分值</td><td>自评
（20%）</td><td>小组评价
（40%）</td><td colspan="2">教师评价
（40%）</td><td>实际
得分</td></tr>
<tr><td colspan="3" rowspan="2">任务实施</td><td colspan="2">相关知识点掌握程度</td><td>40</td><td></td><td></td><td colspan="2"></td><td></td></tr>
<tr><td colspan="2">完成任务的准确性</td><td>40</td><td></td><td></td><td colspan="2"></td><td></td></tr>
<tr><td colspan="3" rowspan="2">职业素养</td><td colspan="2">出勤、道德、纪律、责任心</td><td>10</td><td></td><td></td><td colspan="2"></td><td></td></tr>
<tr><td colspan="2">学习态度、团队分工合作</td><td>10</td><td></td><td></td><td colspan="2"></td><td></td></tr>
<tr><td colspan="6">合计</td><td></td><td></td><td></td><td colspan="2"></td><td></td></tr>
<tr><td colspan="3">收获与体会</td><td colspan="9"></td></tr>
<tr><td colspan="3">本组之星</td><td colspan="2"></td><td>亮点</td><td colspan="6"></td></tr>
<tr><td colspan="3">组间互评</td><td colspan="9"></td></tr>
<tr><td colspan="3">填表说明</td><td colspan="9">① 实际得分=自评×20%+小组评价×40%+教师评价×40%。
② 考评满分为 100 分，60 分以下为不及格，60～74 分为及格，75～84 分为良好，85 分及以上为优秀。
③“本组之星”可以是本次实训活动中的突出贡献者，也可以是进步最大者，还可以是其他某一方面表现突出者。
④“组间互评”由评审团讨论后为各组给予的最终评价。评审团由各组组长组成，当各组完成实训活动后，各组长先组织本组组员进行商议，然后各组长将意见带至评审团，评价各组整体工作情况，将各组互评分数填入其中</td></tr>
</table>

项目六　零件测绘

【项目概述】

在改进或维修机器、部件时，有时会遇到机器、部件中某一零件损坏，而又无配件或图纸，这时就必须对零件进行测量并绘制该零件的零件图，以便作为制造该零件的依据。这种根据已有零件绘制零件图的过程称为零件测绘。

零部件测绘旨在提高学生的动手能力，正确使用工具拆卸机器、部件，使用量具测量零件，训练徒手绘制草图的能力，掌握相关知识的综合应用，培养与他人合作的精神。

【学习目标】

1. 知识目标

（1）了解和分析部件结构。

（2）掌握零部件的拆卸方法、拆卸步骤和拆卸要求。

（3）掌握零件尺寸的测量方法。

（4）能画出零件草图，能根据草图建立三维模型，生成二维工程图并进行尺寸标注。

2. 能力目标

（1）对部件进行分析研究，了解其工作原理和结构特点。

（2）明确各零件之间的装配关系、连接方式、相互位置及装拆的先后顺序。

（3）具备绘制零件草图的能力。

（4）具备建模及装配的能力。

3. 职业素养

（1）培养学生的敬业、精益、专注、创新精神。

（2）养成团队协作、独立思考问题的好习惯。

（3）培养学生对技术精益求精的良好职业品质。

（4）培养学生养成遵守标准的习惯，培养良好的职业道德素养。

【项目实施】

任务　齿轮油泵测绘

任务描述

齿轮油泵是机床润滑系统中常用的设备，其基础零件是泵体，主要零件有传动齿轮、泵盖、轴等，细节部分有密封结构、螺钉连接等。本任务主要通过拆卸齿轮油泵，测绘齿轮油泵零件，画齿轮油泵零件草图，建立零件三维模型，让拆卸、测绘、画草图与三维建模相结合，训练学生正确使用工具、量具的水平，徒手绘制草图的能力和三维建模能力，以达到综合应用相关知识的目的。

任务目标

（1）分析齿轮油泵的内部结构，掌握其连接方式和装配关系。
（2）掌握齿轮油泵的拆卸方法和步骤。
（3）掌握齿轮油泵零件的测量方法，并能画出零件草图。
（4）能根据零件草图建立零件三维模型，生成二维工程图样并进行尺寸标注。

相关理论知识点

知识点一　零件尺寸的测量方法

1. 测量线性尺寸

对于非功能线性尺寸，可直接用钢板尺测量；若用钢板尺不能直接测出，必要时也可以用三角板配合测量，如图 6-1-1（a）所示。对于功能线性尺寸，要用精密一些的量具测量，如图 6-1-1（b）所示的游标卡尺。

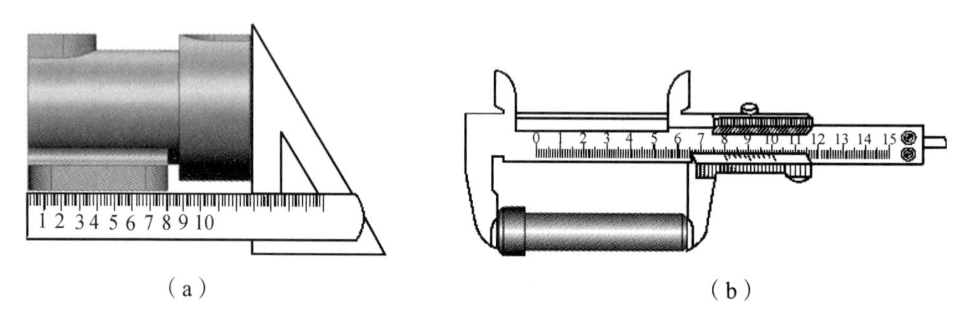

（a）　　（b）

图 6-1-1　测量线性尺寸

2. 测量壁厚和深度

测量零件的壁厚时，若直接使用钢板尺测量不方便，则可用外卡钳和钢板尺配合测量，如图 6-1-2（a）所示。对于零件上孔和槽的深度，可用游标卡尺上的深度尺来测量，如图 6-1-2（b）所示。

3. 测量内、外径

当对测量精度要求不高时，内、外径可分别用内、外卡钳测量，然后在钢板尺上读出数值，如图 6-1-3（a）和 6-1-3（b）所示；当精度要求较高时，可用游标卡尺或螺旋千分尺测量内、外径，并直接读出数值，如图 6-1-3（c）所示。

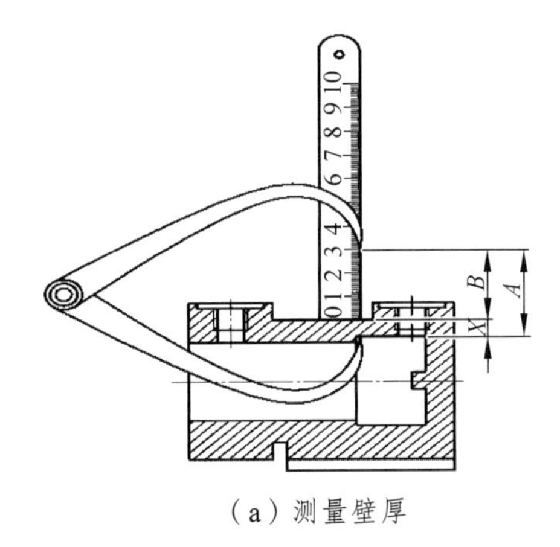

（a）测量壁厚

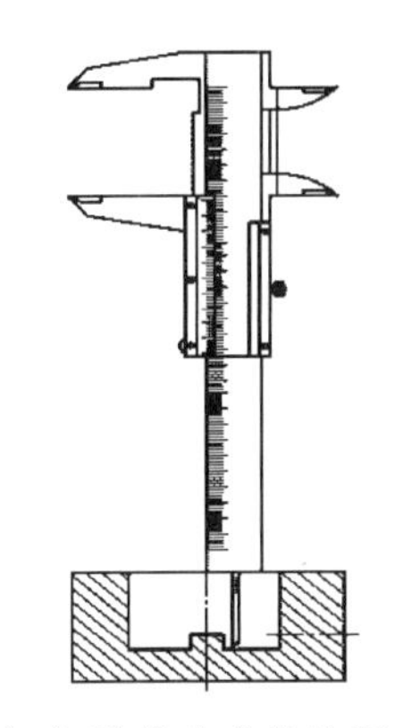

（b）测量孔或槽的深度

图 6-1-2 测量壁厚和深度

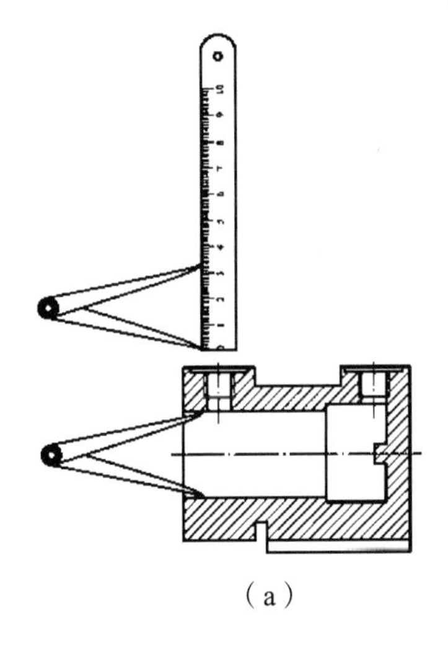

（a）

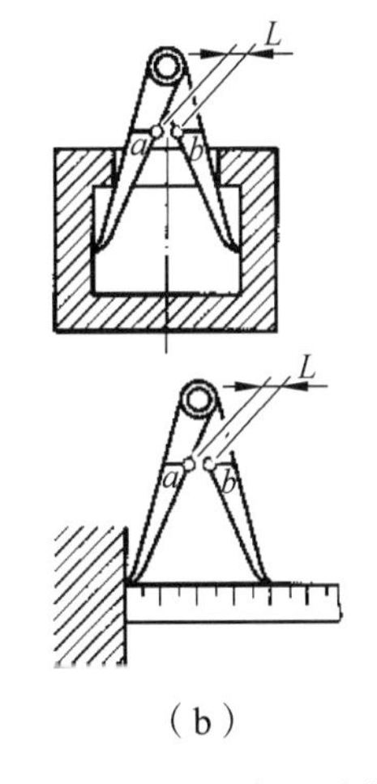

（b）

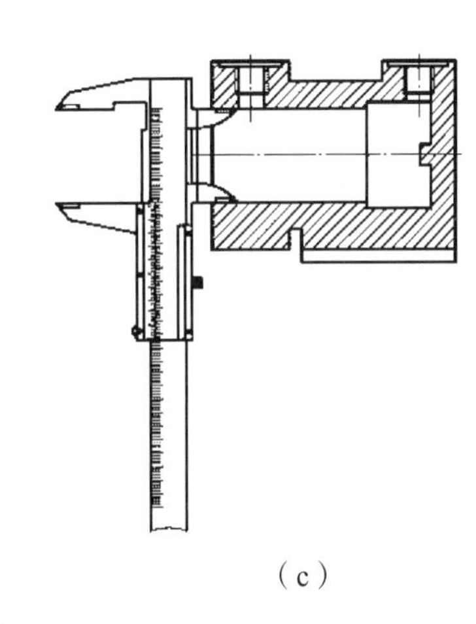

（c）

图 6-1-3 测量内、外径

4. 测量孔的中心距

用钢卷尺间接测量出相邻孔边的尺寸 K 及直径 D_1，D_2 后，中心孔的间距 $A=K+(D_1+D_2)/2$ 。此外，也可先用游标卡尺（或卡钳或者钢卷尺配合）测量出孔的直径 d，然后再用卡钳测出孔间距 K，当两孔的直径相等时，中心距 $L=K+d$ ，如图 6-1-4 所示。

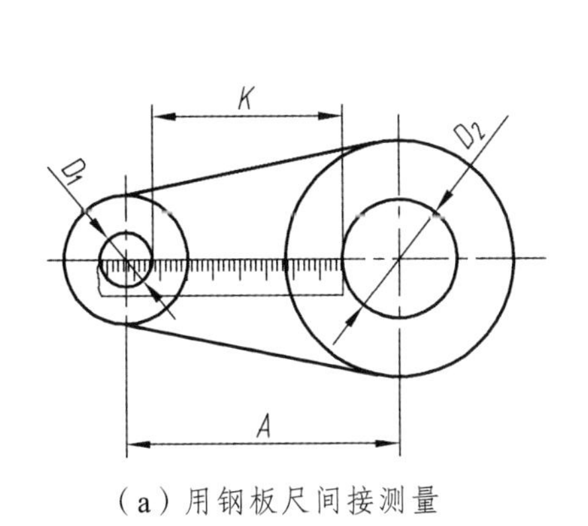

（a）用钢板尺间接测量

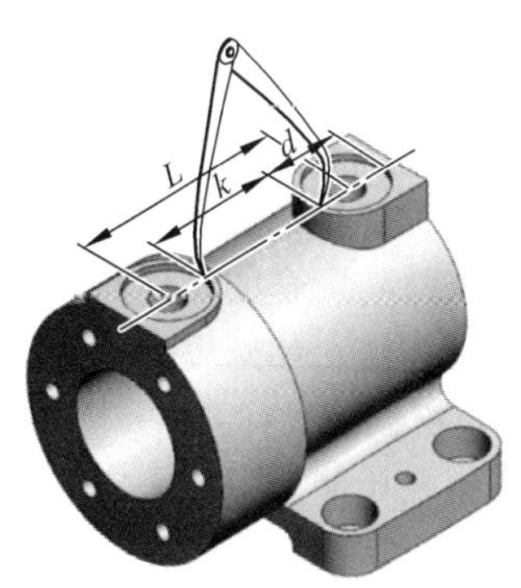

（b）卡钳和钢板尺配合测量

图 6-1-4 测量孔的中心距

5. 测量圆角半径

圆角半径一般采用圆角规测量，即在圆角规中找出与被测部分圆角完全吻合的一片，由该片上的读数可知该圆角的半径值，如图 6-1-5 所示。

6. 测量螺纹尺寸

一般先用游标卡尺测量螺纹的大径，然后用螺纹规测量螺距，如图 6-1-6 所示。测量后查阅标准 GB/T 193—2003《普通螺纹 直线与螺距系列》，判断该螺纹的牙型。当其为粗牙时，螺距可省略不标；若为细牙，则需要标注螺距。

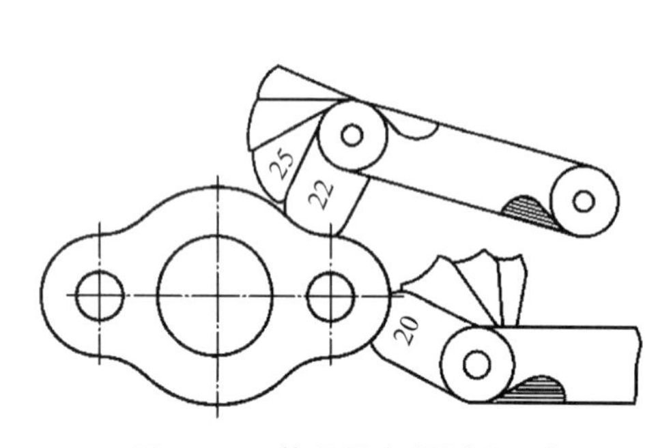

图 6-1-5 使用圆角规测量圆角

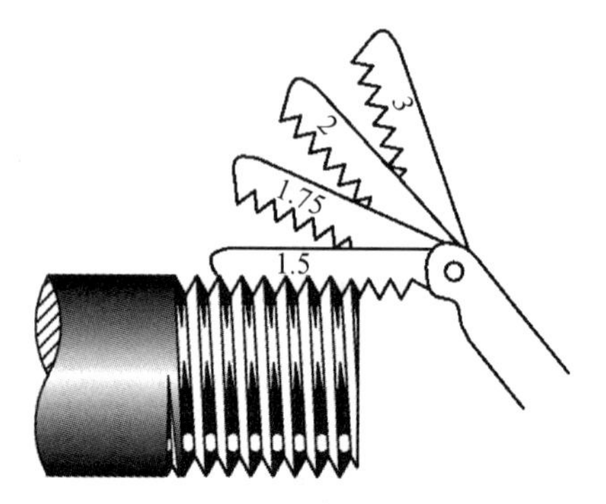

图 6-1-6 使用螺纹规测量螺距

知识点二 零部件的拆卸要求和步骤

1. 零部件的拆卸要求

（1）遵循“恢复原机”的要求。

（2）对于机器上的不可拆连接、壳体上的螺柱，以及一些经过调整、拆开后不易调整复位的零件，一般不进行拆卸。

（3）遇到不可拆组件或复杂零件的内部结构无法测量时，尽量不拆卸、少拆卸。

2. 零部件的拆卸步骤

（1）做好拆卸前的准备工作。

（2）了解机器的连接方式。

① 永久性连接：焊接，过盈量大的配合。

② 半永久性连接：过盈量较小的配合，具有过盈的过渡配合。

③ 活动连接：配合的零件间有间隙，如滑动轴承的孔与其相配合的轴颈。

④ 可拆卸连接：如螺纹连接，键与销的连接等。

（3）确定拆卸的大体步骤。

① 先将机器中的大部件解体，然后拆成组件。

② 将各组件拆成测绘所需的小件或零件。

3. 零部件拆卸中的注意事项

（1）注意安全。
（2）采用正确的拆卸步骤。
（3）记录拆卸方向，防止零件丢失。
（4）选用适当的拆卸工具。
（5）注意保护贵重零件和零件的高精度表面。
（6）注意特殊零件的拆卸。
（7）注意报废件的处理。

知识点三　零部件测绘的方法

1. 分析零件，确定零件的表达方案

分析零件主要是了解被测零件的名称、材料、制造方法，以及它在机器或部件中的位置、作用和与相邻零件的连接关系，在此基础上对零件的内外结构进行分析。

2. 确定绘图比例和图纸幅面

首先测量零件长、宽、高三个方向上的最大尺寸，然后根据该尺寸选择合适的图纸和绘图比例。机械图一般采用 1∶1 的比例，小而复杂的零件可采用放大的比例。本例中的端盖零件不大，结构比较简单，宜采用 1∶1 的比例，按其最大尺寸计算需用 A4 图幅。

3. 画零件草图

按形体把零件分成几部分，先画主要部分，后画次要部分；先画主要轮廓，后画细节；先画反映形体特征最明显的投影，后画其他投影。

4. 测量并注写尺寸数字

绘制好图形和尺寸标注线后，集中测量尺寸，测量一个尺寸就将测量结果标注在已绘制好的尺寸线上。

5. 制定技术要求，填写标题栏并绘制成工程图样

根据实践经验和已有的样板文件，查阅相关国家标准，并采用类比法确定零件的表面粗糙度、公差与配合、几何公差等技术要求。全面检查草图，确认无误后在标题栏中签上制图者姓名和绘图日期等，最后根据绘制好的草图画出其三维模型，并生成工程图。

任务实施

1. 齿轮油泵测绘

（1）了解和分析齿轮油泵部件的结构。

部件测绘时，首先要对部件进行分析研究，了解其工作原理、结构特点和部件中各零件的装配关系。齿轮油泵主要有两个装配关系，一个是齿轮副（即相互啮合的齿轮）啮合，另

一个是压盖与压紧螺母处的填料密封装置。此外，泵盖和泵体由 6 个螺钉连接，中间有纸板密封垫。齿轮与轴用圆柱销连接。主要的装配轴线为主动齿轮轴。

（2）分析齿轮油泵的工作原理。

如图 6-1-7 所示，即当主动齿轮按逆时针方向旋转时，将带动从动齿轮按顺时针方向旋转。这时，啮合轮齿的右侧逐渐分开，泵体进口处的空气被压走，空腔体积逐渐扩大，内压力降低，因而机油被吸入泵内，齿隙中的油随着齿轮的继续旋转被带到啮合轮齿的左侧；而左侧的各对轴齿又重新啮合，空腔体积减小，使齿隙中不断挤出的机油成为高压油，并从出口压出，经管道送到需要润滑的各零件间。

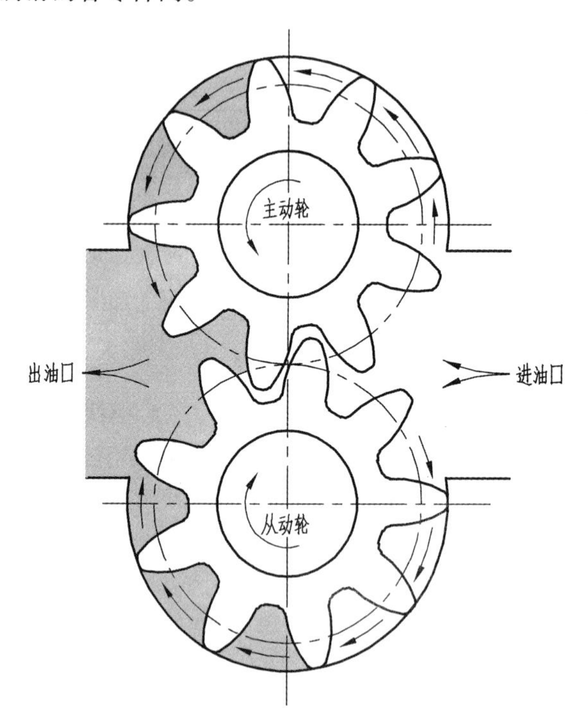

图 6-1-7　齿轮油泵的工作原理

（3）拆卸零件。

① 拆卸零件前应考虑拆卸方法和拆卸顺序。机械设备一般按“附件到主机，外部到内部，顶部到底部”的顺序拆卸。拆卸时要遵循“恢复原机”的原则，要保证再装配时与原机有相同的准确性和密封性，在每拆一个零件时要考虑再装配的可能性。

② 对于不可拆部分，如过盈配合的衬套、销钉、机壳上的螺柱，以及一些经过调整或拆开后不易调整复位的零件应尽量不拆，更不能采用破坏性的拆卸方法强行拆卸。每拆下一个零件要马上对其进行编号，以免造成零件混乱或丢失。

③ 拆卸前要测量一些重要尺寸，如运动部件的极限位置和装配间隙等。边拆边画装配示意图，以便记录零件的位置及名称。

（4）画装配示意图。

装配示意图用来表示部件中各零件的相互位置和装配关系，是部件拆卸后重新装配和画装配图的依据，如图 6-1-8 所示。

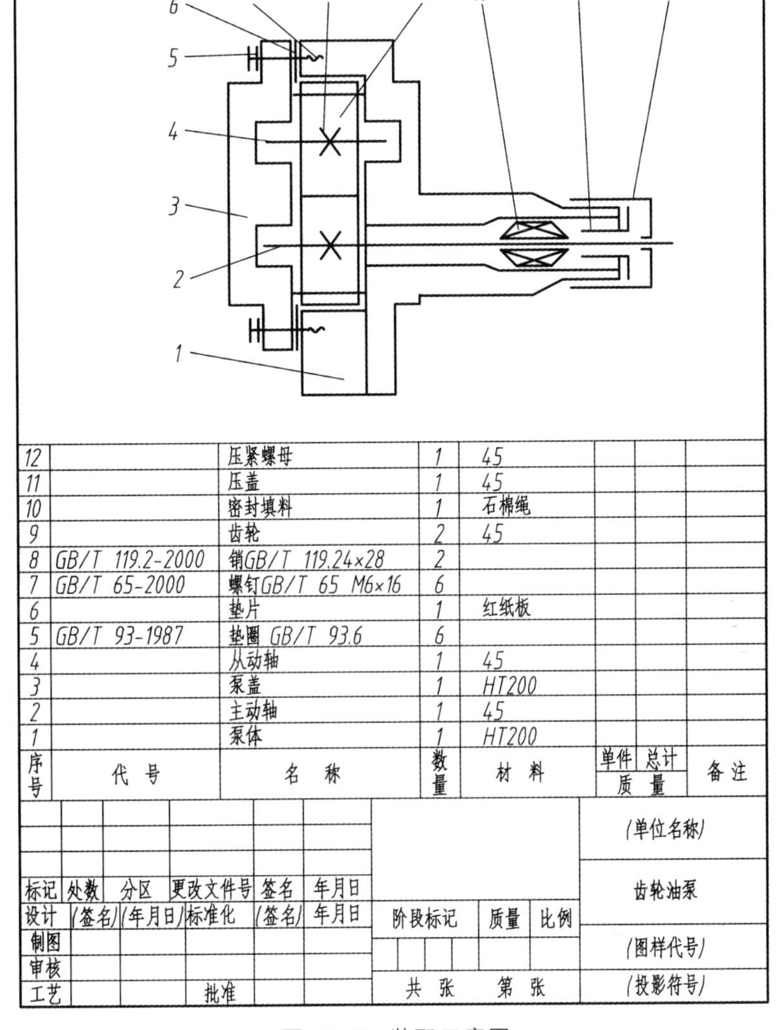

序号	代号	名称	数量	材料	单件 质量	总计 质量	备注
12		压紧螺母	1	45			
11		压盖	1	45			
10		密封填料	1	石棉绳			
9		齿轮	2	45			
8	GB/T 119.2-2000	销GB/T 119.24×28	2				
7	GB/T 65-2000	螺钉GB/T 65 M6×16	6				
6		垫片	1	红纸板			
5	GB/T 93-1987	垫圈 GB/T 93.6	6				
4		从动轴	1	45			
3		泵盖	1	HT200			
2		主动轴	1	45			
1		泵体	1	HT200			

标记	处数	分区	更改文件号	签名	年月日				(单位名称)
设计	(签名)	(年月日)	标准化	(签名)	年月日	阶段标记	质量	比例	齿轮油泵
制图									(图样代号)
审核									
工艺			批准			共 张	第 张		(投影符号)

图 6-1-8　装配示意图

从图 6-1-8 中可以看出装配示意图有以下特点：

① 装配示意图只用简单的符号和图线表达部件中各零件的大致形状和装配关系。

② 一般零件可用简单图形画出其大致轮廓，形状简单的零件（如螺钉、轴等）可用单线表示。其中，常用的标准件可用国标规定的示意图符号表示，如轴承、键等。

③ 相邻两零件的接触面或配合面之间应留有间隙，以便区别。

④ 零件可看作透明体，均为可见，没有不可见之说。

⑤ 全部零件应进行编号，并填写明细栏。

（5）画零件草图。

部件中的零件可分为两种：一种是标准件，如螺栓、螺母、垫圈、销、键等，这类零件只要测出其规格尺寸然后查相关标准，并在明细栏中按规定标记，填写其名称、代号及规格尺寸等，不必画草图；另一种零件是非标准件，这类零件需要绘制零件草图。零件草图应包括零件图的所有内容。绘制零件草图时应遵循“先画视图，后画尺寸线，最后统一测量并逐个填写尺寸数字”的顺序。图 6-1-9 所示为泵盖和主动轴零件草图，其他零件草图需按此要求绘制。

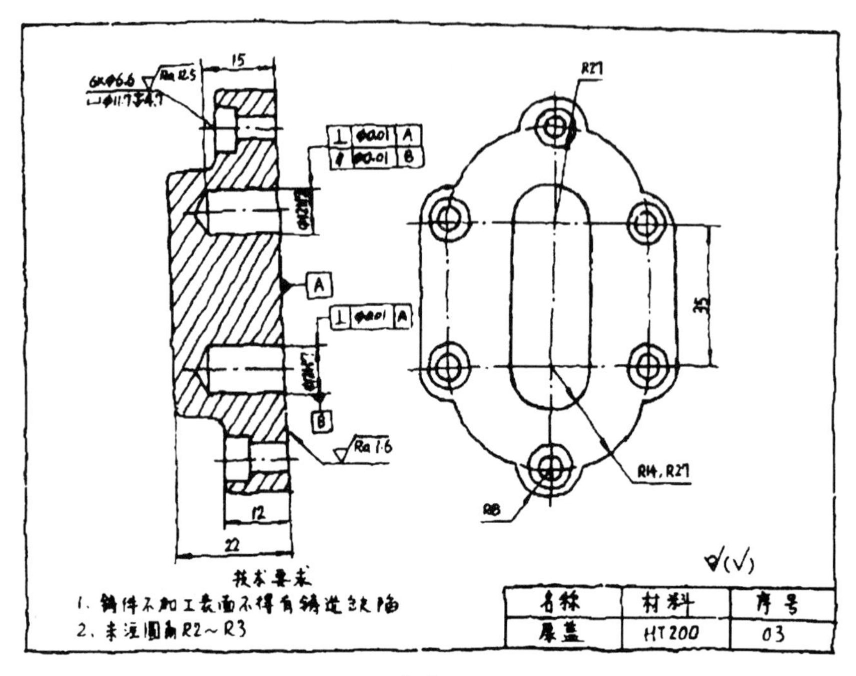

（a）

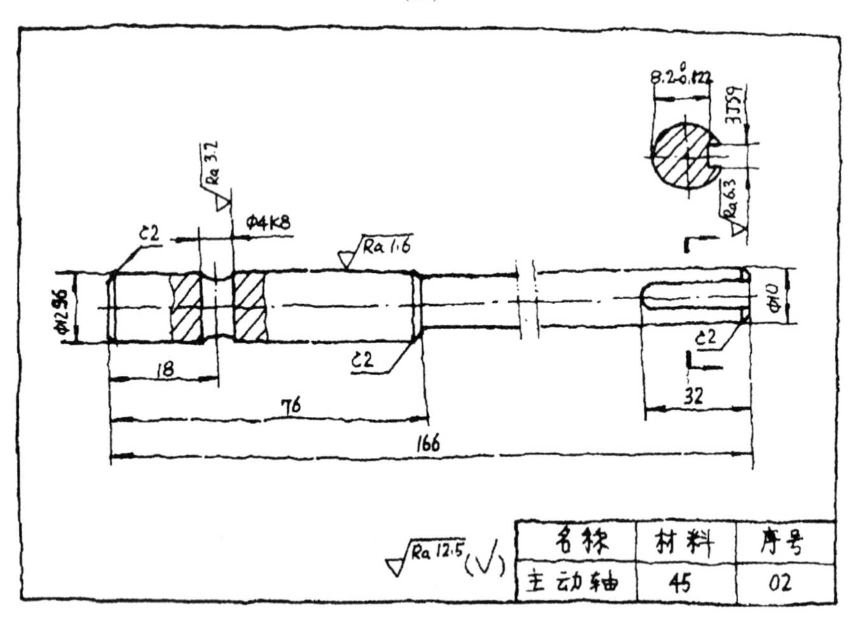

（b）

图 6-1-9　零件草图

2. 齿轮油泵泵盖三维建模

（1）在 Inventor 软件首页点击新建，在对话框中选择，双击鼠标左键，如图 6-1-10 所示。

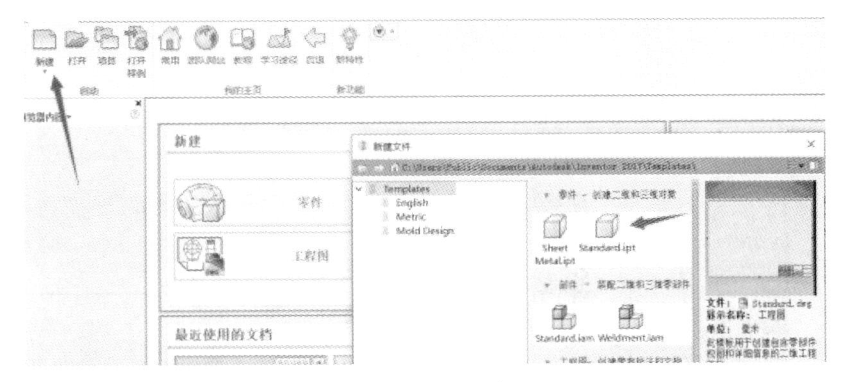

图 6-1-10　新建

（2）点击按钮，将出现三个平面，任意选择其中一个平面新建草图，如图 6-1-11 所示。

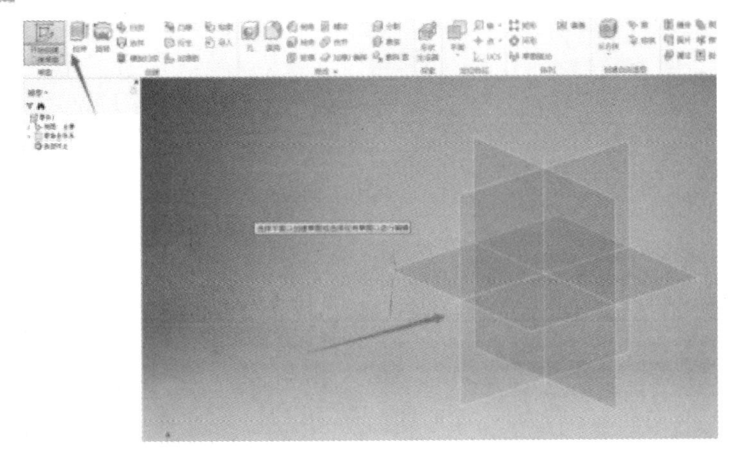

图 6-1-11　选择平面

（3）使用命令，将圆心绘制在横坐标轴上，使用命令画一条与纵坐标轴重合的线，如图 6-1-12 所示。

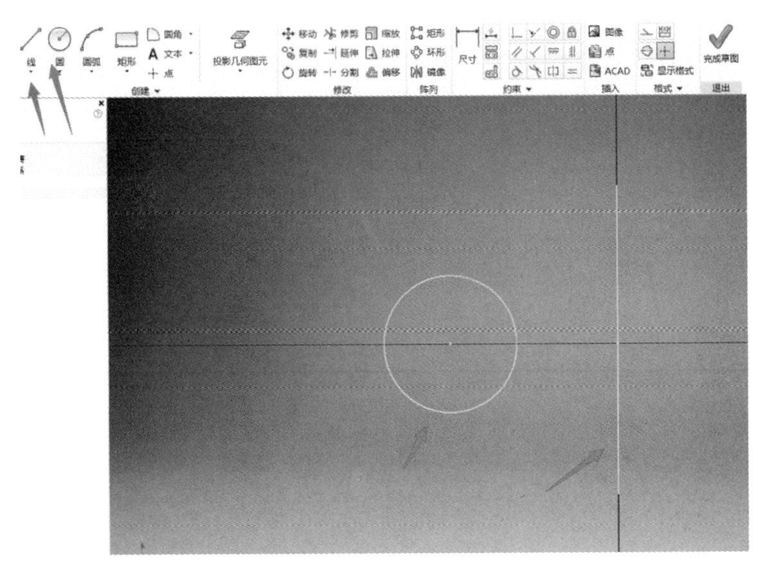

图 6-1-12　第（3）步

（4）使用镜像命令，先选择圆再单击镜像线命令，选择刚刚画好的线，点击应用按钮，如图 6-1-13 所示。

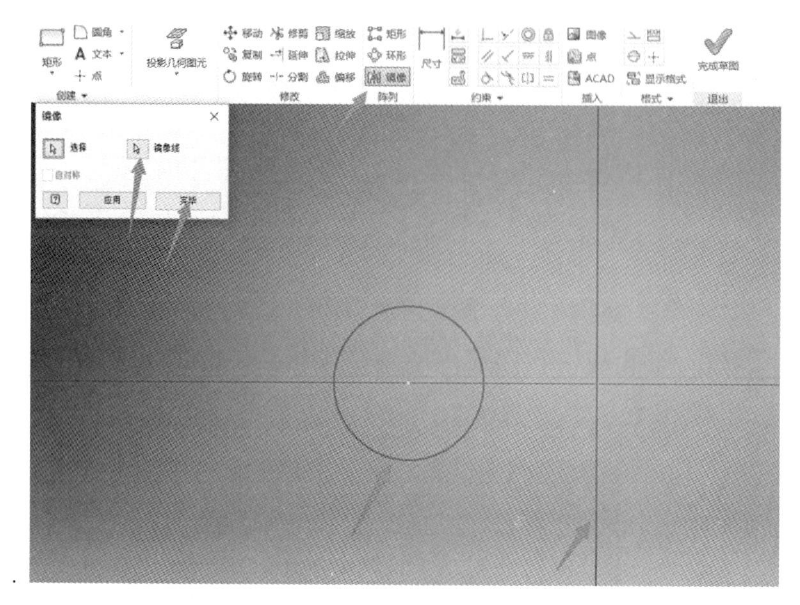

图 6-1-13　第（4）步

（5）使用尺寸命令将圆的大小与距离约束，如图 6-1-14 所示。

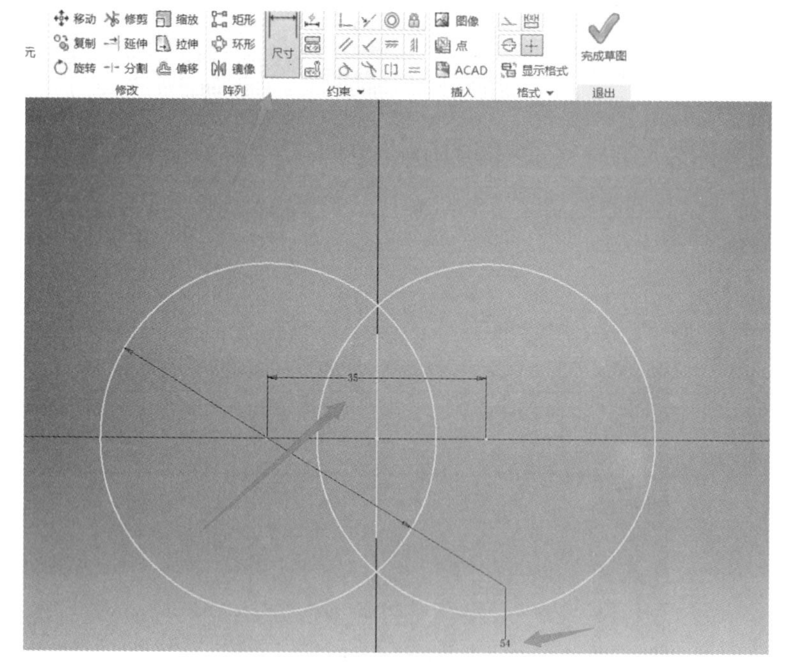

图 6-1-14　尺寸命令

（6）使用矩形命令，捕捉两个圆的切点，如图 6-1-15 所示。

（7）使用修剪命令将多余的线修剪掉，点击完成草图，如图 6-1-16 所示。

（8）使用拉伸命令拉伸距离为 12，点击确定按钮，如图 6-1-17 所示。

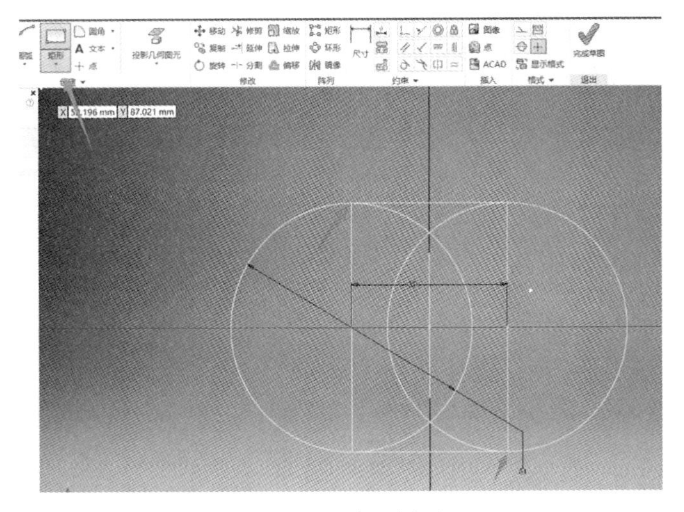

图 6-1-15 矩形命令

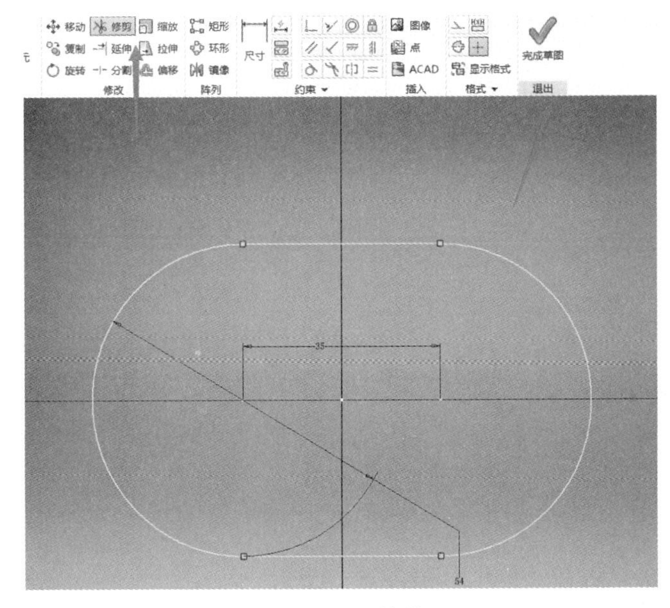

图 6-1-16 修剪

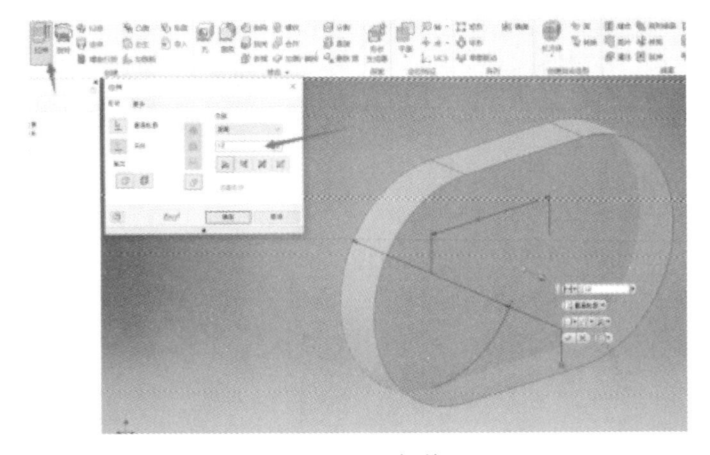
图 6-1-17 拉伸

（9）选择一个平面点击 新建草图 ，如图 6-1-18 所示。

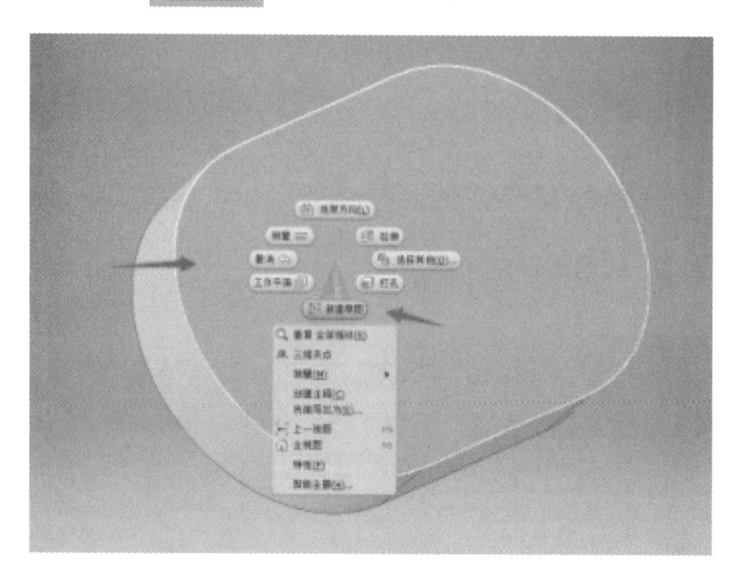

图 6-1-18　新建草图

（10）在上一个草图中，使用 命令，先将鼠标移到圆的轮廓上捕捉一个圆心，画一个圆，再捕捉上另一个圆心，再画一个圆，使用 命令标注尺寸，使用 命令捕捉前述两个圆的切点，使用 修剪 命令将多余的线修剪掉，最后点击 按钮，如图 6-1-19 所示。

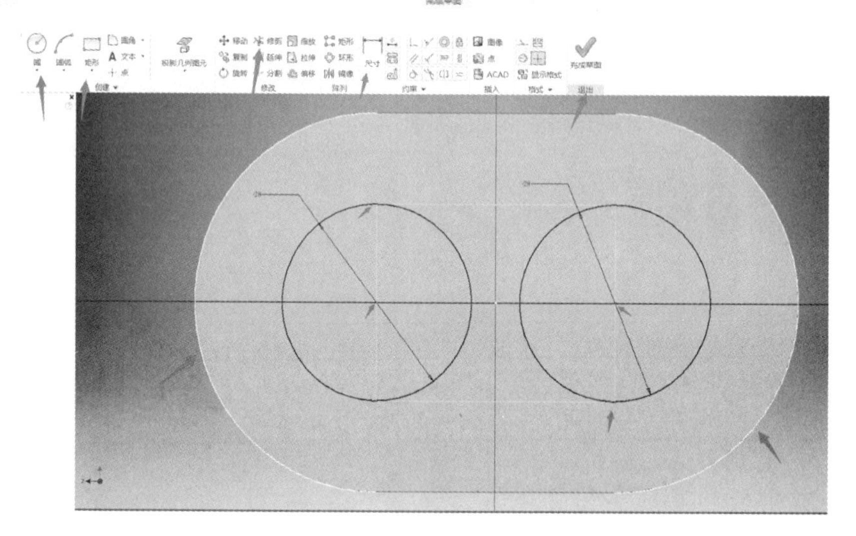

图 6-1-19　圆命令

（11）使用 命令，拉伸距离为 10，点击 确定 按钮，如图 6-1-20 所示。

（12）新建草图，如图 6-1-21 所示。

（13）使用 命令在大圆弧的切点画三个圆，点击 命令，标注为 16，点击 按钮，如图 6-1-22 所示。

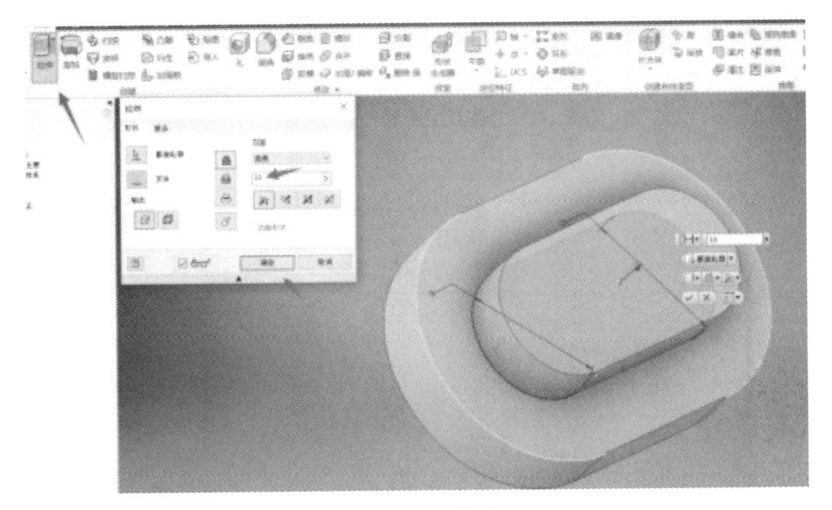

图 6-1-20　拉伸

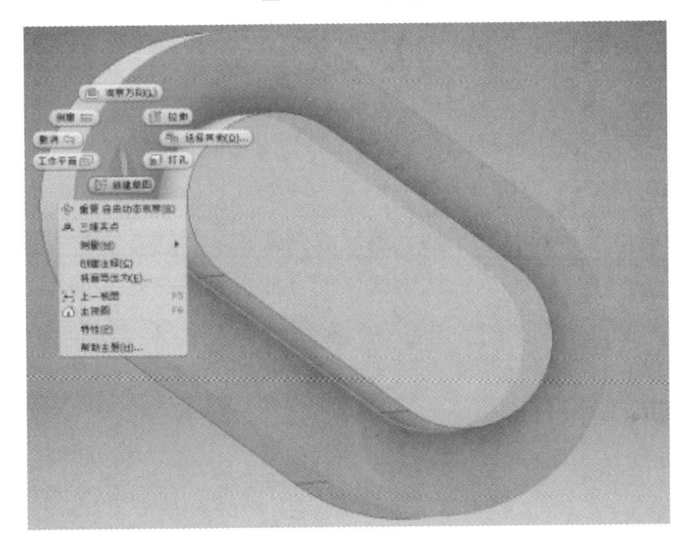

图 6-1-21　新建草图

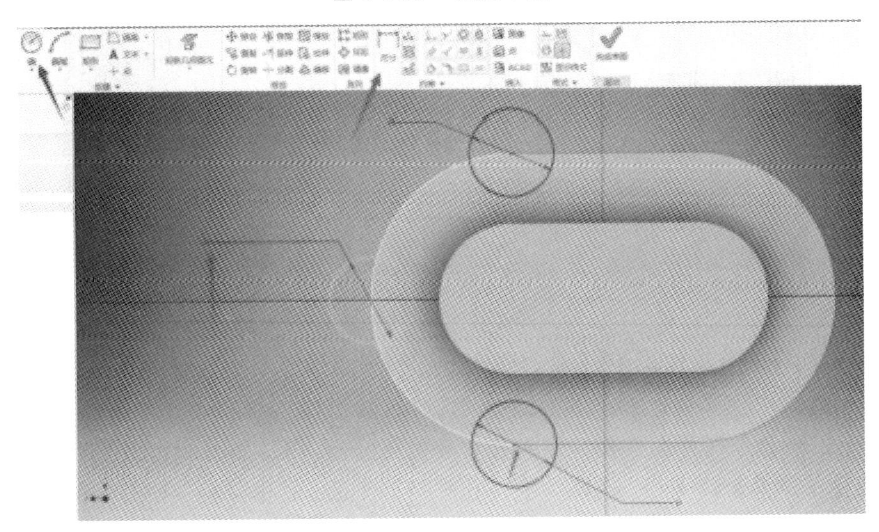

图 6-1-22　圆命令

（14）使用命令，点击 截面轮廓 ，再点击三个圆，拉伸距离为 12，使用“求并”，最后点击 确定 按钮，如图 6-1-23 所示。

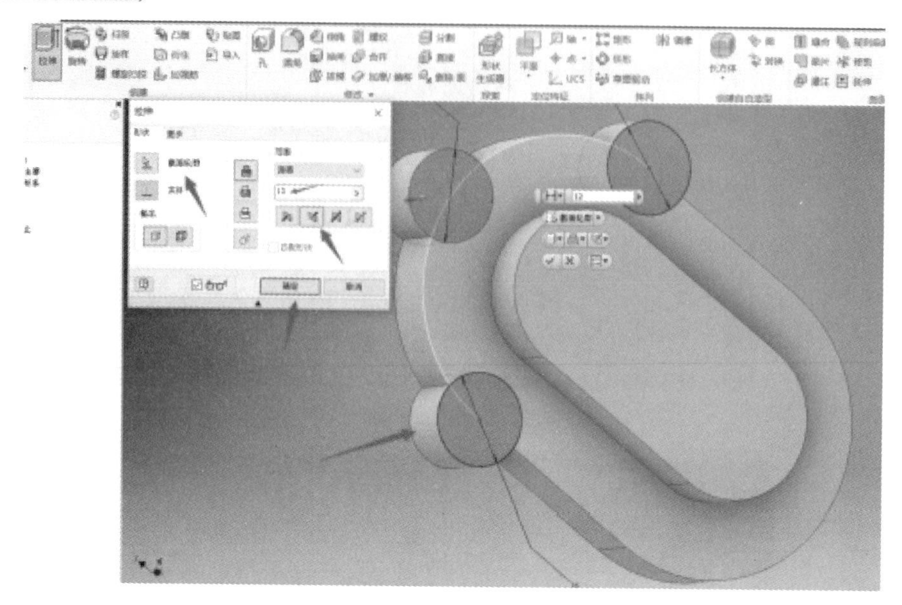

图 6-1-23　拉伸

（15）使用命令，先选择打孔平面，然后点圆弧，显示同心，输入孔深 4.7，直径 11.7，选择平底孔，点击 确定 完成。使用同样的方法再打两个孔，如图 6-1-24 所示。

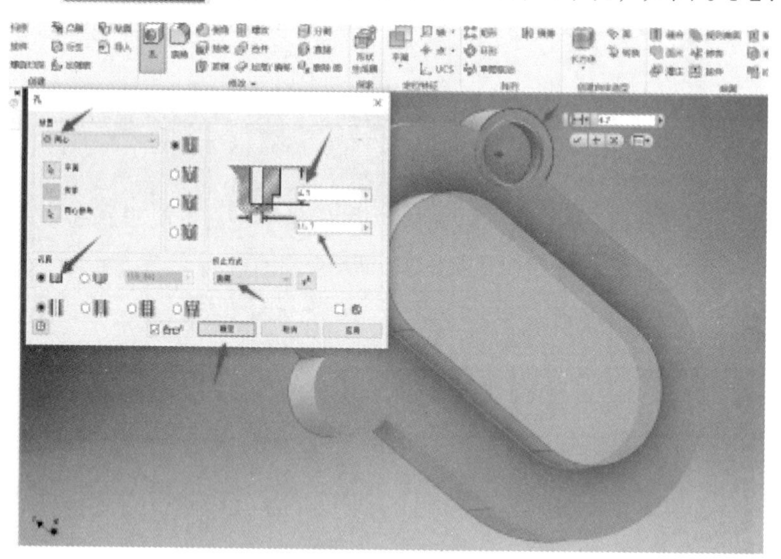

图 6-1-24　打孔

（16）采用同样的方法使用命令，这次打孔的平面选择刚刚打好的孔的孔底，终止方式选择贯通，另外两个孔类似，如图 6-1-25 所示。

（17）使用命令在背面打孔，输入孔直径为 12，深 15，如图 6-1-26 所示。

（18）点击 原始坐标系 ，选择一个与孔平行的平面，右击鼠标，点击 可见性(V) ，如图 6-1-27 所示。

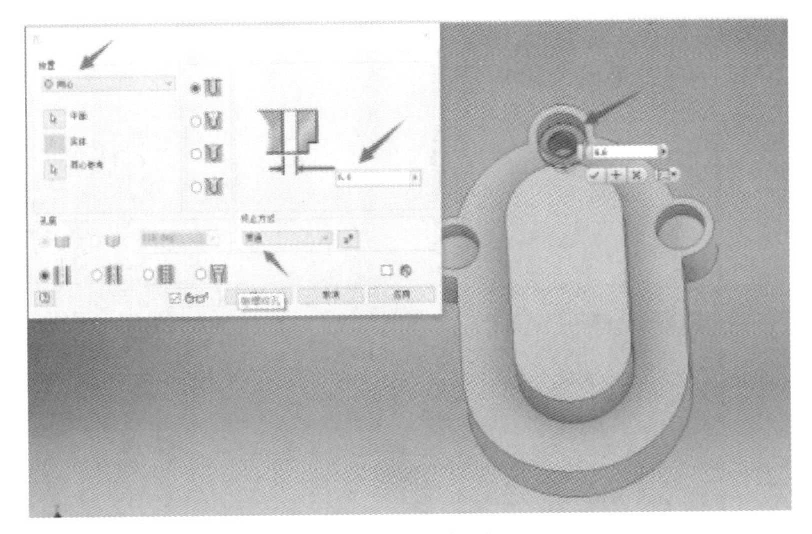

图 6-1-25　打孔

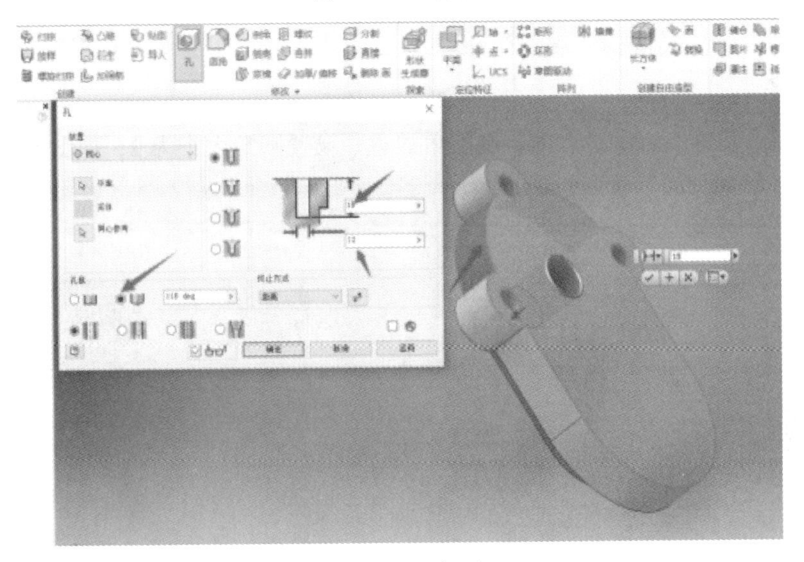

图 6-1-26　打孔

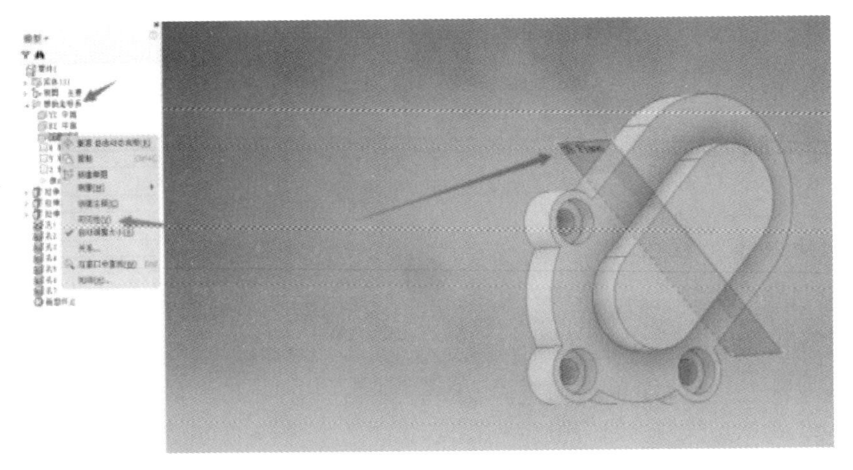

图 6-1-27　可见性

（19）使用 镜像 命令，点击 特征 选择如图 6-1-28 所示方框中的所有步骤，再点击 镜像平面，点击刚刚可见的平面，点击 确定 完成，如图 6-1-28 所示。

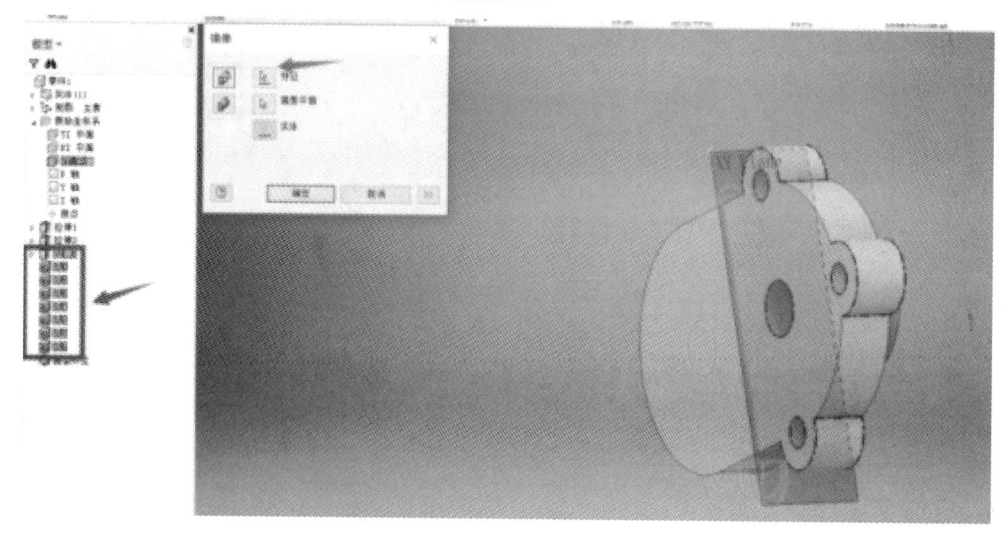

图 6-1-28 镜像

（20）选择【圆角】命令，点击要倒圆角的边，设置圆角大小为 2，如图 6-1-29 所示。

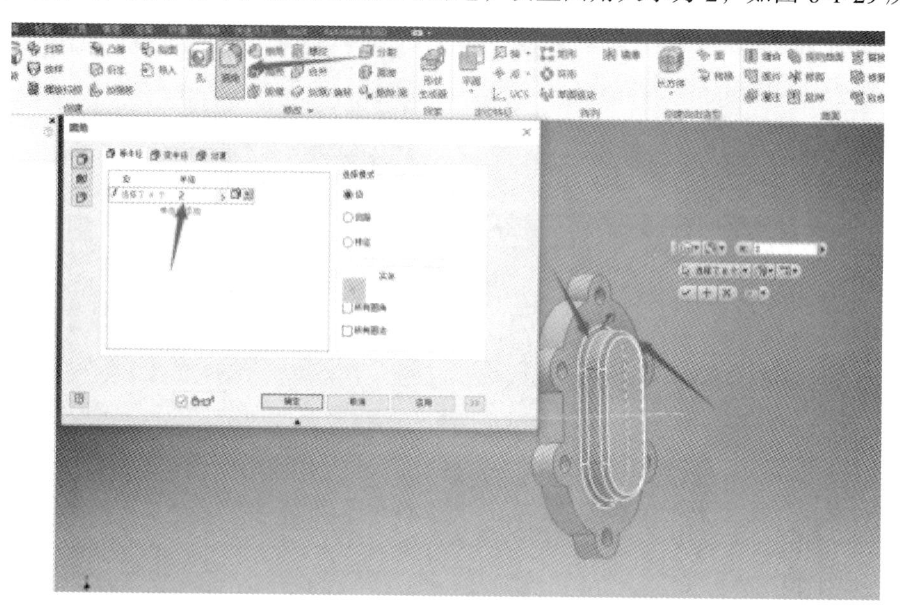

图 6-1-29 倒圆角

3. 齿轮油泵盖工程图样

（1）先点击 文件 ，再点击 新建 ，在弹出的对话框中，点击 Standard.dwg ，最后点击 创建 按钮，如图 6-1-30 所示。

（2）在 图纸:1 处右击鼠标，点击 编辑图纸(E)...，在弹出的对话框中点击倒三角 ，这里默认为 A2 图纸，我们一般使用 A4 图纸 A4 ，点击 确定 按钮，如图 6-1-31 所示。

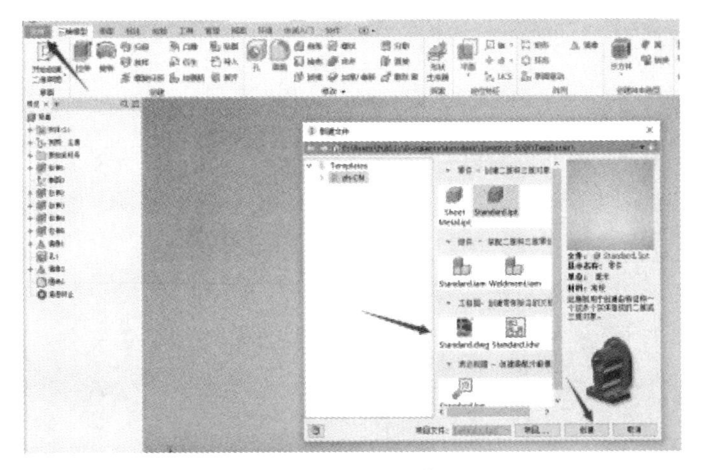

图 6-1-30　新建

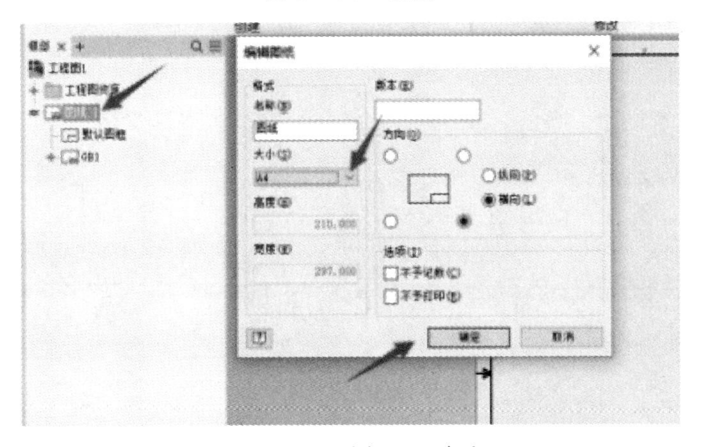

图 6-1-31　选择图纸大小

（3）点击，在弹出的对话框中，比例选择 1∶1，样式选择，点击 确定 按钮，点击切换视图方向，如图 6-1-32 所示。

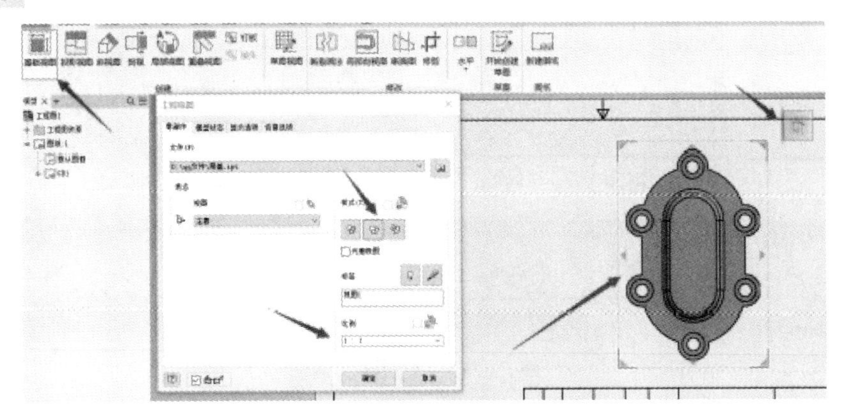

图 6-1-32　第（3）步

（4）点击，然后点击投影的视图，鼠标移动到圆心，不要点击，画一条中心线穿过整个视图，右击鼠标，点击。这时向左移动鼠标将出现剖视图，点击按钮，如图 6-1-33 所示。

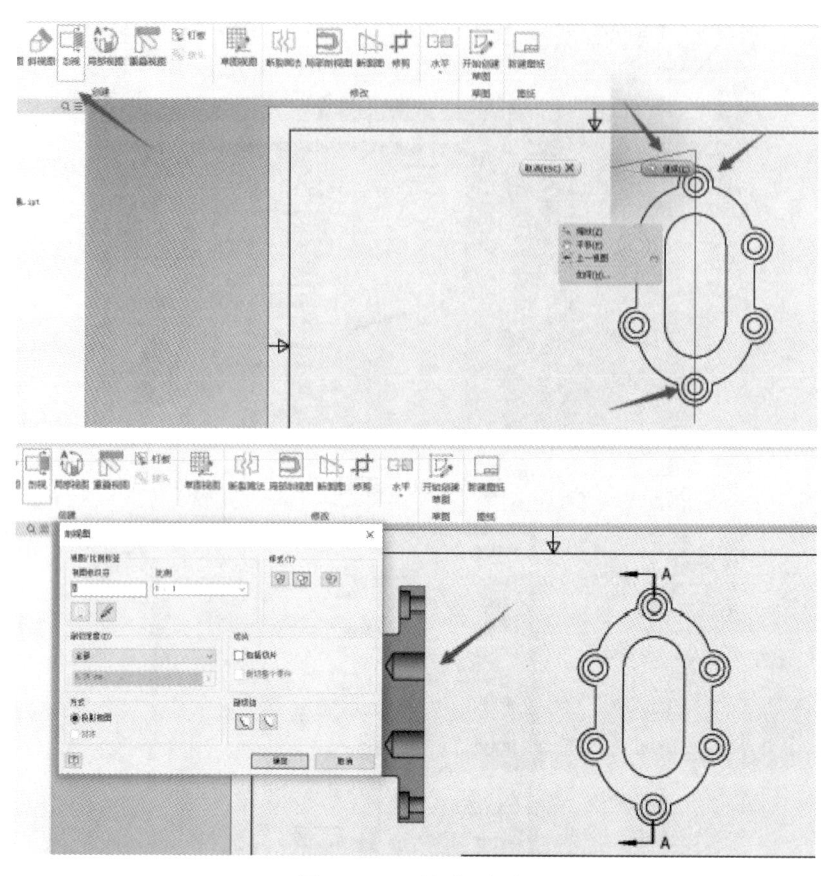

图 6-1-33　第（4）步

（5）先点击 标注 ，再点击 尺寸，标注尺寸，如图 6-1-34 所示。

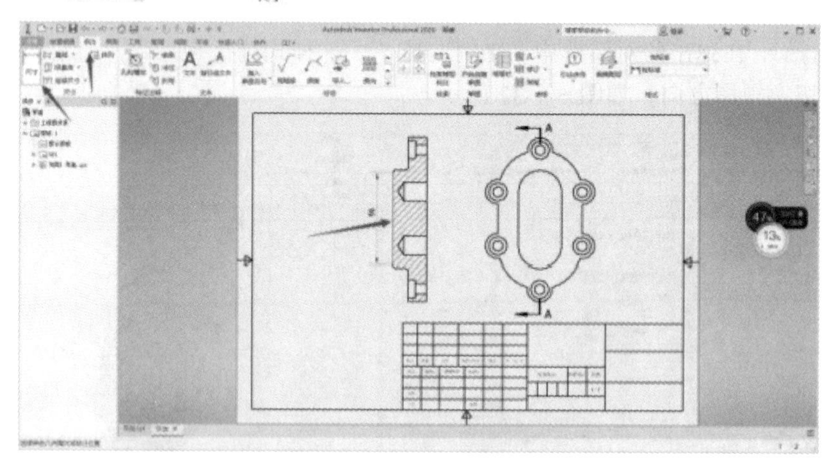

图 6-1-34　第（5）步

（6）完成工程图样，如图 6-1-35 所示。

4. 总装配图

建立齿轮油泵装配模型，生成齿轮油泵二维工程图样并进行标注。齿轮油泵装配图如图 6-1-36 所示。

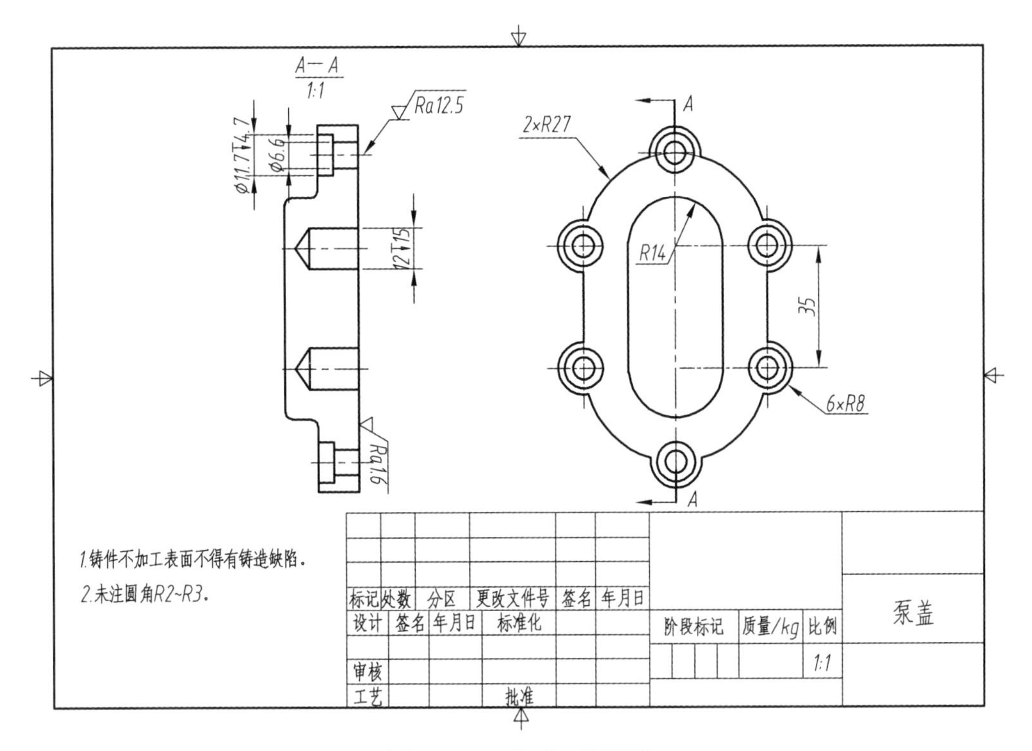

图 6-1-35　完成工程图样

备注：其他零件三维建模参照泵盖步骤按草图要求建立，这里不再赘述。

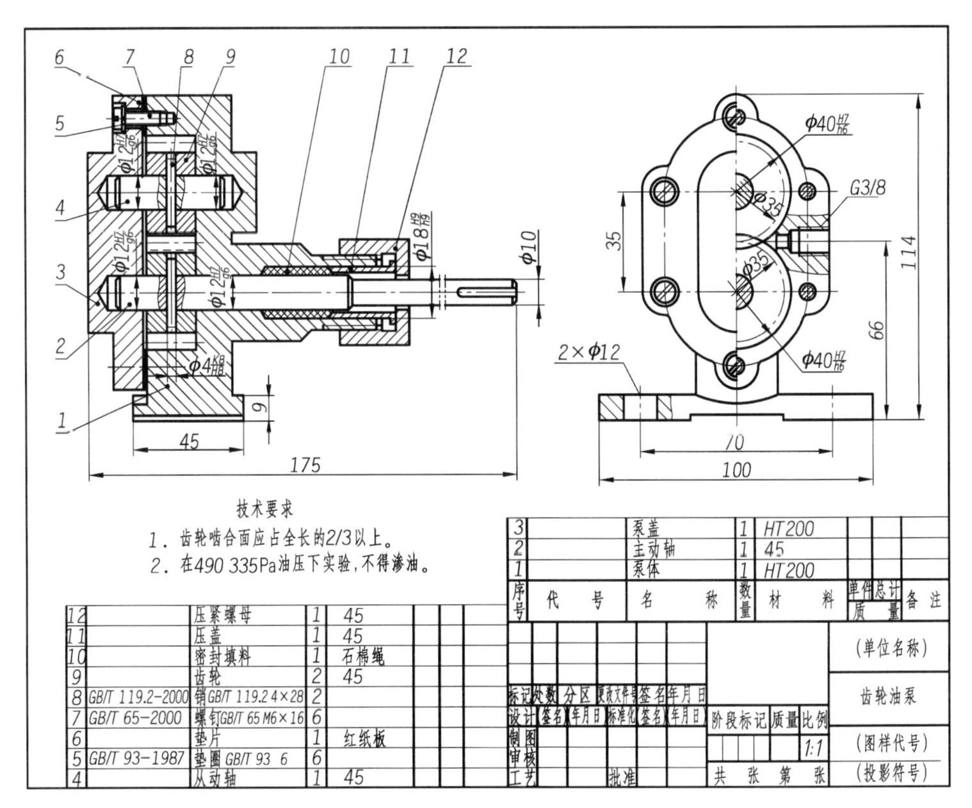

图 6-1-36　齿轮油泵装配图

任务评价

任务评价单见表 6-1-1。

表 6-1-1　任务评价单

<table>
<tr><td>任务</td><td colspan="9">齿轮油泵测绘</td></tr>
<tr><td>班级</td><td></td><td>姓名</td><td colspan="2"></td><td>学号</td><td colspan="2"></td><td>日期</td><td></td></tr>
<tr><td rowspan="5">任务评价</td><td colspan="2">考评指标</td><td colspan="2">考评标准</td><td>分值</td><td>自评（20%）</td><td>小组评价（40%）</td><td>教师评价（40%）</td><td>实际得分</td></tr>
<tr><td colspan="2" rowspan="2">任务实施</td><td colspan="2">相关知识点掌握程度</td><td>40</td><td></td><td></td><td></td><td></td></tr>
<tr><td colspan="2">完成任务的准确性</td><td>40</td><td></td><td></td><td></td><td></td></tr>
<tr><td colspan="2" rowspan="2">职业素养</td><td colspan="2">出勤、道德、纪律、责任心</td><td>10</td><td></td><td></td><td></td><td></td></tr>
<tr><td colspan="2">学习态度、团队分工合作</td><td>10</td><td></td><td></td><td></td><td></td></tr>
<tr><td colspan="5">合计</td><td></td><td></td><td></td><td></td><td></td></tr>
<tr><td colspan="2">收获与体会</td><td colspan="8"></td></tr>
<tr><td colspan="2">本组之星</td><td colspan="3"></td><td>亮点</td><td colspan="4"></td></tr>
<tr><td colspan="2">组间互评</td><td colspan="8"></td></tr>
<tr><td colspan="2">填表说明</td><td colspan="8">① 实际得分=自评×20%+小组评价×40%+教师评价×40%。
② 考评满分为 100 分，60 分以下为不及格，60～74 分为及格，75～84 分为良好，85 分及以上为优秀。
③“本组之星”可以是本次实训活动中的突出贡献者，也可以是进步最大者，还可以是其他某一方面表现突出者。
④“组间互评”由评审团讨论后为各组给予的最终评价。评审团由各组组长组成，当各组完成实训活动后，各组长先组织本组组员进行商议，然后各组长将意见带至评审团，评价各组整体工作情况，将各组互评分数填入其中</td></tr>
</table>

附件　换向阀零件图

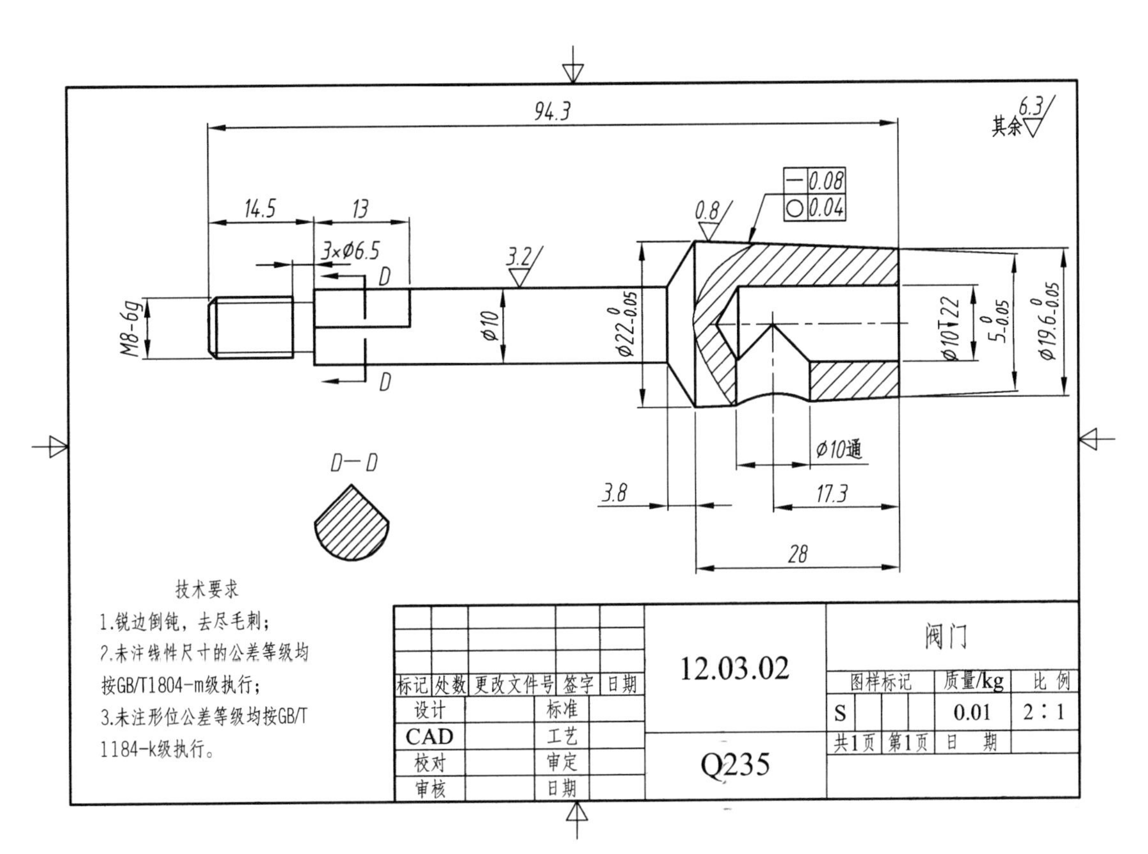

附图 1　阀门

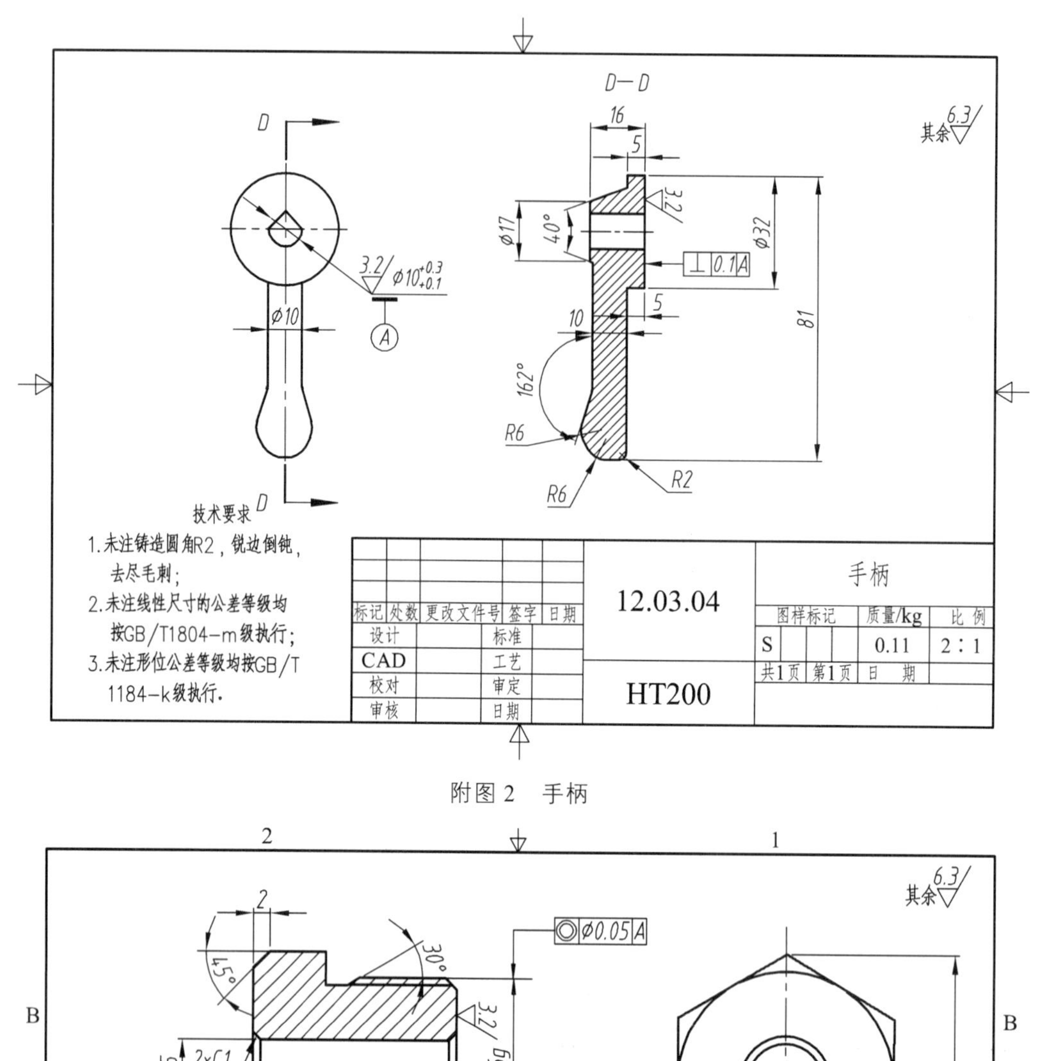

附图 2　手柄

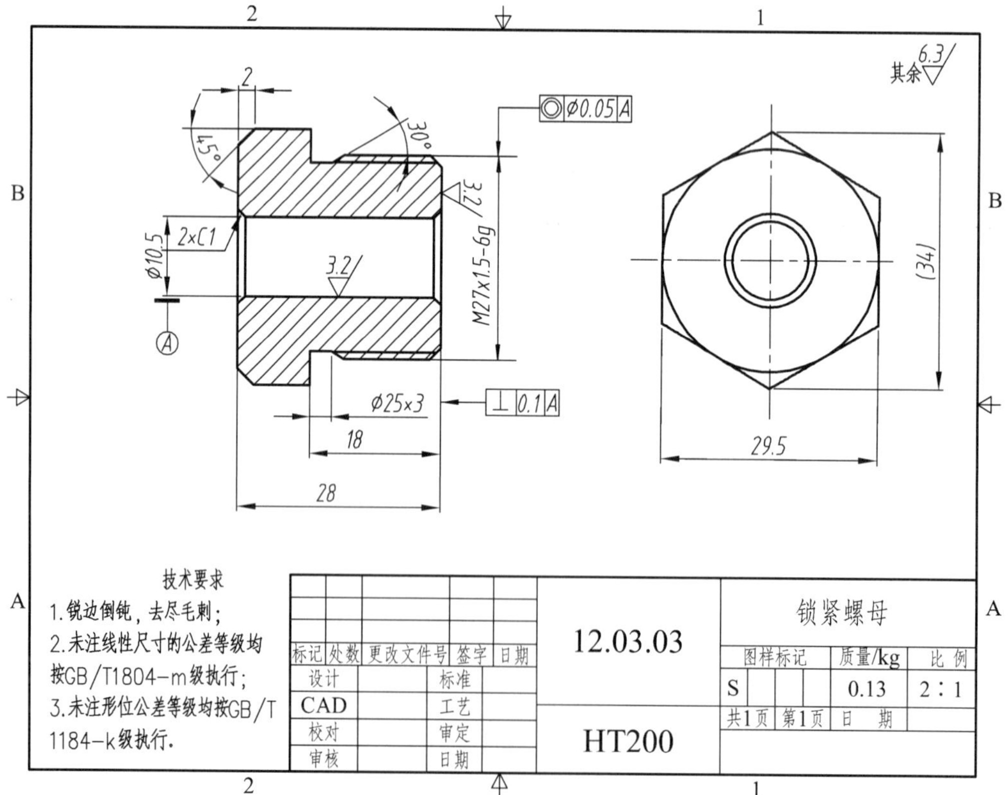

附图 3　锁紧螺母

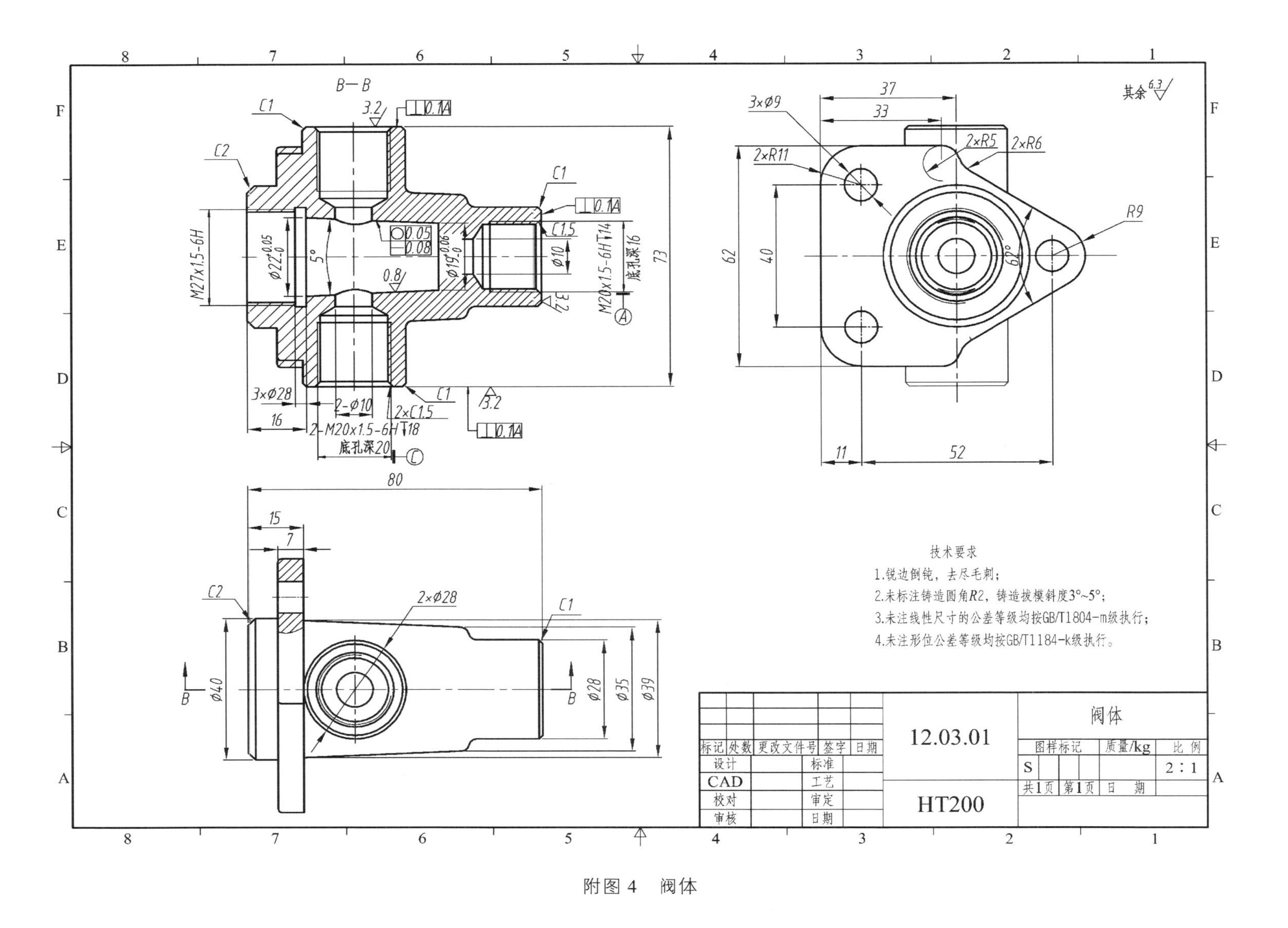
B—B
其余 6.3
技术要求
1.锐边倒钝，去尽毛刺；
2.未标注铸造圆角R2，铸造拔模斜度3°~5°；
3.未注线性尺寸的公差等级均按GB/T1804-m级执行；
4.未注形位公差等级均按GB/T1184-k级执行。
阀体
12.03.01
HT200
图样标记
质量/kg
比 例
S
2∶1
共1页
第1页
日 期
标记
处数
更改文件号
签字
日期
设计
标准
CAD
工艺
校对
审定
审核
日期

附图 4　阀体

参考文献

[1] 蔡伟美. AutoCAD 2010 应用教程[M]. 北京：机械工业出版社，2011.

[2] 胡建生. 工程制图与 AutoCAD[M]. 北京：化学工业出版社，2015.

[3] 刘海兰，李小平. 机械识图与制图（上册——任务驱动篇）[M]. 北京：清华大学出版社，2010.

[4] 王冰，贾磊，张慧玲. 机械制图[M]. 北京：航空工业出版社，2014.

[5] 谢彩英. 机械制图与识图工作页[M]. 北京：高等教育出版社，2010.

[6] 国家标准工作组. 机械制图新旧标准代换教程[M]. 北京：中国标准出版社，2003.

[7] 刘永田. 画法几何与机械制图[M]. 2 版. 北京：北京航空航天大学，2012.

[8] 叶琳. 画法几何与机械制图[M]. 2 版. 西安：西安电子科技大学出版社，2012.

[9] 吕文杰. Autodesk Inventor 2017 中文版从入门到精通[M]. 北京：清华大学出版社，2017.

[10] 王姬. Inventor 2014 基础教程与实战技能[M]. 北京：机械工业出版社，2018.